Janusz Piekalkiewicz

DIE ALTE TANTE UND DER STORCH

Bildreport Ju 52 und Fi 156

Motor buch Verlag spezial

Einbandgestaltung: Katja Draenert

Eine Haftung des Autors oder des Verlages und seiner Beauftragten für Personen-, Sach- und Vermögensschäden ist ausgeschlossen.

ISBN 3-613-02695-3
ISBN 978-3-613-02695-7

Copyright © by Motorbuch Verlag, Postfach 10 37 43, 70032 Stuttgart.
Ein Unternehmen der Paul Pietsch Verlage GmbH + Co KG.

Sie finden uns im Internet unter:
www.motorbuch-verlag.de

Spezialausgabe: 1. Auflage 2006

Lektorat: Martin Benz
Druck und Bindung: Rung-Druck, 73033 Göppingen
Printed in Germany

INHALT

Junkers Ju 52/3m

›Alte Tante Ju‹

VORWORT

Gute alte Tante – zwar mögen während der Kriegszeit, als dieses Wort geprägt wurde, 10 Jahre kein Alter gewesen sein, aber schon damals ging die Flugtechnik mit Riesenschritten voran, und der Einsatz eines Flugzeugtyps über einen solchen Zeitraum hinweg war daher recht ungewöhnlich. Mit dem Wort ›Gut‹ wollte man ohne Zweifel auch den Dank derjenigen aussprechen, die durch die Verläßlichkeit der Ju dem Tode oder der sicheren Gefangenschaft entronnen waren.

Immerhin konnte sich kein anderes Flugzeug bei Freund und Feind rühmen, etwa 120 000 Verwundete, deren Leben oft am seidenen Faden hing, in die Lazarette geschafft zu haben, dazu nicht selten bei totaler Luftüberlegenheit des Gegners. Selbst heute noch behalten zahlreiche Veteranen des II. Weltkriegs die alte Dame in Erinnerung.

Als Anfang der dreißiger Jahre die erste Ju 52 erschien, war ihr von dem Konstrukteur, dem berühmten Diplomingenieur Ernst Zindel, die Aufgabe eines Transportflugzeuges, sozusagen eine Art ›Fliegender Möbelwagen‹, zugedacht. Daraus entwickelte sich eine der weltberühmtesten Verkehrsmaschinen. Der ›Kiste ohne Panne‹ vertraute man sich gern an, sie brachte einen – zwar nicht so schnell – aber doch sicher ans Ziel. Zu erkennen war sie auf den ersten Blick an ihrer schwerfälligen, zerfurchten Silhouette und dem Dröhnen ihrer Motoren, das »wie ein Dutzend Motorräder, die im ersten Gang einen Berg hinunterrasen«, klang.

Hitler kam an die Macht, und ein Jahr später verwandelte sich die Tante Ju in ein waffenstarrendes Gebilde. Anstelle von 17 Passagiersesseln verpackte man nun Bombenmagazine, und unter dem Rumpf hing fortan eine ausfahrbare Waffentonne mit einem MG bestückt. In den Metallrücken war ein kreisrundes Loch geschnitten: Beobachter- und MG-Stand.

Später, im Kriege, mußte sie als Nachschub- und Fallschirmjäger-Transporter, als Seenot- oder Minenräumflugzeug ihren Dienst tun.

Als ›Mädchen für alles‹ spielte sie vom ersten bis zum letzten Kriegstag für Heer und Luftwaffe eine gewichtige Rolle, obwohl selten ein Flugzeugtyp so unpassend für diese Aufgabe war, aber nicht umsonst ist unsere Welt voller Paradoxe, und kein anderes Flugzeug wurde auf den Plan gerufen, wenn es hieß, eine aussichtslose Lage zu meistern. Sie war es, die erst durch ihre massierten Einsätze die ›Blitzkriege‹ der 40er Jahre überhaupt möglich machte. Die Lufttransporte gewannen dabei immer größere Bedeutung, und für Einsätze der Luftlandetruppen oder Fallschirmjäger, zur

Versorgung der vom Feind eingeschlossenen Armeen, erwies sich das Flugzeug als unentbehrlich. Ihr großer Nachteil: die Abschußgefahr. Und als man die Tante Ju immer öfter in die Einsätze schickte, ohne sich dabei um die Luftherrschaft zu kümmern, begann das große Sterben der Ju's. Im Sommer 1944 verpaßte die Führung der Tante Ju einen weiteren Todesstoß: Sie stellte einfach ihre Produktion ein.

Sie überlebte aber selbst den Krieg, an dessen Ende noch etwa 150 einigermaßen heile Ju 52/3m dem Sieger in die Hände fielen. Bald nach dem Zusammenbruch des III. Reiches baute die französische Firma Société AMIOT in Colombes rund 150 Ju 52/3m unter dem Namen ›Toucan‹ sowohl für den Kolonialdienst in Indochina als auch für die französische Marine und die AIR-FRANCE. Spanien produzierte etwa 170 Maschinen mit den ebenfalls in Lizenz gebauten BMW-123-Motoren. Die zehn von den Engländern gekaperten Ju 52/3m wurden schleunigst in Passagiermaschinen umgebaut und dann meistens für den schottischen Binnenverkehr eingesetzt. Besser noch: weder die schweizerische noch die spanische Luftwaffe wollten die letzten Baumuster aus ihren Diensten ziehen.

Nur ein anderer Flugzeug-Typ, die DC-3 DAKOTA, konnte sich mit der Ju 52/3m in ihrer Popularität, als das bekannteste Transportflugzeug der Welt messen, das beinahe ein halbes Jahrhundert im Luftverkehr stand.

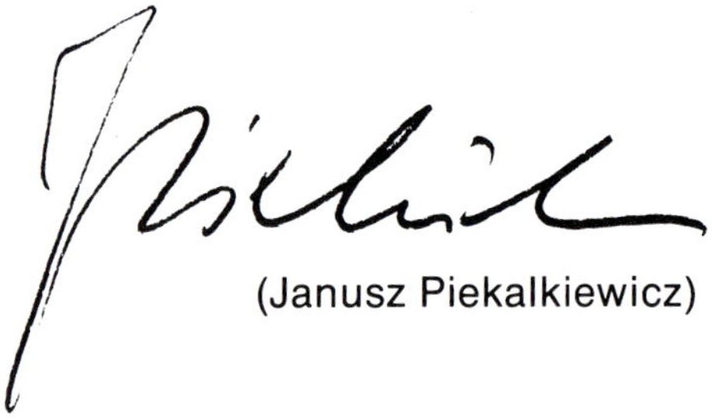

(Janusz Piekalkiewicz)

8

1

Inmitten einer gottverlassenen, breiten, mit Tropenwäldern bedeckten Landschaft, zwischen dem Paraguay-Fluß und den Kordilleren beginnt die Karriere der braven, guten Tante Ju als Militär-Transporter. Um diese weglose Ebene, Gran Chaco genannt, entbrennt im Jahre 1932 ein heftiger Streit zwischen Bolivien und Paraguay. Das erbarmungslose Gemetzel, im mörderischen Klima des Chaco geführt, wird immer wieder durch die schwierigen Verkehrsverbindungen gestoppt, bis sich die cleveren Generäle Boliviens eines Besseren besinnen und kurzerhand die vier nagelneuen, Made in Germany-Passagier-Maschinen vom Typ Ju 52/3m, die soeben Lloyd Aero Boliviano bekommen hat, zweckentfremdet zur raschen Truppenverlegung beordern.

Man ist erstaunt, mit welcher Selbstverständlichkeit die robusten Ju's ihre Dienste tun und sogar die verwegendsten Landeplätze nicht scheuen. Doch auch dies vermag die Bolivianer nicht vor dem Unheil zu retten: Geschlagen müssen sie am 12. Juni 1935 um Waffenstillstand bitten. Ungeachtet dessen und erst einmal wider Willen in die Dienste des Militärs eingespannt, muß die ›gute alte Tante Ju‹ ihre geradezu legendäre Rolle später bis zum bitteren Ende und darüber hinaus spielen.

Die Geschichte der Ju 52/3m beginnt eigentlich schon im Jahre 1926. Die deutsche Regie-rung schließt die beiden Gesellschaften Aero Lloyd und Junkers Luftverkehr zusammen: die Deutsche Lufthansa (DLH) wird geboren. Zu dieser Zeit baut die deutsche Firma Junkers als einziges Werk reine Ganzmetallflugzeuge. So entsteht bei Junkers im Jahre 1929 unter der Leitung des Chef-Konstrukteurs, Diplomingenieur Ernst Zindel, auf der Basis einer schon bewährten Zelle die Ju 52, angetrieben von einem Motor. Gleichzeitig rufen die Deutsche Lufthansa und auch ausländische Fluggesellschaften, die mit bestem Erfolg Junkers-Maschinen einsetzen, nach einem wirtschaftlichen Passagierflugzeug, das aus Sicherheitsgründen mit mehreren Motoren fliegen soll.

Zindel konstruiert die Ju 52 so um, daß sie als Passagier- und Frachtflugzeug mit einem oder mit drei Motoren geliefert werden kann. Fünfzehn Jahre lang, bis zum Ende der Ju 52-Produktion, bleibt die Zelle des Flugzeugs praktisch unverändert.

Ende September 1930 ist der Bau des Prototyps fertig. Rumpf und Leitwerk zeigen die typische Wellblech-Beplankung, die die Maschine zwar langsam macht, aber zu den ersten Forderungen gehören schließlich billige Fertigung und Robustheit. Nur mit einem wassergekühlten 12 Zylinder V-Motor und 800 PS Startleistung erhebt sich die Ju 52 am 13. Oktober 1930 zum erstenmal in die Luft. Am 17. Februar 1931 wird sie, diesmal mit einem neuen BMW-Motor ausgerüstet, auf dem Flugplatz Tempelhof in Berlin der Öffentlichkeit vorgestellt. Eine der ersten einmotorigen Ju 52-Maschinen wird nach Schweden geliefert. Im Oktober 1931 geht die letzte einmotorige Ju 52 an die kanadische Fluggesellschaft Canadian Airways und besteht jenseits des Großen Teiches einen recht ungewöhnlichen Test. Am 1. Dezember 1931 steigt die Maschine in Montreal mit fast 3,5 Tonnen Last vom St. Hubert Airport innerhalb von 17,5 Sekunden auf. Mit einem neuen Motor englischer Bauart, setzt die neugegründete Gesellschaft Canadian Pacific Airlines im Jahre 1936 das Flugzeug weiterhin als Buschtransporter in den entlegenen Gegenden Kanadas ein. Erst im Mai 1947 wird diese Ju 52 in Winnipeg verschrottet.

Die Fertigung der dreimotorigen Version, die in rund 4000 Exemplaren bis Mitte 1944 produziert wird und welche die zum weltbekannten Markenzeichen gewordene Bezeichnung Ju 52/3m trägt, beginnt im Herbst 1931 im Junkers-Werk in Dessau.

Um aber schnell und ohne Risiko den Forderungen des Reichsluftfahrt-Ministeriums (RLM) nach luftgekühlten Großtriebwerken nachkommen zu können, werden von der amerikanischen Firma Pratt & Whitney die Sternmotoren »Wasp« und »Hornet« für den Lizenzbau übernommen. Allerdings läuft nur die Fertigung des »Hornet« mit 575 PS Startleistung an, der später zum BMW 132 weiterentwickelt wird.

Die Ju 52/3m-Verkehrsflugzeuge werden nach einer von der Lufthansa AG herausgegebenen Ausschreibung, die auch die Forderungen der Reichswehr nach einem Bomber enthält, konstruiert.

Allerdings wird dieses Muster bereits während des Dienstes auf den Auslandsfluglinien für militärische Zwecke benutzt. So baut man zum Beispiel in die Linienmaschinen nach Paris einige gut getarnte Kameras ein, um verschiedene strategisch wichtige Objekte zu erfassen. Die anschließenden Serienmaschinen bewähren sich hervorragend. Die Ju 52/3m gilt bald als die Verkörperung des unbedingt sicheren und zuverlässigen Verkehrsflugzeuges. In 25 Ländern wird das Muster von 30 Verkehrsgesellschaften teilweise bis in die späten 60er Jahre geflogen.

Mit dem Ju 52/3m g3e Bombenflugzeug – als sogenannter Behelfsbomber für die Luftwaffe hergestellt – werden bis zum Jahre 1935 zahlreiche Verbände ausgerüstet. In den Rumpf der »Verkehrsmaschine« montiert man mehrere Waffenstände und Bombenwurfvorrichtungen ein: »Fensterlafetten« in den Rumpfseiten mit je einem Maschinengewehr, bis zu zwei Waffenstände auf der Rumpfoberseite mit je einem Maschinengewehr und schließlich einen Waffentopf unter dem Rumpf. Neben der Bomberversion existiert eine Ausführung als Minensuchflugzeug. Ein großer Teil der produzierten »Militär-Ju« entfällt auf die Varianten des Truppentransporters, die ebenfalls Bordbewaffnung tragen und bis zu 18 vollbewaffnete Soldaten aufnehmen können. Allein von dem Transporter Ju 52/3m g3e werden zwischen 1939 und 1944 insgesamt 2804 Maschinen hergestellt.

Die erste Ju 52/3 mce mit der Werknummer 4007 wird Ende 1931 fertiggestellt. Sie hat drei 525 PS leistende Pratt & Whitney Hornet-Motoren, die ohne Verkleidung eingebaut sind, um zuerst einmal Erfahrungen mit den neuen luftgekühlten Triebwerken zu sammeln. Während die Ausführung der Ju 52/1 m zur dreimotorigen Version umgebaut wird, geht aus Bolivien bereits eine Bestellung auf zwei dreimotorige Ju 52/3m ein. Es sind die Werknummern 4008 und 4009 mit der Bezeichnung Ju 52/3 mde. Die Lieferung erfolgt an den Lloyd Aero Boliviano, und die Maschine erhält dort die Namen Juan del Valle und Huanuni. Fünf weitere Flugzeuge werden noch nachgeliefert und von der bolivianischen Luftverkehrs-Gesellschaft mit großem Erfolg im Liniendienst geflogen.

Zu den ersten Bestellern gehören daneben die Lufthansa und auch Finnland und Schweden. Rumäniens Prinz Bibesco fordert eine Sonderausführung mit Luxuskabine an, um den »Vogel« für seine Jagdausflüge in Afrika einzusetzen. Was heute unvorstellbar ist: Junkers erfüllt Anfang der 30er Jahre selbst die ausgefallendsten Extrawünsche seiner Kunden.

Mitte 1932 beweist die Ju 52/3m mit der Zulassungsnummer D-2201, wie unverwüstlich die Maschine ist: Beim ersten öffentlichen Erscheinen anläßlich des Internationalen Alpenfluges 1932 wird sie im Wettbewerb der Verkehrsflugzeuge Sieger. Bei ihrer Rückkehr jedoch stößt die D-2201 auf dem Wege nach Berlin über Schleißheim frontal mit einem Schulflugzeug des Typs Udet Flamingo zusammen, wobei der linke Motor aus den Halterungen herausgerissen und Teile des Flügels und der linken Kabinenseite beschädigt werden. Die Ju 52/3m übersteht diesen Zusammenstoß und landet glatt unter der meisterhaften Führung von Flugkapitän Polte.

Nach diesem Erfolg beim Alpenrundflug entwickelt sich die Ju 52/3m zum Exportschlager. Als Käufer folgen in Südamerika nach Bolivien Argentinien, Brasilien, Ekuador und Peru. Südafrika bestellt 15 Maschinen, eine für die damalige Zeit ungewöhnliche Zahl. In Europa melden sich außer den Skandinaviern Italien, Bel-

gien, Großbritannien, Ungarn, Polen, Spanien und Griechenland. Diese Flugzeuge fliegen hauptsächlich mit dem späteren Standard-Triebwerk BMW 132, jedoch werden auch weiterhin noch spezielle Kundenwünsche berücksichtigt. Man versucht auch, die Ju 52/3m mit drei Dieselmotoren auszurüsten, um die Treibstoffkosten auf ein Sechstel zu reduzieren. Die Motoren erweisen sich aber als zu anfällig.

Ende Januar 1933 kommt Hitler an die Macht. Die Luftwaffe ruft nach Bombern, es gibt aber keine brauchbaren Muster. Man greift auf die Ju 52/3m zurück, die erste Lücken schließen soll. Dabei tritt ein Nachteil auf, der sich auch später bei den Masseneinsätzen der »Tante Ju« als bewaffneter Transporter auswirkt: Wegen des Motors am Rumpfbug kann keine Abwehrbewaffnung nach vorn angebracht werden. Für den Bombenwurf stehen drei Magazine zur Verfügung, die 1500 Kilogramm Bomben aufnehmen können.

Infolge ihrer unzulänglichen Bewaffnung bestimmt man daher, die Ju 52/3m nur nachts als Behelfskampfflugzeug einzusetzen. Ein bedeutendes Plus: durch ihre Tarnung als Verkehrsflugzeug gibt es keine Probleme bei der Geheim-Aufrüstung der Luftwaffe, die Ju's während der Aufbauzeit in die Kampfverbände einzuführen.

Der Ausbruch des Bürgerkrieges in Spanien verhilft der Ju 52/3m zu ihrem ersten aktiven Einsatz.

An einem Morgen, im Sommer 1936, startet in Berlin-Tempelhof eine Lufthansa-Ju 52 mit unbekanntem Ziel. Hinter dem Steuerknüppel sitzt der Chefpilot Henke. Die Lufthansa folgt dem Hilferuf General Francos: Seine Truppen sollen vom spanischen Marokko zum Mutterland transportiert werden. Man gründet eine Scheingesellschaft, die mit den Ju's die Franco-Truppen an die Bürgerkriegsschauplätze befördert. So setzte unter Hptm. Henke mit 20 Ju 52 und 42 Piloten der Luftwaffe eine Luftbrücke ein, welche Franco's marokkanische Verbände der spanischen Fremdenlegion von Tetuan nach dem Flugplatz Tablada bei Sevilla flog. Beim ersten Start befanden sich an Bord jeder Maschine 22 Soldaten mit Ausrüstung, später wurde diese Zahl auf 30 gesteigert. Unermüdlich und mitunter vier- bis fünfmal am Tag flogen Henkes Piloten hin und her. Als schließlich der Monat September heranbrach, hatte diese kleine Gruppe eine für die damalige Zeit erstaunliche Leistung vollbracht und innerhalb von einem Monat 8899 Soldaten, 44 Feldkanonen, 90 MG sowie 137 t Munition und Ausrüstung von Afrika nach Spanien herübergeflogen.

Dann fliegen die Ju's – in Bomber umfunktioniert – Angriffe gegen spanische Städte und Stellungen der Republikaner. Die insgesamt 55 Maschinen Ju 52/3m unterstehen der Legion Condor.

Mit dem Ende des Spanieneinsatzes werden die Behelfsbomber Ju 52/3m überflüssig. Es kommt eine neue Generation von Bombern: die Heinkel He 111 oder Dornier Do 17. Die Kampfverbände der Luftwaffe geben die Ju's an die C-, Bordfunker-, Blindflug- und Kampfbeobachterschulen ab. Niemand denkt zu diesem Zeitpunkt in der Spitze der Luftwaffe daran, reine Transportverbände aufzustellen, was sich später als Fehler erweisen soll. Nur eine geringe Zahl der Ju 52/3m bleibt für Transport- und Reisezwecke bei den Luftwaffeneinheiten. Lediglich zwei Transportgeschwader werden gebildet, mit der Bezeichnung Kampfgeschwader zur besonderen Verwendung (KG zbV), die am 1. September 1939 eine Sollstärke von je dreiundfünfzig Ju 52/3m haben.

Eine einheitliche Ausbildung für die Besatzungen der Ju's gibt es nicht, das Personal der Transportgeschwader rekrutiert sich aus allen anderen Waffengattungen der Luftwaffe. Den von den C-Schulen kommenden Piloten fehlt die Blindflugausbildung, die Luftwaffen-Offiziere werden oft nur zu den Transportgeschwadern abkommandiert, weil sie an anderer Stelle nicht zu gebrauchen sind.

Im Herbst 1937 wird die 7. Fliegerdivision, die erste Fallschirmtruppe, aufgestellt. Das Oberkommando gibt sofort Befehl an die beiden Transportgeschwader, ihre Ju 52/3m zur Sprungausbildung bereitzustellen, wodurch die Schulung der Flieger unterbunden wird. Ähnlich geht es zu beim Training der 22. Division, ebenfalls einem anderen Fallschirmjägerverband. Diese Vernachlässigung setzt sich erstaunlicherweise bis zum Ende des Krieges fort.

Die Flieger kommen meist aus Kampfverbänden und erfüllen die Bedingungen für den Blindflug. Aber der gesamte Personalbestand, sowohl im fliegerischen wie auch im technischen Bereich, entspricht nicht den späteren Anforderungen. Zweifellos gehen die Verbände, die ihre Leute für Transportgeschwader abstellen, von dem Standpunkt aus, daß die Männer lediglich eine Ju 52/3m zu fliegen haben, die selbst ein schlechter Pilot fliegen kann. Dabei erfordert gerade das Fliegen einer überladenen Ju 52/3m bei schlechtem Wetter über Gebirge und See mehr Können und Erfahrung, als allgemein angenommen wird.

Erst im Sommer 1943, als der II. Weltkrieg praktisch schon entschieden ist, erfüllt endlich die Führung der Luftwaffe die Forderung nach einer Waffenschule für Transportflieger. Man richtet das sogenannte Flieger-Ergänzungsgeschwader ein, das sich jedoch durch akuten

Treibstoffmangel nicht mehr entfalten kann. Obwohl die Ju 52/3m den Hauptteil sämtlichen Luft-Nachschubs bewältigen muß, ist die Maschine als Transporter eher unpraktisch: der Nutzraum ist zu klein, die Beladung unter schwierigen Bedingungen ein wahres Abenteuer. Auch ihre Bewaffnung ist schwach. Später erhalten einige Versionen im Dach der Pilotenkanzel einen weiteren MG-Stand. An den Seitenfenstern der Rümpfe werden zusätzliche Maschinengewehre eingebaut, weil sich die Landser beklagen, daß sie in den meisten Fällen ohne Jagdschutz fliegen müssen. Trotzdem bewährt sich die Ju 52/3m wie kein anderes Flugzeug. Bei Kriegsbeginn zählt die Luftwaffe insgesamt 552 Maschinen vom Typ Ju 52/3m. Bis zur Einstellung der Produktion im Juni 1944 erscheinen in den Listen des Oberkommandos weitere 2800 Maschinen.

Die Ju 52/3m nimmt die Ladung durch eine Luke an der Seite des Rumpfes auf, Versorgungsbomben können per Fallschirm aus zwei Doppelschächten abgeworfen werden. Außerdem befördert sie auch sperriges Lastgut, wie Motorräder und Panzerabwehrkanonen der Fallschirmjäger. Diese Ausrüstung hängt am Ausgang der Schächte und wird mit Hilfe von vier Fallschirmen ausgeklinkt. Für die Versorgung der kämpfenden Truppe können Behälter abgeworfen werden, bei deren Außenaufhängung die Geschwindigkeit des Flugzeuges jedoch abnimmt, und damit auch die Reichweite. Außerdem beeinträchtigen diese Behälter die Flugeigenschaften beim Start. Man versucht, sie möglichst im Innenraum des Flugzeuges unterzubringen, doch das geht wieder auf Kosten der Zuladung. Zum Ziehen von Lastenseglern besitzt die Maschine eine besondere Schleppeinrichtung am Spornrad. Jedoch braucht sie trotz ihrer guten Flugeigenschaften eine recht lange Landebahn von 500 Metern.

Die Zelle der Ju 52/3m ist an Robustheit und Zuverlässigkeit kaum zu übertreffen, doch zeigt der BMW 132 Motor bei Einsätzen in Nordafrika gewisse Tücken. Durchschnittlich hält zwar ein solcher BMW 132 die Belastung von 50 bis 80 Flugstunden aus, aber im afrikanischen Sand müssen die Motoren später schon nach vier bis fünf Stunden ausgebaut werden, und gerade an Ersatzteilen herrscht dort ständiger Mangel. Ohne Sandfilter können diese Triebwerke in der Wüste kaum verwendet werden. Doch die eingebauten Sandfilter taugen nichts, die Motoren laufen heiß. Der Teufelskreis schließt sich dadurch, daß die Mechaniker die Filter ausbauen, wodurch wiederum die Motoren leiden. Das geschieht vor allem bei Massenstarts von Flugzeugen auf südlichen Kriegsschauplätzen, wobei ganze Sandwolken aufgewirbelt werden. Für afrikanische Zustände sind auch die Öltanks zu klein, schon zu Anfang machen die Piloten auf dem verhältnismäßig kurzen Flug von Kreta nach Tobruk die Erfahrung, daß die 40 Liter Öl für die Strecke nicht ausreichen und die Maschinen kurz vor dem Ziel auf dem Wasser niedergehen müssen.

Mit all diesen Handicaps, die 1939 noch gar nicht vorauszusehen sind, gehen die Kampfgeschwader zbV mit ihren Ju 52/3m in den Krieg.

Ju 52/3m-Montagehalle der Junkers Flugzeug- und Motorenwerke AG (JFM) in Dessau: In den mit Alu-Wellblech verkleideten Rümpfen zeichnen sich schon Führerraum, Großnutzraum mit Einsteigtüren, Ladelukenklappen, runde Öffnungen für MG-B.-Stände und Lagerungen der Höhen- und Seitenleitwerke ab.
Der Begründer der Junkerswerke erlebte diesen Anblick nicht mehr. Professor Hugo Junkers wurde von der NS-Regierung 1934 zwangsweise aus seinem Werk entfernt und starb am 3. Februar 1935 an seinem 76. Geburtstag in Gauting bei München.

Wellblechbeplanktes Tragwerk-Mittelstück mit den Trägern I–IV und dem Fahrgestell: Das verkleidete Laufrad mit Luftdruckbremse sowie verkleidetem Federbein, Achsstrebe und Stützstrebe. Die einzelnen Streben sind an den Trägern des Tragwerk-Mittelstückes und an der Achsmuffe gelagert. Oben rechts: die Einsteigtür, die sich an der linken Seite des Großnutzraumes befindet.

Führerraum einer Ju 52/3m: Links der verstellbare Sitz des Flugzeugführers, rechts der verstellbare Klappsitz des Bordwartes bzw. des zweiten Flugzeugführers. Vor den Sitzen die beiden Steuersäulen mit Handrädern für die Quersteuerung. In der Mitte der Bedientisch mit den für die Bedienung der Triebwerksanlage erforderlichen Hebeln, Schaltern, Handgriffen und Handrädern. Gegenüber der rechten Steuersäule das Bedienbrett mit den Handrädern, Umschalthähnen und Handgriffen zur Bedienung von Preßluftanlage, Schmierstoff-Kühlanlage, Leitwerk-Enteiser und Einspritzanlage sind. Unter dem Bedienbrett die Lorenz-Funkanlage, über dem Bedientisch mehrere Navigations- und Motorenüberwachungsinstrumente.

Am Rumpfende: Radsporn mit Spornradgabel. Ein Lufthansa-Mechaniker säubert die Schäkel an der Spornradgabel. An diesen beiden Schäkeln kann das Rumpfende der Ju 52/3m g4e verankert oder das Flugzeug gezogen werden.

August 1939, Bernburg bei Dessau: Ein Lufthansa-Motorwart überprüft die linke Seite eines BMW-132 A3-Triebwerkes der Ju 52/3m g4e vor der Übergabe des Flugzeuges an die Luftwaffe. Die an die Luftwaffe abgegebenen DLH Reise-Ju 52/3m werden damit Eigentum des 3. Reiches, die Wartung bleibt jedoch noch einige Zeit in den Händen der DLH. Auch das fliegende Personal sowie die Bodenwarte stellt die DLH der Luftwaffe zur Verfügung.

Ein Lufthansa-Mechaniker legt die Wellblechbeplanung an das linke Höhenruder der Ju 52/3m g4e.

16

Behelfs-Kampfflugzeug Ju 52/3m g4e als Nachtbomber: 1500 kg Bombenlast. Unter dem Rumpf der schwenkbare Gondeltopf mit dem MG-Stand II. Der Gondeltopf wird mit der Handkurbel aus- und eingeschwenkt. 3 x BMW 132 A, Besatzung vier Mann, Bewaffnung zwei MG 15, verkleidetes Fahrwerk. Die Maschine trägt dunkelgrauen Anstrich.

Das Behelfs-Kampfflugzeug Ju 52/3m g4e wird mit vier Bomben C 10/VII durch einen Schacht im Rumpf beladen. Links Gondelkopfteil mit Fenster.

17

Behelfs-Kampfflugzeug Ju 52/3m g4e: Antrieb der Geräte DSAC (Bombenabwurfvorrichtungen) im Hauptnutzraum.

Ein Mechaniker reinigt den Achsring des Laufrades einer Ju 52/3m g4e. An der Innenseite der Bremstrommel sichtbar: Bremszylinder, Bremsschild und Bremsbacke.

Rechte Seite, unten: ▶
Leon, Spanien, Dezember 1937: Behelfs-Kampfflugzeug Ju 52/3m g4e der ›Legion Condor‹, Exportausführung von g3e, gleiche Ausrüstung, Triebwerke und Bewaffnung, aber mit Spornrad anstelle Schleifsporn.

18

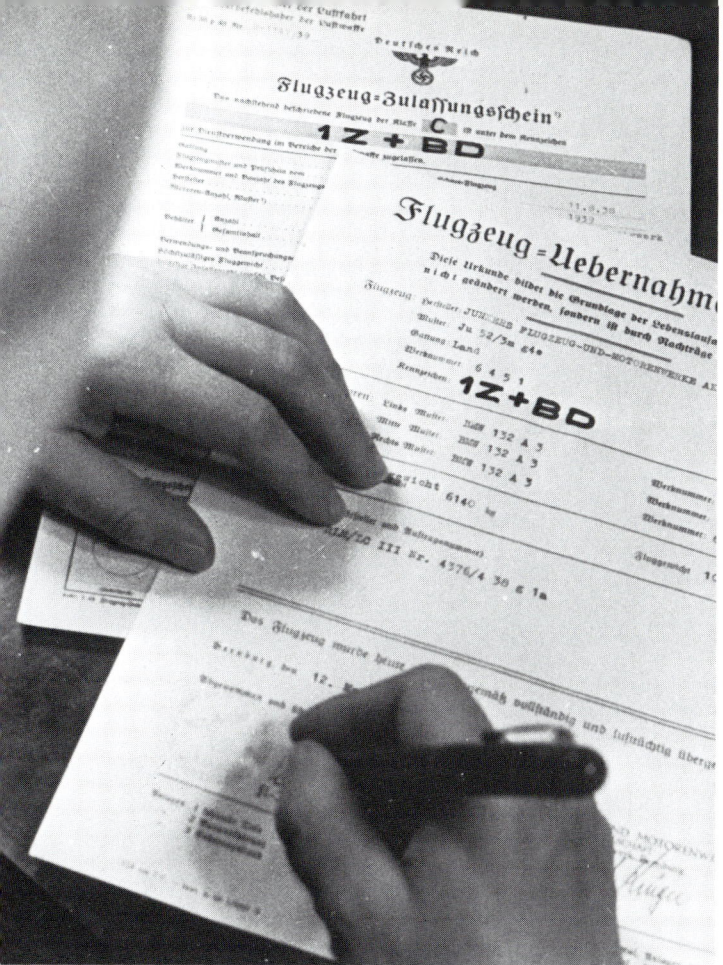

Bernburg bei Dessau, 12. August 1939: Unterschrift auf dem Übernahmeschein der Ju 52/3m g4e (1Z + BD) durch die Luftwaffe.

Nach der Übernahme durch die Luftwaffe: Die rechten Seitenfenster im Hauptnutzraum der Ju 52/3m g4e werden noch schnell blankgeputzt. Im Hintergrund die Einrichtung des FT-Raumes.

Bernburg bei Dessau, August 1939: Die Ju 52/3m g4e, mit der Werk-Nr. 6451, wird dem 3/Kampf-Geschwader zur besonderen Verwendung 1 zugeteilt. Die Zulassungs-Kennzeichen des 3/KG.z.b.V.1 (1Z + BD) werden gerade an den Rumpf gemalt.

Der letzte Pinselstrich an der Rumpfbespannung einer Ju 52/3m g4e vor Verlassen der Werkhalle.

20

Bernburg bei Dessau: Die Ju 52/3m g4e (1Z + BD) verläßt die Werkhalle, bereit zu einem Probeflug.

... und der letzte Handgriff am BMW-132 A3-Getriebe. Der Motor der linken Seite der Ju 52/3m g4e (1Z + BD) ...

21

22 Der Probeflug: Das Handrad der Steuersäule für die Quersteuerung der Ju 52/3m g4e (1Z + BD). Auf dem linken Horn: der Schalthebel für die automatische Entlastungsvorrichtung der Steuerung.

Die Ju 52/3m der Lufthansa, ›Otto Falke‹: Diese Passagiermaschine mit der Werk-Nr. 6057, Baujahr 1939, Zulassungs-Nr. D-AFFQ, machte die für DLH-Maschinen während des Krieges typische Karriere: Sie wurde an die Luftwaffe verchartert, das erste Mal vom 27. August 1939 bis zum 18. Oktober 1939 und später ab 11. November 1942. Ihr endgültiges Schicksal als Transportmaschine der Luftwaffe ist unbekannt.

Der linke Seiten-Motor der Ju 52/3m g4e (1Z + BD) wird betankt. Vorn füllt der Bodenwart mit einer Hand-Druck-pumpe das Öl ein.

August 1939, Bernburg bei Dessau: Vorn ist die Ju 52/3m g4e (1Z + BD) startbereit. Daneben eine Ju 52/3m g4e (DM + WL).

2

Am Polenfeldzug nehmen die Ju's überwiegend als Transporter für das Heer und die Luftwaffe, von Fall zu Fall auch als Behelfsbomber teil. Einige werden im Dienst des Roten Kreuzes eingesetzt.

Am 25. September 1939 erscheinen über dem belagerten Warschau mehrere Staffeln Ju 52/3m. Die Besatzungen der dreißig Ju's schaufeln kleine Brandbomben durch die Ladeluken auf das Häusermeer von Warschau. Vom Wind abgetrieben, fallen einzelne Bündel in die deutschen Infanteriestellungen. Erbost über die eigenen Verluste, fordert General Blaskowitz die Einstellung der Luftangriffe. Der polnischen Flak gelingt es, zwei der behäbigen Transporter abzuschießen.

Die erste große Bewährungsprobe während des Krieges kommt für die Lufttransportverbände bei der Besetzung von Dänemark und Norwegen, dem Unternehmen »Weserübung«. Um die Dänen und Norweger zu überrumpeln, sollen deutsche Stoßtrupps mit Fallschirmen hinter den feindlichen Linien abgesetzt werden. Sind die wichtigsten Luftstützpunkte erst einmal besetzt, können weitere Wellen von Ju 52/3m landen, um Truppen und Nachschub heranzuschaffen. Von vornherein steht fest, daß die Reichweite der in Norddeutschland stationierten Jagdflugzeuge zu gering ist, um die gelandeten Truppen zu schützen. Also

müssen mit den ersten einfliegenden Transportverbänden auch Treibstoff, Bodenpersonal und Flughafengerät für die Jagdmaschinen eingeflogen werden.

Die Besatzungen bestehen in der Hauptsache aus Lehrpersonal der Fliegerschulen mit einem hohen Ausbildungsgrad. Einige Piloten, die von der Lufthansa kommen, bringen dazu besondere Kenntnisse der Strecke mit. Die Junkers selbst sind in denkbar bestem Zustand.

Am 6. und 7. April 1940, zwei oder drei Tage vor dem Unternehmen, treffen die Ju's der Transportverbände aus ihren Heimathäfen auf den Flugplätzen in Schleswig-Holstein, Oldenburg, Bremen und Hamburg ein, die Fallschirm- und Luftlandetruppen kommen in allerletzter Stunde.

In der Morgendämmerung starten die ersten Gruppen planmäßig zum Einsatz. Kurz nach 7 Uhr sind zwölf Ju 52/3m mit ihren Fallschirmjägern – ein Zug – über dem dänischen Flugplatz Aalborg. Die Dänen leisten keinen Widerstand. Der erste Fallschirmeinsatz der Kriegsgeschichte ist geglückt. Nun aber kennen die Gegner das streng gehütete Geheimnis der Fallschirmtruppe, was sich schon bei den Luftlandeunternehmen in Holland zeigen soll.

Um 8.45 Uhr kreisen die Ju 52/3m über dem

norwegischen Flugplatz Stavanger. Drahthindernisse versperren den Platz und beim Kampf mit den Verteidigern erleiden die Fallschirmjäger Verluste. Der gelandete Luftgaustab zbV 200 kann mit der Einrichtung des Flugplatzes Stavanger als Absprungbasis und Zwischenlandeplatz für die Luftbrücke in den nordnorwegischen Raum von Drontheim beginnen.

Bei der Eroberung der nördlich von Stavanger gelegenen Hauptstadt Oslo kommt es zu einer kritischen Situation. Ein Verband des Kampfgeschwaders zbV 1 trifft beim Anflug auf eine dichte Nebelwand, die weit über die befohlene Flughöhe hinaufreicht. Die Staffeln mit den Fallschirmjägern kehren um und landen im dänischen Aalborg, das für eine Zwischenlandung der Ju 52/3m auf dem Rückflug nach Schleswig eingerichtet ist. Doch einige Ju 52/3m mit Landetruppen kommen trotzdem auf Oslos Flughafen Fornebu herunter. Dort werden sie von schwerem MG-Feuer empfangen. Erst als kurz nach 9 Uhr weitere Ju 52/3m einschweben, darunter Maschinen mit Bodenpersonal für die Flugzeugwartung, geben die Norweger auf.

Am 14. April 1940 starten fünfzehn Ju 52/3m mit einer verstärkten Kompanie Fallschirmjägern zu einem Sonderunternehmen auf den Eisenbahnknotenpunkt Dombas in Norwegen, um die im Raum von Drontheim bedrängten deutschen Verbände zu entlasten. Für eine planmäßige Vorbereitung dieses Unternehmens reicht die Zeit nicht mehr.

Robert Hahn war einer der Fallschirmspringer: »Um 17 Uhr hob sich Flugzeug auf Flugzeug vom Platz. Wir starteten in den wolkenverhangenen und von Schneeschauern durchtobten Himmel hinein. Eine dicke Wolkendecke umschloß uns. Im grauen und schwarzen Dunst der trüben Regenwolken zogen unsere Ju's ihren Weg. Wir sahen kaum etwas von den Nachbarflugzeugen. Erst in 3000 m Höhe und mehr erreichten wir klare Sicht. Noch waren die Ketten zusammen. Ju an Ju lagen hintereinander. Nach eineinhalb Stunden kam der Befehl zum Durchstoß. Das war die schwerste Aufgabe für die Flugzeugbesatzungen. Minutenlang jagten wir im gebirgigsten Gelände und in dicken Wolken nach unten. Ein trübes Licht füllte unsere Ju. Jeder wußte, was die nächste Minute bringen konnte: das Zerschellen an irgendeinem Felsen. Der kleinste Wolkenfetzen, der für Bruchteile von Sekunden vielleicht eine Aufhellung brachte, erweckte erleichtertes Aufatmen. Endlich hatten wir teilweise Erdsicht! Die Bewölkung riß langsam auf... Im Tiefflug glitten wir über schneebedeckte Berge und Felsen in Richtung Dombas. Wir wollten von Süden angreifen und hatten auch kartenmäßig die Absatzplätze südlich des Eisenbahnknotenpunktes festgelegt. Daß wir in dem Gebiet nicht allein waren, zeigte uns bald sehr starkes Flakartillerie- und MG-Feuer. Auf den Straßen erkannten wir feindliche Fahrzeuge, Truppenkolonnen im Marsch nach Süden und in den Bergen starke Stellungen. Ich kletterte gerade zum Bordschützen, als der hintere Teil unserer Ju viele 2-cm-Treffer bekam. Loch auf Loch wurde in die Rumpfwand gerissen. Ich wurde von den Durchschüssen verfolgt, aber jeder Schritt entzog mich einem Treffer. Es zischte nur so um die Ohren. Aus der Tragfläche spritzten Öl und Benzin, eine Folge der Flaktreffer...

Etwa acht Kilometer südlich Dombas zwischen Straße und Bergabhang befand sich eine günstige Wiese zum Absetzen. Kurz erfolgte das Signal zum Absprung. Wir sind gern abgesprungen, da bei dem starken Flakfeuer der

Verbleib in der Ju nicht als besonderes Vergnügen anzusehen war. Ich sprang mit meinem Kompanietrupp ab. Ein Benzin- und Ölschwaden aus der Tragfläche war der letzte Gruß unserer Maschine, die später auf dem Rückflug infolge der starken Treffer in den Bergen zerschellte.«

Eine der Maschinen geht mit Besatzung und Fallschirmjägern über dem Ziel verloren, vier andere müssen auf den Heimflügen mit schweren Brüchen notlanden. Nur sieben Ju 52/3m gelingt es, unter schlechtesten Wetterbedingungen nach Oslo zurückzukehren.

In der im äußersten Norden Norwegens gelegenen Stadt Narvik ist die Lage der Deutschen durch den Ausfall von zehn Zerstörern der Kriegsmarine kritisch geworden. Die Engländer riegeln den Hafen von See her ab. Der größte Teil des schweren deutschen Geräts, Munition und Verpflegung sind verloren. Eine Versorgung kann es nur aus der Luft geben, und Seeflugzeuge bringen Truppen mit sperriger Ausrüstung. Sie wassern in einem Seitenfjord, um vor dem Beschuß der Engländer sicher zu sein. Freiwillige Soldaten aus Gebirgsjägereinheiten springen ohne planmäßige Sprungausbildung mit dem Fallschirm ab. Da die schweren Waffen fehlen, entschließt man sich, eine 7,5-cm-Gebirgsbatterie des Typs Skoda einzufliegen. Oberst Baur de Betaz übernimmt den Auftrag. Seine acht Ju 52/3m, die ohne Zusatztanks fliegen, tragen die Geschützteile, das Personal und eine große Menge Munition. Die Maschinen werden nur so weit aufgetankt, daß sie den zugefrorenen Hartvig-See in der Nähe von Bardufos erreichen können. Später beim Eintritt des Tauwetters versinken die Maschinen wie geplant im See.

Als man nach dem Skandinavien-Feldzug Bilanz zieht, stellt man fest, daß trotz aller Erfolge der Aufwand bei den Lufttransporteinheiten in keinem Verhältnis zum erreichten Erfolg steht.

Das nächste Unternehmen richtet sich gegen die »Festung Holland«. Dafür hält sich die 7. Fliegerdivision unter Generalleutnant Student zur Verfügung. Ihm unterstehen alle Fallschirmspringertruppen und Lufttransportverbände, zwei Geschwader mit insgesamt 212 Maschinen vom Typ Ju 52/3m, die am 8. Mai bereits im Raum Dortmund, Lippstadt, Münster und Osnabrück liegen. Alle Einheiten sind nach dem Norwegeneinsatz wieder aufgefüllt. Technische Schwierigkeiten gibt es nicht. Für den Handstreich gegen Eben Emael und die Brücken bei Kanne, Vroenhoven und Veldwezelt plant das Oberkommando Luftwaffe, die aus den Gruppen »Granit« (Oberleutnant Witzig), »Beton«, »Stahl« und »Eisen« bestehende »Sturmabteilung Koch« in Lastenseglern des Typs »DFS 230« zu verladen und an einundvierzig »Ju 52« zu hängen. Flußübergänge und Zentrum der »Festung Holland« sollen die 7. Fliegerdivision und die als Luftlandetruppe verwendete 22. Infanteriedivision nehmen. Als der deutsche Angriff am 10. Mai 1940 losbricht, scheitern die Überfälle auf Maastricht und Kanne. Transportmaschinen und Landetruppen der 22. Division erleiden bei Den Haag und Ypenburg durch niederländische Jäger und Flak schwere Verluste und sind bald, sofern überhaupt noch einsatzfähig, zersplittert und isoliert. Lediglich im Bereich von Moerdijk und Dordrecht verzeichnen deutsche Fallschirmjäger einige Erfolge. Um 4.30 Uhr des 10. Mai sind bereits einundvierzig Ju 52/3m in der Luft, um eines der waghalsigsten Unternehmen einzuleiten: Die Eroberung des belgischen Forts Eben Emael, am tiefeingeschnittenen Albert-

Kanal, über den jeder Angreifer muß, wenn er in direkter Linie von Aachen über Maastricht nach Brüssel will. Dieser Handstreich war Hitlers eigenstes Werk. Er hat ihn ersonnen, ausgearbeitet und dann durchführen lassen.

Die Ju 52/3m, die von den beiden Kölner Flughäfen starten, haben Lastensegler im Schlepp, in denen je sieben Fallschirmjäger sitzen, die das Fort im Handstreich nehmen sollen. Eine 73 Kilometer lange Leuchtfeuerstraße bis Aachen dient den Ju als Orientierungshilfe. Kurz vor der Grenze werden die Segler ausgeklinkt und nähern sich im lautlosen Fluge dem Sperrfort Eben Emael. In der Morgendämmerung, für die belgischen Wachtposten völlig überraschend, gleiten die Maschinen um 5.24 Uhr mitten in den Befestigungsanlagen nieder. Gegen 1 Uhr mittags ist das Fort mit seinen strategisch wichtigen Werken gefallen. Die im Fortinneren gelandete Gruppe »Granit« unter Oberleutnant Witzig benötigt genau siebzehn Minuten, um mit Hohlladungen sämtliche Beobachtungs- und Geschützstände in die Luft zu sprengen.

Die Ju fliegen nach dem Ausklinken der Segler in Richtung Osten zurück, werfen an einem Sammelpunkt die Schleppseile ab und nehmen erneut Kurs nach Westen, um einen weiteren Auftrag im belgischen Hinterland auszuführen.

Einige Kilometer westlich von Maastricht liegt der Albertkanal, eine sechzig Meter breite Wasserstraße mit senkrechten Ufern, der beste Panzergraben Europas. Die über ihn führenden zwei Brücken, die von Veldvezelt und die von Vroenhoven, die Schlüsselpunkte der belgischen Verteidigung, sind sorgfältig für eine Sprengung vorbereitet. Zwei gepanzerte Befehlsstände schützen die Brücken. Zwischen Deutschland und den belgischen Verteidi-

gungsstellungen liegen 30 Kilometer holländisches Gebiet. Vierzig Kilometer westlich dieses Kanals gehen die Ju 52/3m auf die Sprunghöhe von Fallschirmjägern. Die Luken öffnen sich, und 200 Fallschirme segeln der Erde entgegen. Bei ihrer Landung hören die Belgier zwar eine heftige Schießerei, doch die Deutschen rühren sich nicht. Erst später entdecken die Verteidiger: An den Fallschirmen hingen Strohpuppen in deutschen Uniformen, und Sprengsätze sorgten für den Gefechtslärm.

Inzwischen sind die Ju mit den Einheiten der 7. Fliegerdivision in Richtung Holland unterwegs. Innerhalb der Geschwader werden die Startzeiten so abgestimmt, daß alle Verbände in breiter Front zur gleichen Zeit die Grenze überqueren. Nur dadurch läßt sich erreichen, daß die Fallschirmjäger im dichten Pulk über dem Gegner abgesetzt werden können. Die Maschinen überfliegen in großer Höhe das Grenzgebiet, um die Staffeln nicht dem Abwehrfeuer der leichten Flak und der Infanteriewaffen auszusetzen. Danach gehen die Ju in den Tiefflug über und steuern ihr Zielgebiet in Baumwipfelhöhe an, klettern wieder auf die Absprunghöhe von 120 Metern und jagen im Tiefstflug davon. Die erste Welle setzt die Fallschirmjäger an den vier Objekten ab, die im Handstreich genommen werden. Vor allem der wichtigste Zugang zur »Festung Holland«, die Moerdijk-Brücken, fallen unversehrt in die Hände der Deutschen.

Der Fall des Forts Eben Emael und anderer Befestigungsanlagen um Lüttich, die fingierte Luftlandung mit Strohpuppen an Fallschirmen und der Aufstand bewaffneter Kampfgruppen der deutschen Bevölkerung von Eupen und Malmedy tragen zur Verwirrung der Belgier bei.

Weniger erfolgreich sind die Kämpfe um den

Flugplatz Waalhaven bei Rotterdam. Nach dem Angriff von deutschen Bombern des Typs He 111 gehen die Fallschirmjäger auf die Minute pünktlich von Bord der Ju 52/3m des Kampfgeschwaders zbV 1. Gewarnt durch die deutschen Einsätze in Norwegen und Dänemark halten die Holländer mit ihrer Flak mitten in die Fallschirmjäger hinein. Doch die meisten kommen heil am Rande des Flugplatzes herunter, wodurch die Verteidiger ihre Waffen dorthin richten müssen, was das deutsche Oberkommando einkalkuliert hat. Eine Ju 52/3m setzt ihre Fallschirmspringer so unglücklich ab, daß sie mitten in die brennenden Hangars fallen. Auf halber Höhe fangen die Fallschirme Feuer, die Männer stürzen ab.

In diesem Augenblick erscheint auf dem Flugplatz die zweite Welle der Ju 52/3m mit den Soldaten der 22. Division an Bord. Die Flak schießt Sperrfeuer, aus den durchlöcherten Tanks der Junkers läuft Treibstoff. Schlimmer noch: Aufgrund der Erfahrungen aus dem Skandinavien-Feldzug haben die Holländer das Rollfeld vermint. Trotzdem setzen die Junkers zur Landung an, die Feldgrauen der 22. Division stürzen aus den noch rollenden Maschinen und greifen in das Kampfgeschehen ein. Bald bricht der Widerstand zusammen, und Waalhaven ist in deutscher Hand.

Ähnlich dramatisch verläuft die Eroberung des Flugplatzes bei Den Haag. Die Fallschirmjäger können die drei Plätze nicht sofort in die Hand bekommen. Zweihundert Ju 52/3m der ersten Welle gehen trotzdem im Feuer der Verteidiger in den Sanddünen herunter, in denen die Räder der Maschinen versinken, fast 90 Prozent aller Ju's sind zerstört. Nach nur fünf Tagen gibt Holland den Kampf auf, nicht zuletzt durch den Einsatz der Luftlandetruppen.

Der Erfolg wird mit katastrophalen Verlusten erkauft. Insgesamt kehren zwei Drittel der 430 eingesetzten Maschinen aus Holland nicht mehr zurück. Für die Zukunft wirkt sich besonders fatal aus, daß Ju 52/3m größtenteils aus den Flugzeugführerschulen abgezogen und von dem Lehrpersonal geflogen wurden, das den Nachwuchs für die gesamte Luftwaffe ausbilden sollte.

Polen-Feldzug, September 1939: Eine Gruppe von Heeresoffizieren – bei der Frontinspektion aus der Luft – in einer Ju 52/3m.

In einem Fliegerhorst, September 1939: Eine Ju 52/3m rollt an Besatzungen vorbei, die noch auf ihren Einsatzbefehl warten.

September 1939, Warschau – Flugplatz Okecie: Während des Polen-Feldzuges dienen zahlreiche Ju 52/3m als Sanitäts-Maschine zur Beförderung der Schwerverwundeten in die Heimat-Lazarette.

September 1939, Polen-Feldzug: Luft-waffen-Sanitäter beim Verladen der Ver-wundeten auf dem Flughafen Okecie bei Warschau.

Rechte Seite, oben:
Adolf Hitler verläßt seine persönliche Maschine, die Ju 52/3m, D-ALYL ›Hans Loeb‹.

Rechte Seite, unten:
November 1939: Diese Ju 52/3m g4e war der ersten Kampfgruppe zugeteilt, die militärische Ziele in Warschau angriff und den Auftrag hatte, den Funksender zu zerstören. Während des Angriffs hörte man plötzlich, wie die Sendung unterbrochen wurde und der Ansager rief: »Uwaga! (auf Polnisch: Achtung!) Uwaga! . . .«

Unten:
September 1939, Polen: Blick aus dem Seitenfenster einer Ju 52/3m über das Leitwerk hinweg auf die röm.-kath. Ba-rock-Kirche ›Hl. Anna‹ (1733–1738) in Lu-bartow bei Lublin.

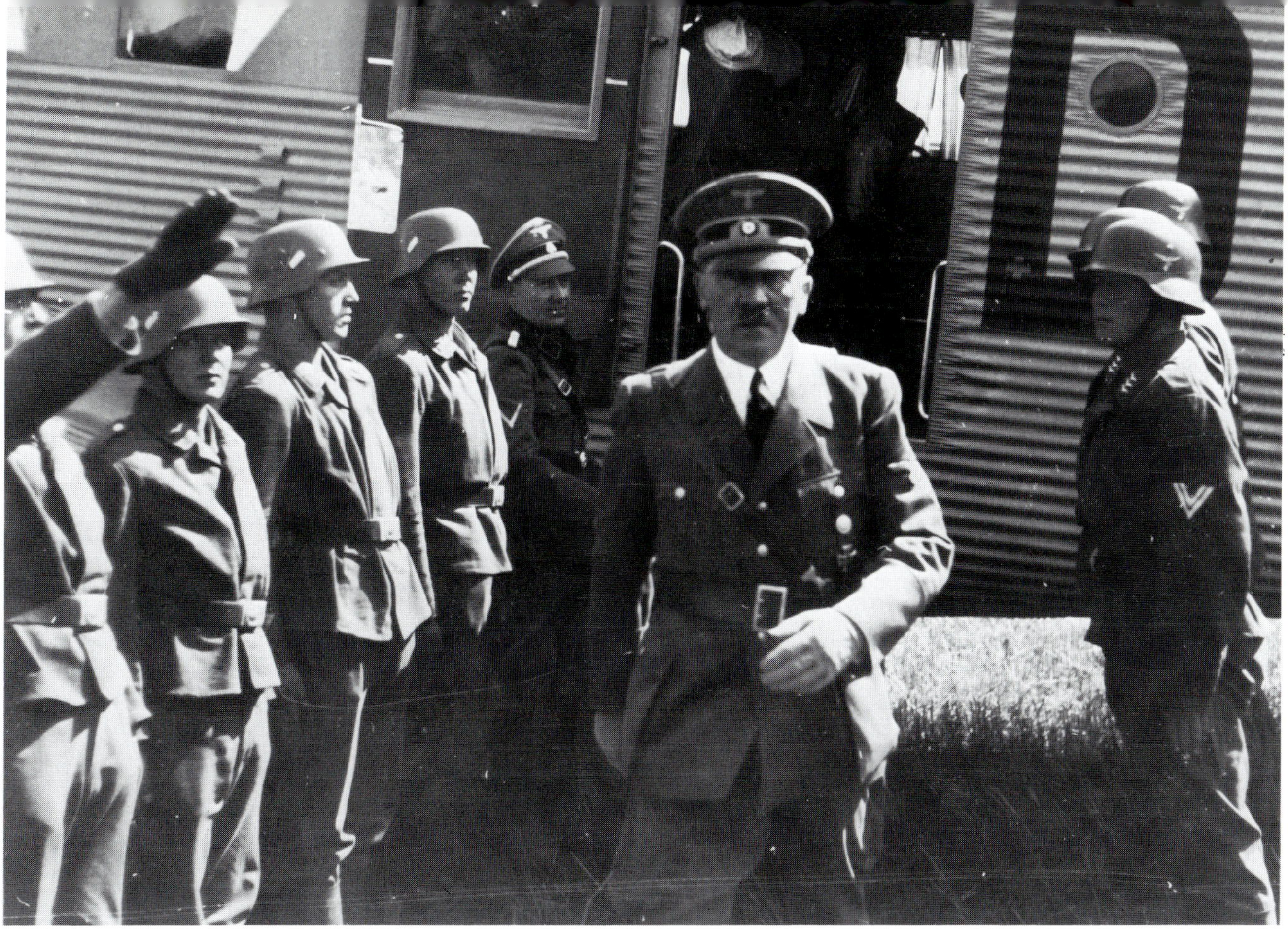

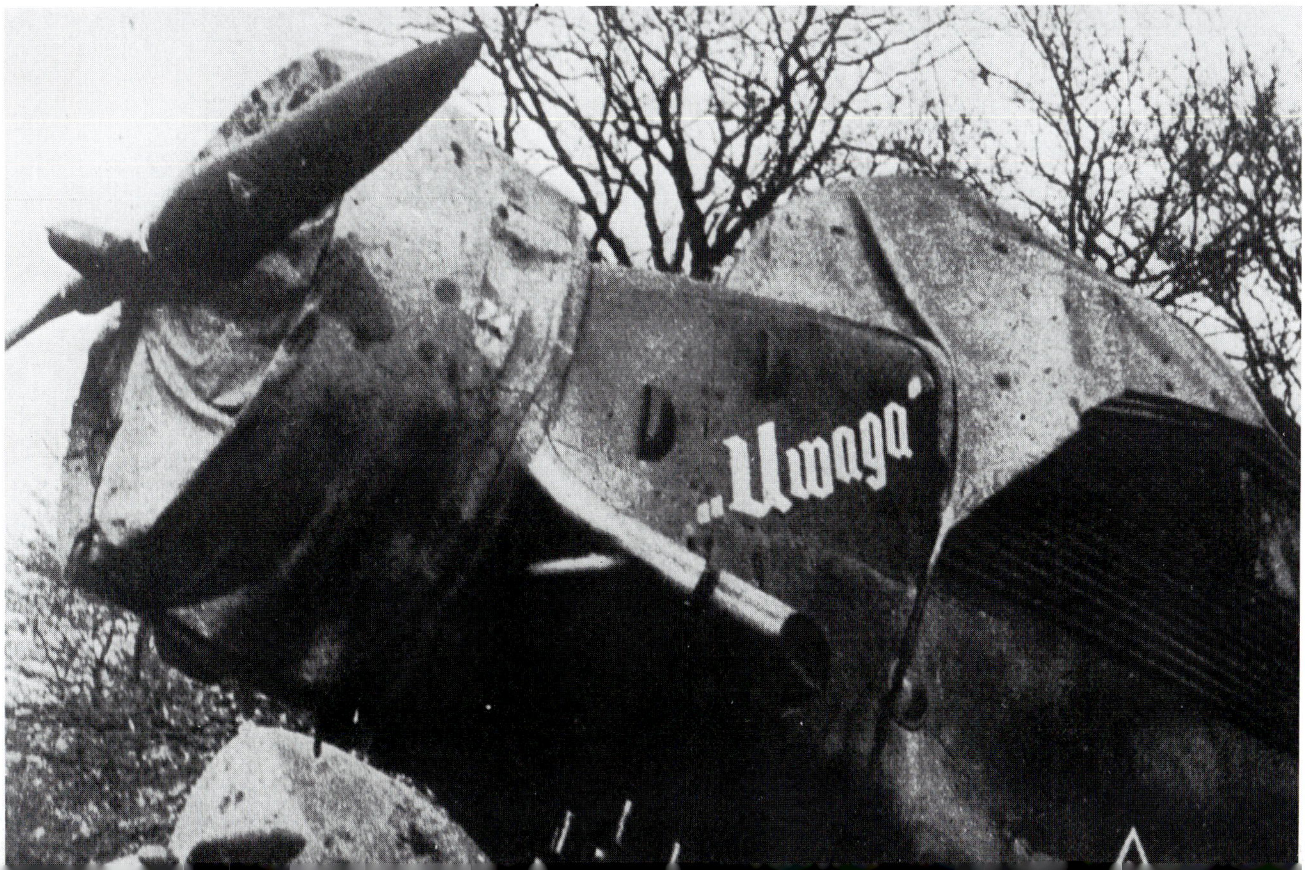
„Uwaga"

Oslo, April 1940: Eine Ju 52/3m landet mit zerschossenem rechtem Laufrad. Im Dach des Führerraumes der MG-15 A Stand mit Drehkanonen-Lafette.

9. April 1940, Norwegen-Feldzug: Eine Ju 52/3m kurz vor der Landung. Vorn im Bild: Der Bf 110-Zerstörer des Leutnants Lents, der die Landebahn falsch einschätzte und in einem Garten, am Rande des Osloer Flughafens Fornebu, zum Stehen kam.
◄

33

10. Mai 1940: Sturmabteilung Koch auf dem Kurs in Richtung Fort Eben Emael, die Ju 52/3m mit einem Segler DFS 230 im Schlepp.

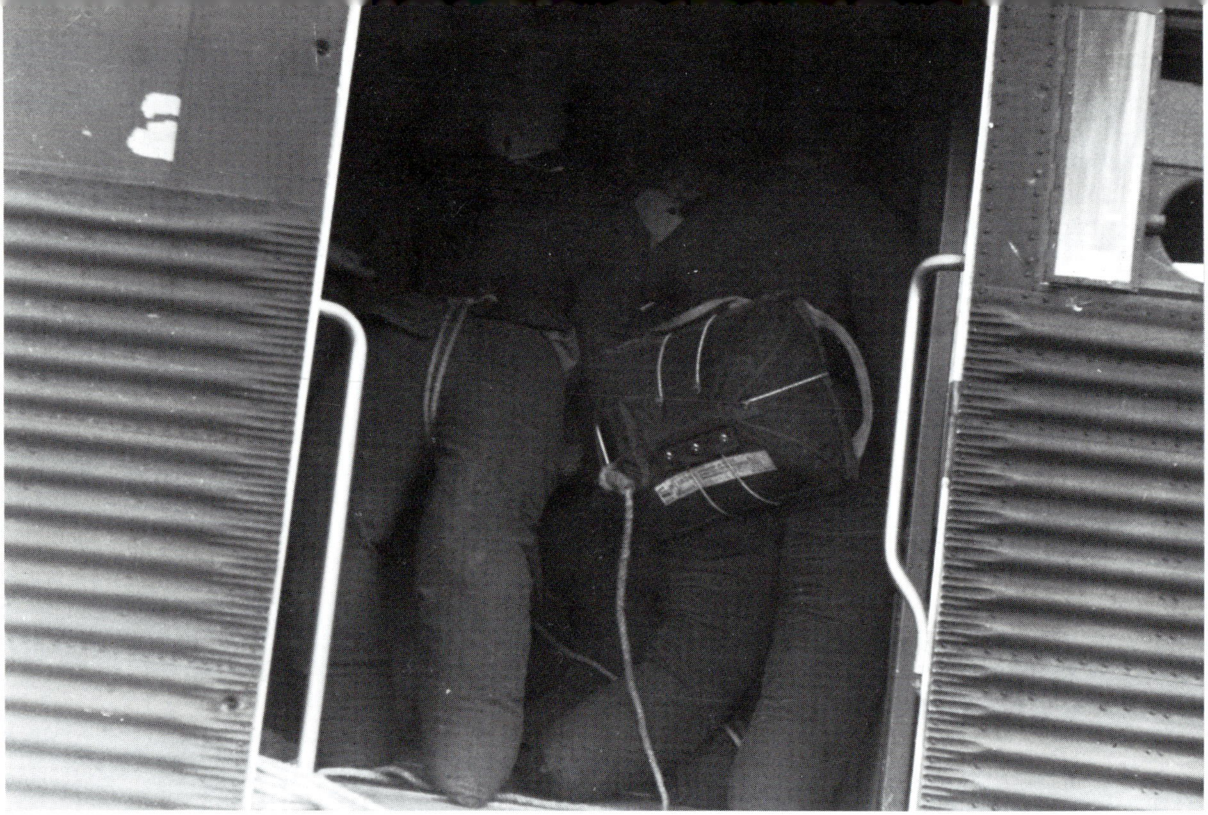

10. Mai 1940, über der ›Festung Holland‹: Die 200 Strohpuppen an Fallschirmen stiften Verwirrung.

Juni 1940, West-Feldzug: Über den eingeschlossenen französischen Truppen, südlich von Paris, werden aus einer Ju 52/3m Flugblätter abgeworfen, die zur Kapitulation aufrufen.

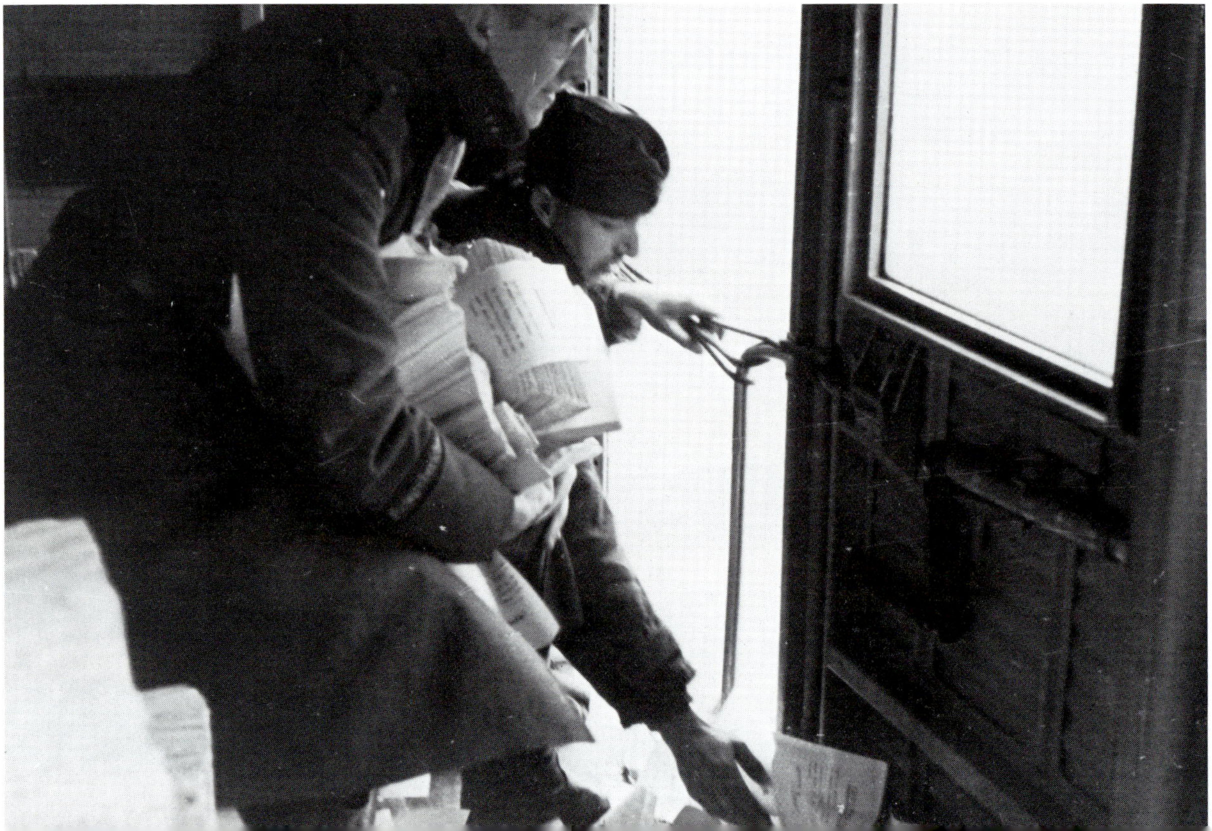

Juni 1940: Ein Blick aus dem MG-15 Beobachtungsstand (B-Stand) einer Ju 52/3m auf eine gesprengte Brücke in Nord-Frankreich.

Frankreich, Sommer 1940, in der Nähe von Paris: Eine von der Lufthansa gecharterte Ju 52/3m, noch mit der üblichen DLH-Bemalung, dient dem OKL als Reisemaschine für höhere Chargen.

... die Ex-DLH-Maschine im Flug. Der Mittelmotor ist mit einem Townendring verkleidet, aus dem Triebwerk ragen die Abgas-Stutzen heraus, den rechten Seiten-Motor schützt eine NACA-Haube.

3

Im August 1940 werden im Raum Lyon, Lille und Arras auf Flugplätzen des besetzten Frankreich Fallschirm- und Luftlandetruppen zusammengezogen. Die nach dem Westfeldzug aufgefrischten Verbände sollen am Unternehmen »Seelöwe«, der Invasion in England, teilnehmen. Die Aufgabe übertrifft bei weitem alle bisher gestellten Anforderungen. Die Luftlandetruppen sollen bei Dungeness an der Südküste Englands einen Brückenkopf bilden. Das Unternehmen »Seelöwe«, auf unbestimmte Zeit verschoben, erweist sich als undurchführbar.

Aber der weitere Luftkrieg gegen England zeigt mit aller Deutlichkeit, welchen Tribut die Einsätze der Lufttransportgeschwader bereits gefordert haben. Bei den Bombenangriffen gegen die britische Insel gehen immer mehr der im Blindflug ausgebildeten Besatzungen verloren. Nachwuchs mit den gleichen Qualifikationen steht nicht zur Verfügung, weil die meisten Ausbilder als Piloten in Transportverbänden inzwischen gefallen sind.

Hitler hat die feste Absicht, nach seinen Erfolgen im Westen bereits im Frühjahr 1941 gegen Sowjetrußland loszuschlagen. Doch sein Bundesgenosse, der Duce, spielt dem Führer einen Streich: Am 28. Oktober 1940 greift Mussolini Griechenland an. Als Antwort besetzen die Engländer die strategisch wichtige Mittelmeer-

insel Kreta. Das hat auch für die deutschen Lufttransportverbände ungeahnte Folgen.

Italiens Offensive bleibt schon nach wenigen Tagen stecken. Im November 1940 drehen die sich zäh wehrenden Griechen sogar den Spieß um und gehen zum Gegenangriff über. Als sie die albanische Grenze überschreiten, muß die italienische Führung unter allen Umständen ihre Heeresgruppe in Albanien verstärken. Die beschränkte Kapazität der albanischen Häfen macht jedoch dieses Vorhaben unmöglich. Gleichzeitig fehlen den Italienern Transportflugzeuge zur Truppenversorgung auf dem Luftweg. In dieser Situation bittet das italienische Oberkommando zur Überbrückung des Engpasses Hitler um eine Gruppe Ju 52/3m mit deutschem Personal. Am 9. Dezember 1940 werden die ersten 17 Ju's von Graz und Wiener Neustadt nach Foggia verlegt.

Die 3. Gruppe des Kampfgeschwaders zbV 1 erhält vom italienischen Oberkommando die Anweisung, Winterausrüstung und Truppen nach Albaniens Hauptstadt Tirana zu bringen. Auf dem Rückflug sollen Verwundete, Kranke und ungeeignetes Gerät mitgenommen werden. Die englischen Jagdflugzeuge zeigen sich nicht. Doch schlechtes Wetter mit plötzlichen Nebeleinbrüchen macht den Piloten zu schaffen, da aber alle Blindflugerfahrungen haben, gibt es keine Verluste. Die Einsätze beschränken sich ausschließlich auf den Tag, die Besatzungen gewöhnen sich sehr schnell an die 300 Kilometer lange Seestrecke. In der ersten Zeit werden ungefähr 100, in den letzten Wochen 60 Einsätze täglich geflogen. Bis zum Abzug der Kampfgruppe, die anschließend deutsche Verbände in Nordafrika versorgt, bringen die Ju's ohne Verluste 28 871 italienische Soldaten und 2904 Tonnen Material nach Albanien. Währenddessen müssen andere Ju 52/3m-Verbände in den Feldzug gegen Griechenland eingreifen. Auf dem Weg der Deutschen von Norden gegen die Halbinsel des Peleponnes bildet der Isthmus von Korinth als Landenge den einzigen Zugang. Wie ein natürlicher Sperriegel schiebt sich ein tiefeingeschnittener Kanal zwischen Festland und Pele- So erhält der Kommandeur der 7. Fliegerdivision den Auftrag, den Isthmus mit einem Fallschirmjägerregiment an beiden Seiten des Kanals zu besetzen und solange zu halten, bis die Truppen auf dem Festland vorrücken. In erster Linie kommt es darauf an, die Brücke über den Kanal unversehrt zu erobern. Zur absoluten Geheimhaltung des Planes werden die erforderlichen Einheiten auf den bulgarischen Flughafen Plovdiv verlegt. Zeitpunkt für das Unternehmen: 26. April 1941. Die Transportfliegergruppen finden sich bald in Plovdiv ein. Für eine Zwischenlandung auf dem Wege zum Isthmus steht der Flugplatz Larissa zur Verfügung.

Das Wetter am Morgen des 26. April 1941 ist wolkenlos, in Dreier-Verbänden starten die Flugzeuge und gehen sofort auf Südkurs. Nach Überwinden des Pindus-Gebirges kommen sie im Raum von Patras bis 30 Meter auf das Wasser herunter und fliegen dann in Dreierformation in den Golf von Korinth. Eine Dunstschicht über dem Golf und der Tiefflug helfen den Deutschen, unbemerkt an das Ziel heranzukommen. Unmittelbar vor dem Absetzmanöver werfen Kampf- und Stukaverbände ihre Bomben auf den Gegner, schalten mit ihren Bordwaffen die Verteidigung aus und halten sie in Deckung.

Während die Panzerbesatzungen Athen nehmen und die Hakenkreuzfahne auf der Akropolis hissen, springen deutsche Fallschirmjäger über dem Kanal von Korinth ab. Mit den letzten fallenden Bomben sind auch die Fallschirmjäger und die drei Lastensegler mit den Soldaten am Boden. Die Deutschen kämpfen auf der Nordseite des Kanals ihre Gegner nach kurzer Zeit nieder und können die Kameraden auf der Südseite, wo die starken feindlichen Truppen stehen, unterstützen.

Weniger Glück haben die Soldaten der Lastensegler. Sie nehmen die wertvolle Brücke in Besitz, bauen die Sprengladung aus, aber dann schlägt zufällig ein verirrtes Geschoß einer englichen Flakbatterie in den auf der Brücke liegenden Sprengstoff ein. Die Brücke fliegt in die Luft, und den abrückenden Commenwealth-Verbänden können hier stundenlang keine stärkeren deutschen Verbände mit schweren Waffen folgen. Jedoch schon am gleichen Nachmittag gelingt es den Pionieren der Fallschirmtruppe, eine Behelfsbrücke zu schlagen, über die deutsche Bodentruppen vom Festland auf den Peleponnes vordringen. Währenddessen laufen die Vorbereitungen des Unternehmens »Merkur«, ein Luftlandeunternehmen auf Kreta. Dem Fallschirmjägergeneral Kurt Student gelingt es, den Führer davon zu überzeugen, daß es sich dabei um »eine großartige, jedoch im Grunde einfache Angelegenheit handle, eine Sache von acht Tagen, die fast ohne Verluste durchgeführt werden könne und die die britischen Bomber vom rumänischen Petroleum fernhalten, den Balkan schützen und die deutsche Luftherrschaft im Mittelmeer festigen würde . . .«

Nachdem endlich am 25. April 1941 Hitler die Eroberung der Insel Kreta beschließt, haben die Fallschirmjäger und die anderen Luftlandetruppen nur zwanzig Tage Zeit zur Vorbereitung.

Zehn Kampfgeschwader zbV mit rund fünfhundert Ju 52/3m stehen für das Unternehmen »Merkur«, dem größten Luftlandeangriff der Geschichte, zur Verfügung. Der Operationsplan ist vom Generalstab der Luftwaffe ausgearbeitet, dem alle beteiligten Streitkräfte einschließlich der 5. Gebirgsjägerdivision unterstellt sind. Die Vorbereitungen verlangen riesige Anstrengungen. In Südgriechenland müssen Stützpunkte für 228 Bomber, 205 Stukas, 119 Jäger und 114 Zerstörer des von Richthofen befehligten VIII. Fliegerkorps geschaffen werden; dazu kommen zehn Gruppen Ju 52, 520 Flugzeuge, die das XI. Fliegerkorps, die Fallschirmjäger des Generals Student, nach Kreta bringen sollen. In Korinth, Megara, Tanagra, Topolia, Dedion, Eleusis und Phaleron müssen in kürzester Frist Flugplätze angelegt werden. Das XI. Fliegerkorps hat bei seiner Konzentrierung in Griechenland wegen der Straßenengpässe große Schwierigkeiten, denn gleichzeitig läuft vorrangig der Aufmarsch für »Barbarossa«, den Angriff auf die Sowjetunion. Die meisten Maschinen haben im Balkanfeldzug im Dauereinsatz gestanden, und die Motoren müssen dringend überholt werden. Anfang Mai fliegt deshalb die gesamte Transportflotte in Richtung Norden. Alle vorhandenen Flugzeugwerften in Deutschland, der Tschechoslowakei und Österreich lassen andere Arbeiten ruhen und nehmen sich der dreimotorigen Ju's an. Genau 493 Ju 52/3m kehren in knapp zwei

Wochen, am 15. Mai, fünf Tage vor dem Unternehmen »Merkur«, generalüberholt auf die Einsatzplätze um Athen zurück. Doch damit sind die Schwierigkeiten nicht behoben. Sie müssen auf die schlechten Standplätze bei Athen ausweichen, da die besseren Basen bereits mit Flugzeugen des VIII. Fliegerkorps belegt sind. Nur wenige Flugplätze haben betonierte Startbahnen, die restlichen sind reine Sandwüsten, zudem klein und verwahrlost. Die beladenen Maschinen versinken bis zur Achse im Sand. Bei jedem Start und jeder Landung steigt eine riesige Staubwolke gen Himmel, und es dauert eine ganze Weile, bis man nach dem Start einer Staffel wieder die Hand vor den Augen sehen kann.

Weitere Verzögerungen bringen die Arbeiten an der zusammengebrochenen Kanalbrücke von Korinth. Bevor ihre Trümmer nicht durch Taucher beseitigt sind, können wegen der britischen Seeherrschaft keine Tanker aus Italien sicher den Hafen von Piräus erreichen.

In drei Wellen sollen die Transporter nach Kreta fliegen, um Soldaten und Nachschub abzuladen. Dafür benötigen die Maschinen rund drei Millionen Liter Sprit, der von Athen in 200-Liter-Fässern herangeschafft werden muß. Doch es fehlt eine entsprechende Bodenorganisation. Das Auftanken der Flugzeuge muß von Hand geschehen. Der Angriff, ursprünglich für den 18. Mai vorgesehen, wird um zwei Tage verschoben. In der Nacht zum 20. Mai 1941 haben einige Ju 52/3m-Verbände immer noch keinen Treibstoff. Und so müssen die Fallschirmjäger Tankwart spielen.

Um 4.30 Uhr starten die ersten Maschinen. Die Transporter-Armada braucht eine ganze Stunde, um sich in der Luft zu formieren und endlich in Richtung Kreta abzufliegen. Die erste Angriffswelle ist in Lastenseglern verfrachtet, die anderen 5000 Soldaten müssen aus den Ju 52/3m abspringen.

Dem Angriff geht ein heftiges Bombardement der Insel voraus, das aber die gut getarnten Stellungen des Gegners verfehlt. Als kurz darauf, um 7.15 Uhr, das Fallschirmjäger-Sturmregiment bei Malemes niedergeht, erleidet es schwere Verluste. Das I. Bataillon kann die beherrschende Höhe 107 nicht nehmen. Das III. Bataillon wird vernichtet, teilweise schon an den Schirmen in der Luft. Ebensowenig vermag das Fallschirmjäger-Regiment (FJR) 3 sich der Hauptstadt Chania zu bemächtigen; sein I. und III. Bataillon bleiben vor den Mauern der Stadt liegen.

Von den 493 gestarteten Ju 52/3m fehlen bei der Rückkehr nur sieben, und die Besatzungen erklären, der Fallschirmabsprung sei großartig gelungen. Das ist nicht ganz richtig, denn die Fallschirmjäger werden weit verstreut, und ihre Verluste sind wesentlich größer als die der Flieger. Generalleutnant Süßmann, der Kommandeur der Mittelgruppe, kommt auf Ägina durch einen Unfall um, und Generalmajor Meindl, der Befehlshaber der Westgruppe, wird bei der Landung schwer verletzt. Die Engländer können den deutschen Gegner nicht vernichten, aber den Deutschen gelingt es auch nicht, den britischen Widerstand zu brechen.

Da die 200- und 80-Watt-Sender der Fallschirmjäger beim Aufprall ihrer Lastensegler zerschmettert werden, erfährt General Student nichts von diesen Fehlschlägen. Er schließt vielmehr aus den Meldungen der ohne größere Ausfälle zurückkehrenden Transportflugzeuge, daß alles planmäßig abrolle, und setzt deshalb am Nachmittag des 20. Mai 1941 die zweite Welle, bestehend aus dem FJR 1 und FJR 2 gegen Iraklion und Rethimni an. Auch diese Luftlandung wird ein blutiges Fiasko.

Währenddessen herrscht inmitten der riesigen Staubwolken auf den Absprungplätzen des Festlandes ein Chaos. Niedergehende Flugzeuge stoßen zusammen oder überschlagen sich, Brände brechen aus, Nachrichtenverbindungen reißen ab. Dabei kann weder der Zeitplan für die Transportstaffeln der zweiten Welle eingehalten noch eine Koordination zwischen Bombardement und Landung erzielt werden. Die Operation zerflattert.

Keine 20 Minuten nach dem Absetzen der zweiten Welle ist das II./FJR 1 aufgerieben. Iraklion und Rethimni bleiben in britischer Hand. Gegen Ende dieses blutigen Tages fällt allerdings eine erste, für den Angreifer gewinnbringende Entscheidung: Zwei Stoßtrupps der Fallschirmjäger stürmen die Höhe 107 bei Malemes. Der britische General Freyberg erfährt davon zu spät und hat auch dann nicht genügend Kräfte für einen Gegenangriff.

General Student begreift, daß er eine Niederlage riskiert und in Ungnade fallen würde, wenn er die Situation nicht zu bessern vermag. Am nächsten Tag bringen drei Junkers-Maschinen unter starkem feindlichen Artilleriefeuer den ersten Nachschub nach Malemes. Nachdem die Versorgungsbehälter von den eigenen Truppen rechtzeitig geborgen werden, entschließt sich General Student, alle Verstärkungen nach Malemes zu leiten. So landen am Nachmittag des 21. Mai, gegen 16 Uhr, unter dem Hagel der feindlichen Artillerie, auf dem Flugplatz von Malemes die ersten Staffeln Ju 52/3m mit Gebirgsjägern an Bord. Bis zum Abend wird ein ganzes Gebirgsjäger-Regiment herangeschafft. Innerhalb von 48 Stunden befördern die Ju's 23 464 Mann der Luftlande- und Fallschirmjägereinheiten zur Mittelmeerinsel und legen dabei eine Gesamtstrecke von 2 389 845 Kilometer zurück.

Am 27. Mai telegrafiert Winston Churchill an Major-General Freyberg: »Sieg in Kreta ist an diesem Wendepunkt des Krieges unbedingt erforderlich.« Trotzdem beginnen in der folgenden Nacht die britischen Truppen überstürzt mit der Evakuierung der Insel, die am 1. Juni abgeschlossen ist.

Entgegen allen Wehrmachtsberichten hängt der Erfolg von »Merkur« am seidenen Faden. Jeder siebente Soldat aus den Eliteverbänden des General Student endet im Massengrab von Kreta. Die Verluste der 7. Fliegerdivision beeindrucken Hitler, dessen Maxime es bisher gewesen ist, nach Möglichkeit Blut zu sparen. Als er Student das Ritterkreuz überreicht, meint er, »Kreta habe gezeigt, daß die großen Tage der Fallschirmjäger vorbei seien«. Das Unternehmen Merkur kostet die Lufttransportverbände rund 151 Ju 52/3m-Maschinen. Die Verluste der Fallschirmjäger und Luftlandetruppen, etwa 4000 Tote, wirken sich bis Ende des Krieges auf ihre weiteren Einsätze aus.

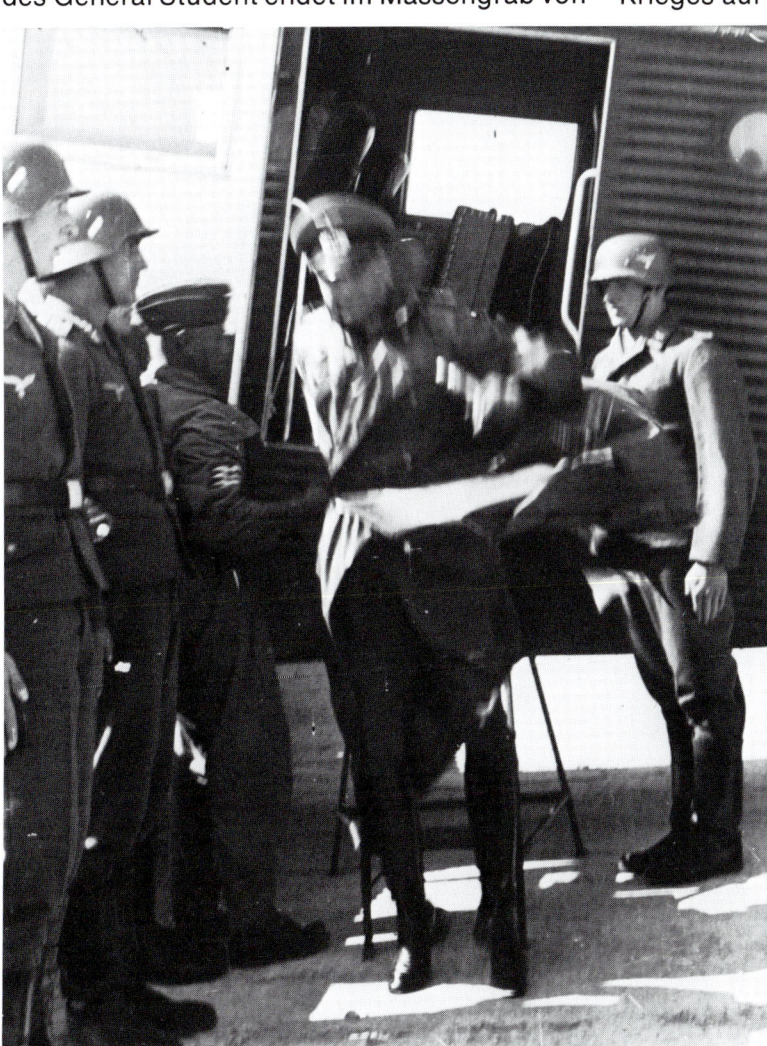

General der Pz.-Tr. Geyer v. Schweppenburg ist soeben mit einer Ju 52/3m in Paris zu einem Besuch des OB West gelandet.

Eine Reise-Maschine Ju 52/3m der OKH in Paris, noch mit dem Standardanstrich der Lufthansa versehen.

Die zum Hauptnutzraum führende Einstiegtür auf der linken Seite des Rumpfes einer Ju 52/3m wird geöffnet.
◄

Seite 44, oben:
Herbst 1940, in der Nähe von Bordeaux: Eine Minensuch-Staffel meldet ihre Einsatzbereitschaft. Um die Gefährdung der eigenen Einheiten herabzusetzen, sind in den Jahren 1940–1942 sechs Minensuch-Staffeln aufgestellt worden, deren Aufgabe die Fernräumung ist. Die Staffeln, bestehend aus Ju 52/3m-(MS) Maschinen, haben Räumgeräte an Bord, unter den Flugzeugen selbst ist ein überdimensionaler großer Magnet, der sogenannte ›Gauss-Ring‹ befestigt. Dieser Minen-Sprengring hat einen mittleren Durchmesser von 14 m; das Gewicht der Gesamtlage: 1136,4 kg. Dazu das Aggregat zum Antrieb des Minen-Sprengrings (Motor und Generator) = 1200 kg. Ihr Einsatzgebiet erstreckt sich besonders über die französische Atlantik-Küste, den Golf von Biscaya und die griechischen Mittelmeer-Gewässer.

Der Flugzeugführer bedient gerade die 3 Hebel für die Normalgasregelung der 3 Motoren, darunter 3 Hebel für die Höhengasregelung, rechts 2 Hebel für die Ventil-Batterie und darüber Magnet-, Verstell- und Zündschalter.

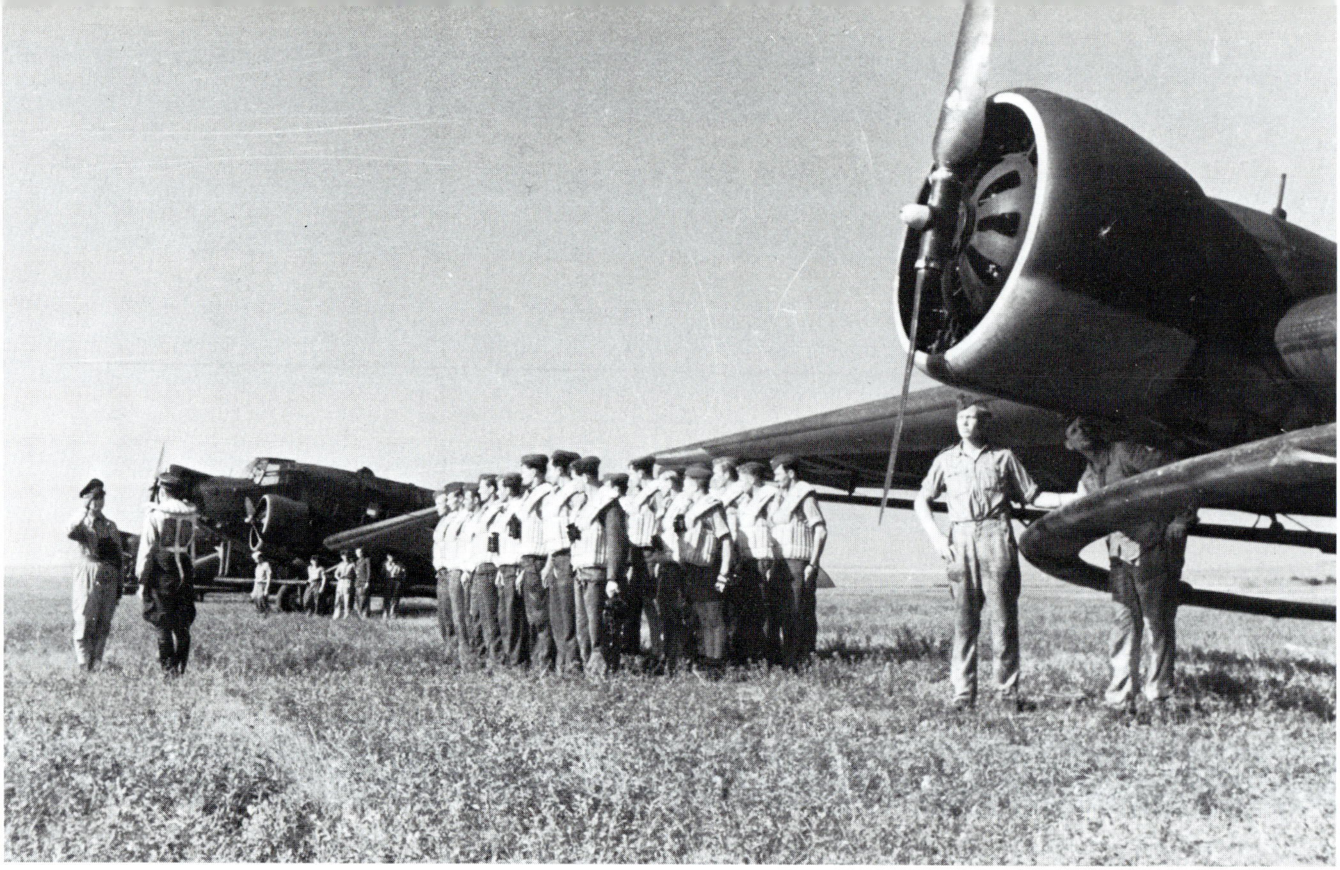

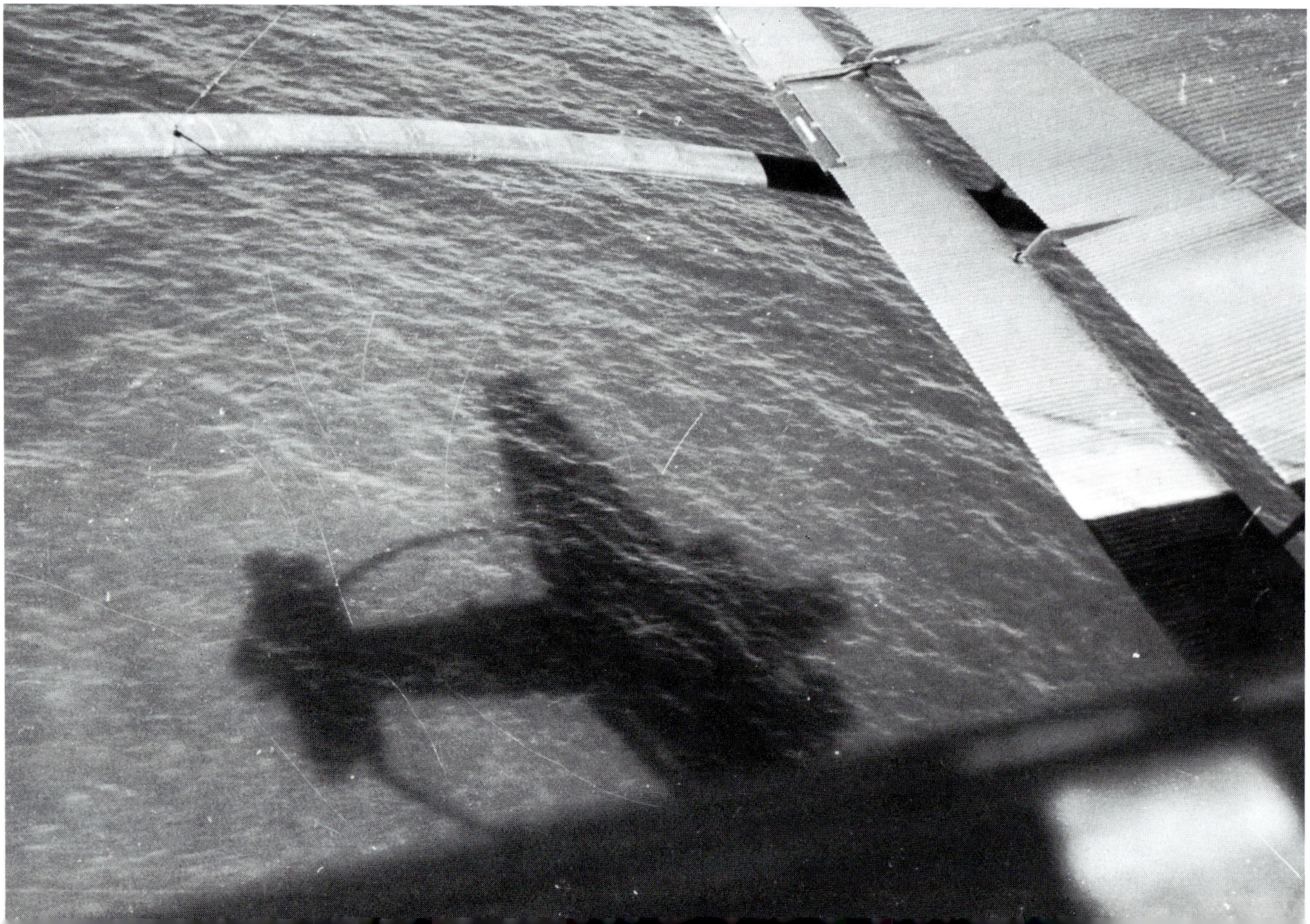

Generalfeldmarschall Hugo Sperrle, Befehlshaber der Luftflotte 3 (Frankreich), auf der Flugzeugtreppe seiner Ju 52/3m Reise-Maschine.

Linke Seite, unten:
Herbst 1940, über dem Golf von Biscaya: Eine Ju 52/3m g6e (MS) der Minensuchgruppe 1 kreist über den Wellen. Die mit dem ›Gauss-Ring‹ aufgespürten feindlichen magnetischen Minen werden durch Stromstöße von 300 Ampère, die an ein Bord befindlicher E-Motor liefert, von tieffliegenden Maschinen zur Explosion gebracht.

GFM (LW) H. Sperrle in seiner komfortablen Ju 52/3m Reise-Maschine.

Die Reise-Maschine Ju 52/3m des GFM (LW) H. Sperrle vor dem Start.

Ein Feldflughafen in Nord-Afrika: Verladen von schwerverletzten Soldaten des Deutschen Afrika-Korps in eine Ju 52/3m, deren Hauptnutzraum befehlsmäßig mit dem Rüstsatz ›Sani-Noteinsatz‹ ausgestattet ist.

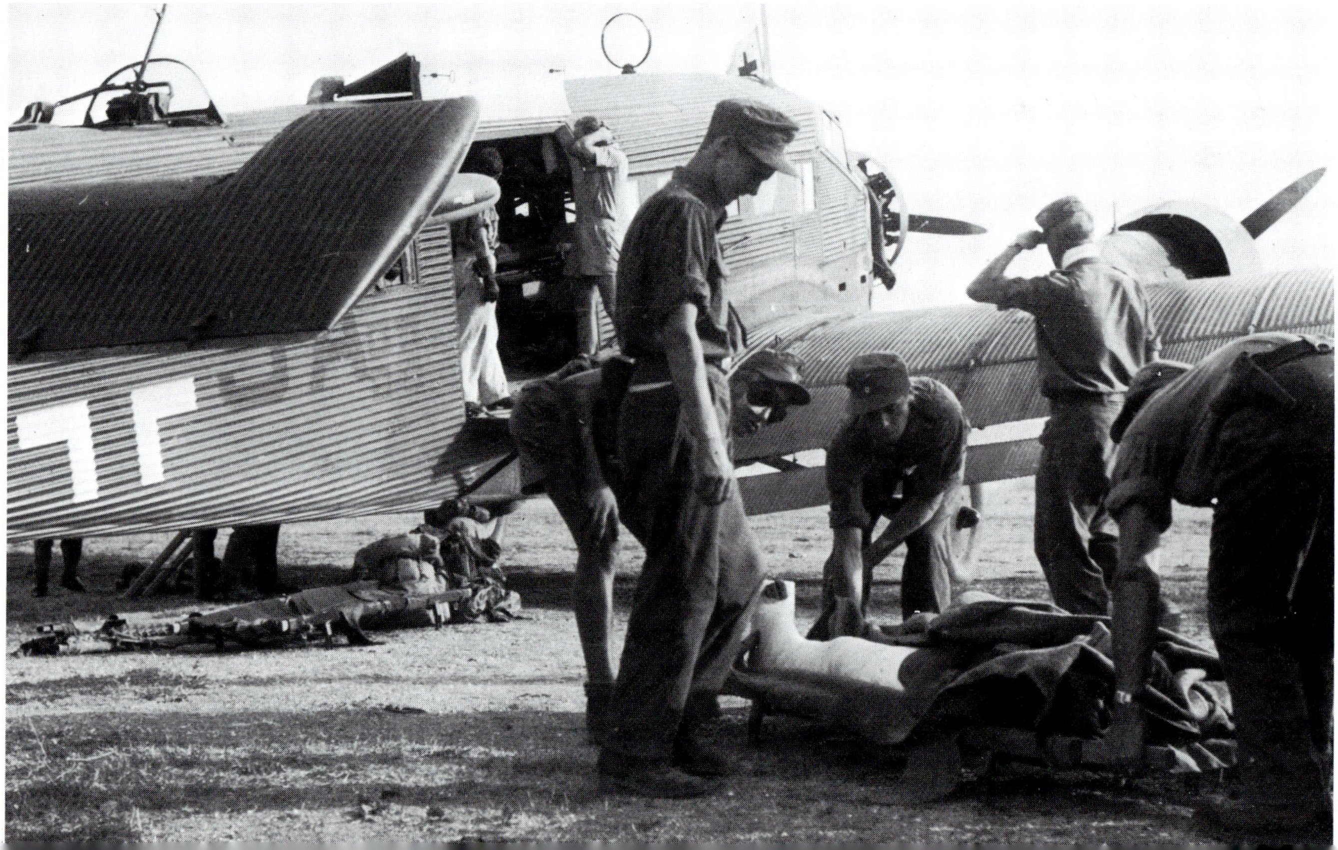

20. Mai 1941, auf dem Flug nach Kreta: Ein Schwarm Maschinen des KG.z.b.V. 172 rast im Tiefflug über das Mittelmeer.

48 20. Mai 1941, Morgenstunde über dem Mittelmeer in einer Ju 52/3m mit Kurs auf Kreta: Für viele dieser Fallschirmjäger ist es die letzte Stunde ihres jungen Lebens.

Links, unten:
Norwegen, Sommer 1941: Motoraustausch einer Ju 52/3m g5e (See). Auf dem Behelfsbock das Triebwerk BMW-132 . . .

Rechts, unten:
. . . der rechte Seiten-Motor BMW-132 wird auf Herz und Nieren geprüft.

Kreta, 20. Mai 1941: Ein Sturmregiment der Fallschirmjäger geht unter starkem feindlichen Beschuß über Heraklion nieder. Aus der brennenden Ju 52/3m können sich noch sieben Männer retten.

20. Mai 1941, über Kreta: In kurzen Abständen verlassen die Fallschirmjäger ihre Absetzmaschinen Ju 52/3m und pendeln zwischen Himmel und Erde im Geschoßhagel der Engländer.

49

Kreta, 20. Mai 1941: An der Grenzmauer eines Feldflughafens ging der Einsatz dieser Ju 52/3m zu Ende. Wie viele Menschen dabei ihr Leben verloren, weiß heute keiner mehr zu sagen.

Kreta, Ende Mai 1941: Ein Landeplatz bei Heraklion, übersät mit Ju 52/3m. Vorn eine Maschine der 1. Staffel der KGzbV1.

Kreta, Anfang Juni 1941, das Ende des Unternehmens ›Merkur‹: 151 Transport-Maschinen stehen auf der Total-Verlustliste. Ein Bergungstrupp der Luftwaffe ist soeben in Malames eingetroffen. Über den ganzen heißumkämpften Flugplatz verstreut liegen die Wracks der Ju 52/3m.

4

Bis zum Frühjahr 1941 wird das Deutsche Afrikakorps unter General Erwin Rommel auf dem Seeweg versorgt, dann muß auch die Luftwaffe einen Teil des Nachschubs übernehmen. Zuerst ist es nur eine Gruppe des Kampfgeschwaders zbV 1, die Anfang Februar 1941 von Comiso in Sizilien aus operiert, um Verstärkungen nach Afrika zu bringen. Nach Beginn der Rommel-Offensive am 31. März 1941 übernimmt dieses Kampfgeschwader die Verlegung der fliegenden Verbände und deren Versorgung. Verwundete, Kranke, unbrauchbares Gerät und Leergut werden auf den europäischen Kontinent zurücktransportiert. Der Gefechtsstand der Gruppe ist zunächst Catania, später Brindisi. Einzelne Staffeln starten je nach Anforderung von Sizilien, Griechenland und Afrika selbst. Die dauernde Hitze und der Staub verbunden mit den Sandstürmen machen das Leben der Flieger fast unerträglich. Die Temperaturen in den Flugzeugkabinen steigen selbst in mittlerer Höhe oft bis auf 68 Grad Celsius. Die Besatzungen leiden an Darmkrankheiten und haben mit häufigen Motorschäden zu kämpfen, die auf das extreme Klima, den Staub und den Sand zurückzuführen sind.

Die Flugzeuge sind nicht für die Unbilden der Wüste konstruiert. Wohl können die Maschinen mit der Zeit dem Klima angepaßt werden, aber die Menschen haben es nicht leicht, sich an die Tropen zu gewöhnen.

Bis zum März 1941 fliegen die geschlossenen Verbände mit etwa fünfundzwanzig Ju 52/3m ohne jeden Jagdschutz, dann stellt man einen Geleitschutz von zwei Maschinen des Typs Me 110. Anfangs schwärmen die Ju's im Tiefflug dicht über dem Wasser, um nicht von feindlichen Jägern entdeckt zu werden. Doch dann stellen die Piloten der Me 110 fest, daß die Transporter aus größerer Höhe eigentlich nur durch die von ihrem Fahrtwind auf der Wasseroberfläche erzeugten dunklen Streifen auffallen. Daraufhin wird eine Mindestflughöhe von 50 Metern befohlen.

Im Dezember 1941 versenken englische U-Boote und die Royal Air-Force einen Großteil der Versorgungsschiffe für das Afrikakorps. Und kurz danach weicht das deutsche Afrikakorps bis in die Große Syrte zurück. Für den Nachschub, hauptsächlich Soldaten zur Verstärkung, soll wiederum die Luftwaffe mit ihren Junkers sorgen. Durch das Fehlen einsatzfähiger Maschinen und Piloten müssen die Blindflug- und C-Schulen weitere Fluglehrerbesatzungen und Flugzeuge für diese Einsätze abstellen. Das zu dieser Zeit meist stark diesige Wetter und die stürmische See sind günstig: Die englischen Jäger auf der Insel Malta bleiben in ihren Stützpunkten. Kommt es trotzdem gelegentlich zu einem Treffen zwischen beiden Gegnern, meiden die britischen Jäger den Luftkampf. Das geballte Feuer, das die Ju 52/3m-Verbände schon auf größere Entfernung eröffnen, mahnt zur Vorsicht. Als es den Junkers gelingt, am 8. Januar 1942 zwei britische Jäger abzuschießen, werden die Engländer noch zurückhaltender.

Die RAF beschränkt sich zur Zeit auf Störangriffe auf die Luftwaffen-Stützpunkte und wirft auch vierarmige kantige Widerhaken auf die Landebahnen der Ju's ab, die von den Deutschen »englische Igel« genannt werden. Sie sollen die Reifen der startenden Flugzeuge durchlöchern. Das Bodenpersonal hat alle Hände voll zu tun, sie aufzusammeln. Dem Vernehmen nach sollen sie später auf dem britischen Flugplatz in Tobruk wieder abgeworfen worden sein.

Der berühmte Führer eines geheimen britischen Kommandotrupps, Major Vladimir Peniakoff (Popski), beobachtet tagelang von seinem Versteck unweit von Derna aus diesen Flugverkehr und meldet die Ergebnisse nach Kairo. Die Folgen sollen sich bald zeigen.

Am 12. Mai 1942, 150 Kilometer nördlich der libyschen Hafenstadt Derna, greifen britische Jäger vom Typ Beaufighter und zehn Jäger vom Typ Kittyhawks mit Zusatztanks des 250. Sqn. der RAF einen Verband von dreizehn Maschinen Ju 52/3m an, die ohne jeden Geleitschutz fliegen.

Ltn. J. F. Waddy ist ihr Flight-Leader:

»Ungefähr fünf oder zehn Minuten nachdem wir auf unseren Suchstreifen eingeschwenkt waren, entdeckte ich eine Anzahl von Ju 52, die sich von vorne näherten. Ich rief ›Tally-ho!‹ und stieg sofort auf 300 m, um nach den Me 110 zu sehen, da ich den Höhenschutz führte. Ich flog einen Vollkreis über den Transportern, ohne

irgendwelchen Jagdschutz zu erkennen. Dann griff ich eine Ju 52 frontal an, und meine erste Feuergarbe verschwand direkt in ihrer Kabine. Ich hatte den Angriff im Sturzflug geflogen, fing ab und zog wieder hoch. Mein Rottenflieger Sgt. Devin bestätigte später, daß diese Ju 52 ins Wasser stürzte.

Dann sah ich, wie eine Me 110 eine Beaufighter angriff, zog eine Rechtskurve und griff von schräg hinten an. Mein erster Feuerstoß traf den Rumpf und die Me 110 zog in einer Steilkurve hoch. Ich folgte ihr und brachte eine Garbe in ihrem Backbordmotor unter, der Feuer fing. Im gleichen Augenblick aber wurde ich vom Abwehrfeuer einer Ju 52 getroffen, über die mich der Zerstörerpilot geschickt gelockt hatte. Ich brachte der Me 110 eine weitere Garbe bei, und sie stürzte auf das Wasser zu.

Ich flog dann einen Angriff auf eine Ju 52 von schräg hinten und kam bis auf 20 m heran, bevor ich hochzog. Die Ju 52 hing auf der rechten Seite des Feindpulks etwas zurück. Sie fing Feuer und stürzte ins Meer.

Dann entdeckte ich in 300 m eine andere Me 110 und zog hoch, während sie herabstürzte. Sie schien mich zu sehen, denn sie fing ab und ging in eine linke Steilkurve. Ich verfolgte sie außer Schußweite. Sie machte dann einen Abschwung nach rechts. Ich kam von schräg hinten an sie heran, setzte mich direkt hinter sie und stürzte mit ihr. Eine meiner Garben setzte ihren linken Motor in Brand, die nächste traf das Leitwerk und den hinteren Teil der Kabine, und dann schoß ich ihr das linke Seitenleitwerk weg. Darauf stürzte sie senkrecht ins Meer.

Ich beobachtete weiter, wie eine Beaufighter eine Ju 52 von hinten zur Explosion brachte und sah eine Beaufighter brennend ins Wasser stürzen. Insgesamt zählte ich außer der Beaufighter acht brennende Flugzeuge. Unter den Transportern befand sich auch eine Maschine mit Rotkreuz-Zeichen. Als ich den Kampfplatz verließ, sah ich nur mehr drei Ju 52 in der Luft.«

Eine Ju 52, geflogen von Fw. Günther Frenzel (11./TG 1), kommt 50 Meter vor dem Lazarett von Derna herunter, wo man Frenzel gleich behält, denn es sind ihm vier Finger seiner rechten Hand weggeschossen worden. Einige Wochen später besucht ihn Generalfeldmarschall Kesselring am Krankenbett und überreicht Frenzel das Ritterkreuz. Alle dreizehn Ju müssen als Verluste abgeschrieben werden. Nur 47 Soldaten werden vom Seenotdienst gerettet. Insgesamt finden bei diesem Ju-Gemetzel 175 deutsche Soldaten den Tod.

Um im Jahre 1942 den Bedarf für das Afrikakorps wenigstens zum Teil zu decken, fliegen die Ju 52/3m bis zu drei Einsätze am Tage. Das bedeutet für die Besatzungen eine reine Flugzeit von 12 Stunden. Um täglich ungefähr 1000 Soldaten und 25 Tonnen Material nach Nordafrika zu bringen, benötigen die Transporter bei ihren Flügen von Kreta 300 000 Liter Treibstoff. Eine Ju 52/3m braucht für einen Flug vom kretischen Flugplatz Malemes bis nach Tobruk und zurück ganze 2400 Liter Sprit, nach Bengasi sogar 3200 Liter. Da für ihren Rückflug auf den afrikanischen Stützpunkten kein Benzin zur Verfügung steht, muß ein Teil des mitgebrachten Treibstoffs sofort zurückgenommen werden. So können bei einem Flug einer Ju 52/3m im Raum Tobruk nur zehn Fässer zu 200 Litern entladen werden, in Bengasi lediglich sechs. Um z. B. 18 Soldaten – das ist die Kapazität einer Ju 52/3m – von Athen nach Tobruk zu schaffen, benötigt das Transportkommando 3800 Liter Sprit, von Brindisi über Malemes nach Tobruk sogar 6000 Liter.

Nach der Eroberung Tobruks stößt Rommel in Richtung Suez-Kanal vor. Bei El Alamein bricht jedoch Ende August 1942 seine Offensive zusammen, und seitdem befindet sich das Afrikakorps auf dem Rückzug. Damit werden auch die Pläne des Unternehmens Herkules – die Eroberung Maltas mit einer großen Luftlande-Operation – ad acta gelegt. Das XI. Flieger-Korps soll dabei zehn Transportgeschwader mit rund fünfhundert Maschinen vom Typ Ju 52/3m zur Verfügung stellen. So bleibt den Besatzungen der Ju 52/3m wenigstens ein neues Himmelfahrtskommando erspart.

Hitler plante, die Sowjetunion bis Ende 1941 zu zerschlagen, doch Frost, Schnee und vor allem die zäh kämpfenden russischen Soldaten stoppten die deutschen Truppen vor Moskau. Schlimmer noch: mitten im Winter geht die Rote Armee in breiter Front zur Offensive über.

Am 8. Januar 1942 sprengen die Russen südlich von Leningrad, am Seliger-See, die Verbindung zwischen den Heeresgruppen Nord und Mitte. In der zweiten Februarwoche schneiden sie bei Demjansk südlich des Ilmensees sechs deutsche Divisionen mit rund 100 000 Mann von allen rückwärtigen Verbindungen ab. Fast zwei Armeekorps sind eingekesselt. Zwischen ihnen und der zurückgewichenen Frontlinie klafft eine Lücke von beinahe 120 Kilometern. Es gibt nur eine einzige Möglichkeit, die Armee zu retten: die Versorgung aus der Luft.

Der Einsatz für den Kessel von Demjansk wird zur ersten Luftbrücke des Zweiten Weltkrieges. Der gesamte Nachschub und die Truppen müssen in den Kessel eingeflogen werden. Fast vier Monate hindurch wird diese Aufgabe von den Transportverbänden mit ihren Ju 52/3m durchgeführt. Die Flugplätze Orscha, Witebsk und Smolensk werden zu den Umschlagplätzen des Luftbrückeneinsatzes. Man errechnet, daß täglich mindestens 300 Tonnen Material in den Kessel eingeflogen werden müssen, in dem zwei Landemöglichkeiten zur Verfügung stehen, dazu ein schmaler Abwurfplatz. Demjansk selbst hat einen Feldflughafen mit einem kleinen Funkfeuer als einzigem Navigationsmittel. Andere notwendige Einrichtungen fehlen. Inzwischen schaffen Soldaten in mühevoller Arbeit eine 800 Meter lange und 50 Meter breite Startbahn aus festgewalztem Schnee. Auf dem Behelfsflughafen können maximal 20 bis 30 Maschinen gleichzeitig untergebracht werden. Startbahnen und Entladeplätze sind äußerst primitiv.

Mitte Februar 1942 stellt man fest: mit den verfügbaren Maschinen ist die Forderung von 300 Tonnen pro Tag nicht zu erfüllen. Alle Verbände können gerade mit Mühe und Not 220 Ju 52/3m bereitstellen, jedoch bei den Witterungsverhältnissen mit Minustemperaturen von 40 bis 50 Grad bleibt die Einsatzbereitschaft bei rund 30 Prozent der vorhandenen Maschinen. Vor allem müßte Wintergerät her, insbesondere Wärmewagen für die Motoren und Hilfsanlassermaschinen.

Am 19. Februar 1942 melden die Ju-Verbände den ersten Versorgungsflug in den Kessel. Der Zustand der Landeplätze gestattet nur Einsätze bei Tage. Minuziös wird festgelegt, wann die Ju 52/3m starten, landen, entladen und wieder zurückfliegen sollen. Einige Wochen später, ab März 1942, steht auch der Behelfsplatz Pjesti mit einer 600 Meter langen und 30 Meter breiten Landebahn aus festgewalztem Schnee, die gerade drei bis sechs Maschinen aufnehmen kann, bereit. Für die Schlammperiode ist der schon erwähnte Abwurfplatz im freien Gelände bei Demjansk vorgesehen. Zwar bringt der Frühling zusätzliche Schwierigkei-

ten und Zeitverschiebungen mit sich, aber es gibt erstaunlicherweise keine Stockungen auf dem Flugplatz, selbst auch dann nicht, als täglich bis zu 600 Versorgungsflüge abgefertigt werden. In der ersten Phase, als noch nicht genügend flugklare Maschinen vorhanden sind, fliegen die Besatzungen zwei oder sogar drei Einsätze am Tag.

Zwischen der äußersten Ausdehnung des Kessels von Demjansk nach Westen und den eigenen Linien bei Staraja-Russa liegt ein etwa 50 Kilometer breiter, von den Russen besetzter Waldstreifen. In den ersten Wochen erhalten die Piloten den Befehl, den Abschnitt im Tiefflug in einem 12 bis 15 Kilometer langen Korridor zu überfliegen. Zuerst droht nur an einer einzigen Route vom Boden Flakabwehr. Und im Tiefstflug soll jede Bodensenkung, jedes Waldstück ausgenutzt werden, um den Infanteriewaffen der Russen aus dem Wege zu gehen.

Die Sowjets haben strikten Befehl, auf jede Versorgungsmaschine sofort zu feuern, und die deutschen Besatzungen melden bald Treffer aus Maschinenpistolen oder Gewehren. Eine Ju 52/3m stürzt sogar ab, weil der Pilot von einer Garbe aus einer MP getroffen wird. Selbst mit Leuchtpistolen versuchen die Soldaten der Roten Armee die Junkers herunterzuholen. Beinahe stündlich wächst die Zahl der Verwundeten, die in angeschossenen Maschinen gerade noch den Landeplatz erreichen.

Die Deutschen ändern daraufhin ihre Taktik: Statt im Tiefflug überqueren die Maschinen den gefürchteten Landstreifen jetzt in Höhen zwischen 2000 und 2500 Metern. Das wiederum lockt die russischen Jäger auf den Plan. Als Antwort fliegen die Deutschen nicht mehr in Ketten zu zwei oder drei Maschinen, sondern in Pulks von 20 bis 30 Junkers. Damit erhöht sich die Feuerkraft des Verbandes erheblich, und die sowjetischen Piloten zeigen sich angesichts dieser geschlossenen Formationen nicht besonders angriffslustig.

Die Piloten des Jagdgeschwaders 51 und 54 erhalten den Befehl, den Transportmaschinen Geleitschutz zu geben. Doch eine durchgehende Sicherung kann schon wegen der unterschiedlichen Geschwindigkeiten beider Flugzeugtypen nicht zustande kommen. So müssen sich die Jagdmaschinen darauf beschränken, die Ju's in einer bestimmten Höhe zu übernehmen und bei den Landungen im Kessel abzuschirmen. Gerade hier tauchen immer wieder die Sowjets mit ihren wendigen Flugzeugen vom Typ Rata auf, um mit kleinen Splitterbomben und Bordwaffen die Landemanöver der Transporter zu stören.

Die Jagdpiloten fliegen diese Sicherungseinsätze äußerst gern: Die schwerfälligen Transportverbände bilden geradezu einen Anziehungspunkt für die feindlichen Jäger, was wiederum den Deutschen erhebliche Abschußzahlen ermöglicht, und so manches »Luftwaffen-As« hat sich hier sein Ritterkreuz zum Eisernen Kreuz verdient.

Erstaunlicherweise wird während der gesamten Dauer des Luftbrückenunternehmens keiner der Absprungplätze von den Sowjets aus der Luft angegriffen, obwohl die abgestellten Flugzeuge, das Beladen, die Konzentrierungen beim Start, die technischen Einrichtungen, die Versorgungslager und die Kolonnen des Nachschubs für Bomber ein lohnendes Ziel wären. Schwierigkeiten macht dagegen wiederum die Bodenorganisation. Außer einem Oberwerkmeister pro Staffel und einem Wart für jedes Flugzeug bringen die Einheiten kein technisches Personal mit. Zwar werden ständig die Mängel an höchster Stelle gemeldet, doch sind

weder das Luftgaukommando noch die Luftflotte auf die zusätzliche Betreuung von 400 Maschinen eingerichtet.

Von 150 startklaren Maschinen kommen wegen der schlechten Bodenorganisation manchmal nur die Hälfte in die Luft, teilweise sinkt die Einsatzbereitschaft auf unter 25 Prozent. Besatzungen müssen allzu oft ihre Flugzeuge selbst warten, klarmachen, betanken und überholen. Es kommt dazu, daß die ohnehin raren Warte und Obermeister sogar als Ersatz für fehlende Bordmechaniker mitfliegen müssen. Und nur langsam begreift das Oberkommando, daß dem Gedanken an eine Versorgung aus der Luft für ein Armeekorps eine völlig falsche Vorstellung vom russischen Winter zugrunde liegt.

Die erste spürbare Erleichterung: die Absprunghäfen bekommen je einen Werkstattzug »Ju 52/3m«. Danach läuft auch langsam der Nachschub von Ersatzteilen an, technisches Personal trifft ein. Wärmewagen, Motorteile, Anlaßaggregate werden teilweise durch Sonderbefehle direkt von heimischen Werken nach Rußland beordert. Doch für den routinemäßigen Motorenwechsel unter offenem Himmel gibt es im russischen Winter keine Möglichkeiten: 45 Grad Kälte und mehr lassen das einfach nicht zu. Um Maschinen möglichst lange im Einsatz zu halten, werden die Überholungszeiten auf 450 bis 500 Stunden heraufgesetzt, und Mechaniker bauen aus Bruchflugzeugen alle verwendbaren Teile aus. Die Schwierigkeiten mit dem Material füllen eine ganze Liste: Das Gummi der Laufräder wird rissig, Öl- und Tankleitungen frieren ein, die Motoren arbeiten nur noch mit dem Öl, das sich im Motorengehäuse befindet, und so treten immer wieder Kolbenfresser auf. Unter den Witterungsbedingungen um Demjansk läuft ein Motor nur vierig Stunden, sonst bringt es der BMW 132-Motor normalerweise auf gut zweihundert Stunden. Öltanks platzen, die Zuleitungen frieren ein. Bei der großen Kälte funktionieren die Instrumente erst nach längerer Flugzeit und dann äußerst ungenau. Hydraulische Pumpen verlieren an Druck und beeinträchtigen die Betriebssicherheit. Durch die Einwirkungen der Kälte auf das Metall muß das Ventilspiel geändert werden, wodurch zusätzliche Probleme beim ohnehin schwierigen Anlassen der Motoren auftreten. Als unschätzbare Verbesserung stellt sich das gerade eingeführte Kaltstartverfahren heraus, aber wegen mangelnder Erfahrung läßt sich zu diesemn Zeitpunkt nicht sagen, welchen Einfluß es auf die Lebensdauer der Motoren hat. In Funkanlagen, Umformern und hochempfindlichen Geräten kondensiert das Wasser und gefriert.

In Demjansk selbst müssen wiederum Start- und Landebahn ständig gewalzt und von neuem Schneefall freigemacht werden. Die gefrorene Landebahn hält sich erstaunlich gut: Noch lange über die Tauperiode hinaus kann sie ihre Funktion erfüllen. Doch wieder einmal spielt die Treibstoffversorgung einen Streich. Trotz präzise geäußerter Bedarfswünsche treffen die Tankwagen nicht immer da ein, wo der Sprit gerade gebraucht wird. So müssen die Maschinen z. B. öfter vor ihrem Einsatz auf anderen Basen zwischenlanden.

Es hapert auch allzu sehr mit den Nachrichtenverbindungen. Als Behelf bekommt der Landeplatz Demjansk zunächst eine sogenannte Nachrichten-Ju 52/3m mit einem Peilgerät, später einen Funktrupp mit leichtem Funkgerät. Während des Winters sind die Wetterverhältnisse im allgemeinen gut. Im Frühjahr tritt allerdings die übliche Wetterverschlechterung ein, und häufig können nur blindflugfähige

Mannschaften nach Demjansk geschickt werden.

Andere Probleme treten auf: Nur mühsam kann das Versorgungsgut zu den Absprunghäfen transportiert werden. Schwerfälligkeit der Lastwagen und Schlittenkolonnen führt anfangs zu erheblichen Verzögerungen. Eine irre Situation entsteht: wenn die Ju 52/3m das ursprünglich vorgesehene Nachschubmaterial nicht schnell genug in den Kessel schaffen können, wird es wieder in die rückwärtigen Depots gebracht. Hinzu kommen Engpässe auf den Landebahnen im Kessel selbst, bis genügend Soldaten vorhanden sind, die den Nachschub ausladen und nach Anfangsschwierigkeiten auch größere witterungsfeste Vorratslager bauen.

Das Oberkommando der Luftwaffe stellt mit Befriedigung fest: Die geforderte Leistung von 300 Tonnen Nachschub pro Tag wird fast erreicht. Allein 24 Millionen Liter Treibstoff für die Fahrzeuge der eingeschlossenen Armee fliegen die Ju's ein, bringen 15 446 kampffrische Soldaten in den Kessel und nehmen 22 693 Verwundete oder Kranke mit zurück. Die Verluste sind in dem knapp vier Monate dauernden Einsatz bei Demjansk entsprechend hoch: 262 Transportflugzeuge, teils durch russische Flak und Jäger, teils durch Bruchlandungen oder Abstürze. Zwei Gruppenkommandeure sind gefallen, 383 Offiziere, Unteroffiziere und Mannschaften des fliegenden Personals tot, vermißt oder verwundet.

Nachdem die sechs Divisionen des Generals der Infanterie von Brockdorff-Ahlefeld vier Monate lang aus der Luft versorgt werden, befreit sie Ende April 1942 der General der Artillerie von Seydlitz-Kurzbach aus der Umklammerung. Hitler triumphiert: Die Verteidigung jeden Fußbreits Boden sowie die Versorgung aus der

57

Luft, auf der er bestand, ist die einzige sinnvolle Rettungsmaßnahme in einer Situation gewesen, die seine Generale bereits für aussichtslos hielten. Demjansk wird zu einem klaren Grenzfall für eine sinnvolle Luftversorgung, zum entscheidenden Wendepunkt für das Lufttransportwesen. Es erbringt aber auch den Beweis, daß aus der Luft eine ganze Armee versorgt werden kann, was Hitler für die Zukunft zu folgenschweren Entscheidungen verleitet.

Neben der Luftversorgung von Demjansk läuft noch ein anderes ähnliches Unternehmen: Der Mini-Kessel von Cholm, nördlich Welikije Luki, mit einem Durchmesser von nur ganzen zwei Kilometern, in dem eine 5500 Mann starke Kampfgruppe unter Generalmajor Theodor Scherer eingeschlossen ist, muß versorgt werden. Das Gebiet hat keinen Flugplatz, nur eine Landepiste auf einer Wiese, unmittelbar an der Hauptkampflinie. Ju 52/3m schleppen Lastensegler vom Typ DFS in den Kessel, Bomber He 111 werfen unaufhörlich Versorgungsbehälter ab. Stoßtrupps bergen die kostbare Ladung, die aber auch manchmal in die Hände der Sowjets fällt.

Ende Februar 1942 schickt die Luftflotte 1 sieben Ju 52/3m zu einem halsbrecherischen Landeversuch in den kleinen Kessel. Das Resultat: fünf Totalverluste, die Landewiese liegt noch dazu unter ständigem Beschuß der Russen. Bei der Versorgung von Cholm über 105 Tage hinweg ist noch ein anderes Moment bemerkenswert, das aber in Demjansk nicht zum Tragen kommt: durch die heftigen Angriffe der Russen wird der Kessel allmählich eingeengt. In gewisser Hinsicht bringt später das gleiche Problem die Luftversorgung von Stalingrad zum Scheitern.

Mittelmeer, 1941: Die Ju's 52/3m der III. Gruppe des Kampfgeschwaders zur besonderen Verwendung (KGr .z.b.V.) 1 in Erwartung des Startbefehls.

Italien, Sommer 1941: Die abwerfbaren Zusatztanks für die Bf 110 und Ju 87 werden – für das Deutsche Afrika-Korps bestimmt – durch die Einstiegtür in den Nutzraum einer Ju 52/3m geladen.

Nordafrika, 10. April 1941: Am 6. April 1941 hat eine Krad-Patrouille des D.A.K. in der Nähe von Derna Gen.Ltn. Sir Richard O'Connor gefangengenommen. Rechts, Gen. Gambier-Parry, der einen Tag darauf bei Mechili den Deutschen in die Hände fiel. Die beiden gehörten zu den besten Spezialisten des Wüstenkrieges.

Griechenland, Herbst 1941: Hier war die See zu Ende! Bauchlandung einer Ju 52/3m g5e (See), die beiden Schwimmer wurden durch die Wucht des Aufpralls auf den Strand abgerissen.

Griechenland, Herbst 1941: Auf dem Wege nach Nord-Afrika werden die Landser in eine Ju 52/3m g5e (See) verfrachtet. Oben auf dem Rumpf die abklappbare Haube des Führerraumdachs.

61

Herbst 1941, vor dem Flugplatz von Bengasi: Ein Blick über das rechte Fensterlafetten-MG. Die beiden Maschinen rasen im Tiefflug, um den feindlichen Jägern nicht aufzufallen.

Herbst 1941: Eine Gruppe der zum Deutschen Afrika-Korps abkommandierten Luftwaffen-Soldasten bereitet sich auf einem italienischen Flugstützpunkt zum Flug nach Tripolis vor. Rechts unter dem Leitwerk der Ju 52/3m ein an der Spornradgabel angeschlossener ›Schleppsporn 6000‹ zum Schleppen der Lastensegler.

62

Im Tiefflug, mit Nachschub für die Rommel-Truppen, über das Mittelmeer, im Vordergrund eine Ju 52/3m (NI + MB). Die Maschinen sind mit weißem Rumpfband markiert, dem Zulassungszeichen für den Nord-Afrika-Einsatz.

Über dem Mittelmeer, 1942: In Erwartung feindlicher Jäger. Das MG 15, Kaliber 7,92 mm, auf der Fensterlafette ist einsatzbereit. Aus dem MG ragt ein Zurrbügel, der zur Festlegung des MG's dient. Über dem Fenster der Trommelträger mit Munition in Doppeltrommeln DT 15.

63

Zwischen Bengasi und Kreta, 1942: Eine Ju 52/3m Maschine wird von einem Zerstörer Bf 110 C des 7/ZG 26 ›Horst Wessel‹-Geschwaders geschützt.

Sommer 1941, über Bayern: Der Heckschütze mit einem MG 131, Kaliber 13 mm, im B-Stand. Der Einstieg in den auf der Rumpfoberseite liegenden B-Stand erfolgt vom Nutzraum aus über eine Leiter. Zur Bedienung des MG's 131 setzt sich der Heckschütze in den Sitzbügel des Drehkranzes D 30. Der Plexiglas-Windschirm, der gleichzeitig als Abweiser für das MG 131 dient, verhindert beim Feuern einen Eigenbeschuß in das Triebwerk und in das Rumpfwerk. Beim Nicht-Einsatz und bei abgestellten Flugzeugen wird der Drehkranz verzurrt.

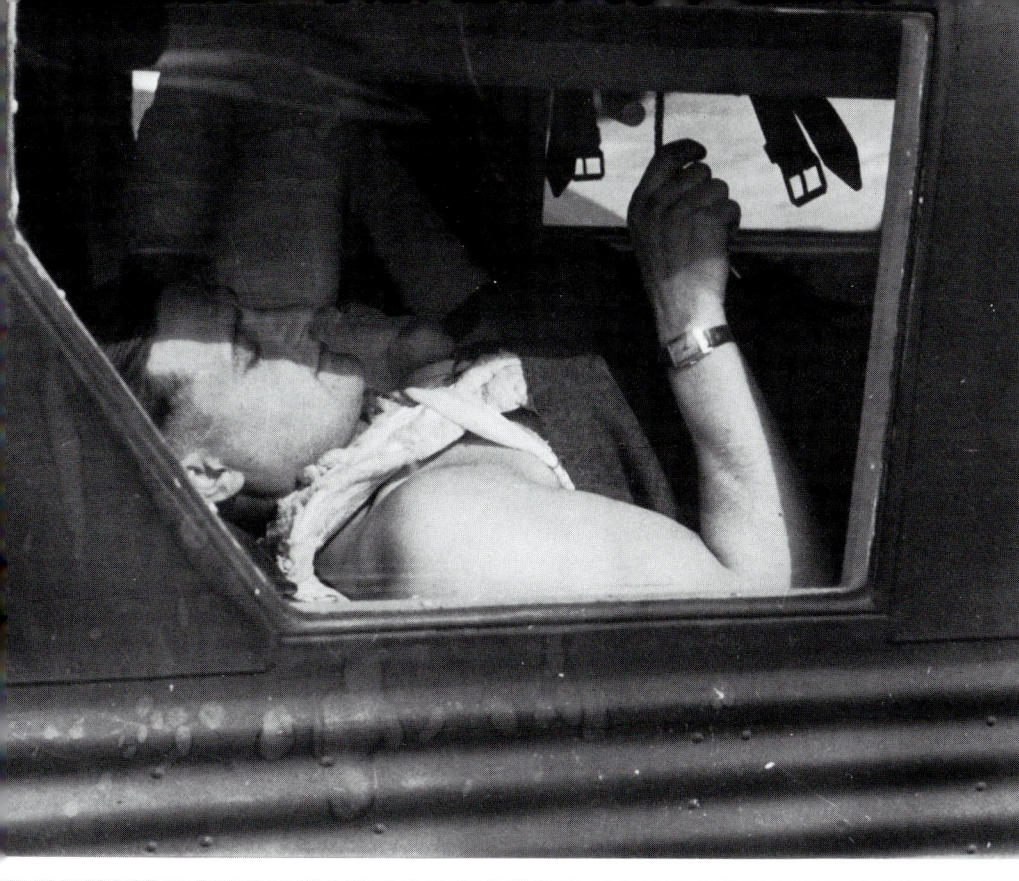

Sommer 1941, Ost-Feldzug: Ein Blick durch das Fenster einer für den Sani-Noteinsatz umgebauten Ju 52/3m.

Juli 1941, Ostfront: Eine Ju 52/3m setzt zur Landung auf dem Flughafen von Kiew an. Vorn ein sowjetischer Jäger ›Rata‹. Die Ju 52/3m hat an ihrem Rumpf das knallgelbe Kennband, das Zulassungszeichen für den Ostfront-Einsatz.

Flugplatz von Riga, Herbst 1941: Eine Maschine Ju 52/3m setzt gerade zur Landung an. Rechts der Großraum-Transporter vom Typ Me 323-Gigant.

Herbst 1941: Ju 52/3m als Sanitätsflugzeug. Rumpfmittelstück mit Hauptnutzraum, vom Flugzeugführerraum aus gegen Spant 8 gesehen. Rechts behelfsmäßiger Tragbahrensatz. ▶

Herbst 1941, Ostfront: Ein Blick durch die Einstiegtür in den Nutzraum und zur Ladeluke, durch die die 200-Liter-Fässer mit Treibstoff in die Ju 52/3m geladen werden.

67

Smolensk, Winter 1941/42: In den Zeiten, in denen auf den Front-Flugplätzen noch eine gewisse Ruhe herrschte, wurden die im Freien abgestellten Maschinen sorgfältig verankert und abgedeckt. Die Verankerung erfolgte an Erdankern mit Ankerleinen oder -ketten. Für die Verankerung der Ju 52/3m befanden sich an der Spornradgabel Festlegeschäkel und in den Flügeln Lagerungen, in welche die aus dem Betriebshilfsgerät entnommenen Ankerösen eingeschraubt wurden. Es waren je Tragfläche zwei und für das Rumpfende zwei Erdanker nötig. Bei leichtem Boden war die Maschine an Betonklötzen, die dicht an den Laufrädern lagen, festgelegt. Der Führerraum, die beiden Seiten-Motore und der mittlere Motor wurden mit einzelnen Planen abgedeckt und dadurch vor Frost oder auch Sonne geschützt. Diese Maschine, zusätzlich durch einen Wachtposten abgesichert, ist übrigens keine normale Ju 52/3m, es ist die Reise-Maschine des OKW.

22. Januar 1942: Die Umgebung von Cholm, zwischen den deutschen Heeresgruppen Nord und Mitte, wird von den Sowjets eingeschlossen. Der kleine Kessel mit 5500 Soldaten hält ohne Landemöglichkeit und nur aus der Luft versorgt 100 Tage bis zum Entsatz durch.

68

Die improvisierte Beladung einer Versorgungsbombe 250 L. Ein Mann ist hineingekrochen und verstaut den Proviant-Nachschub für Cholm, in diesem Falle die Schokoladentafeln der Firma Menier in Frankreich.

Die Hakenkreuz-Fahne als Fliegertuch-Markierung für die Abwurfstelle der Versorgungsbehälter.

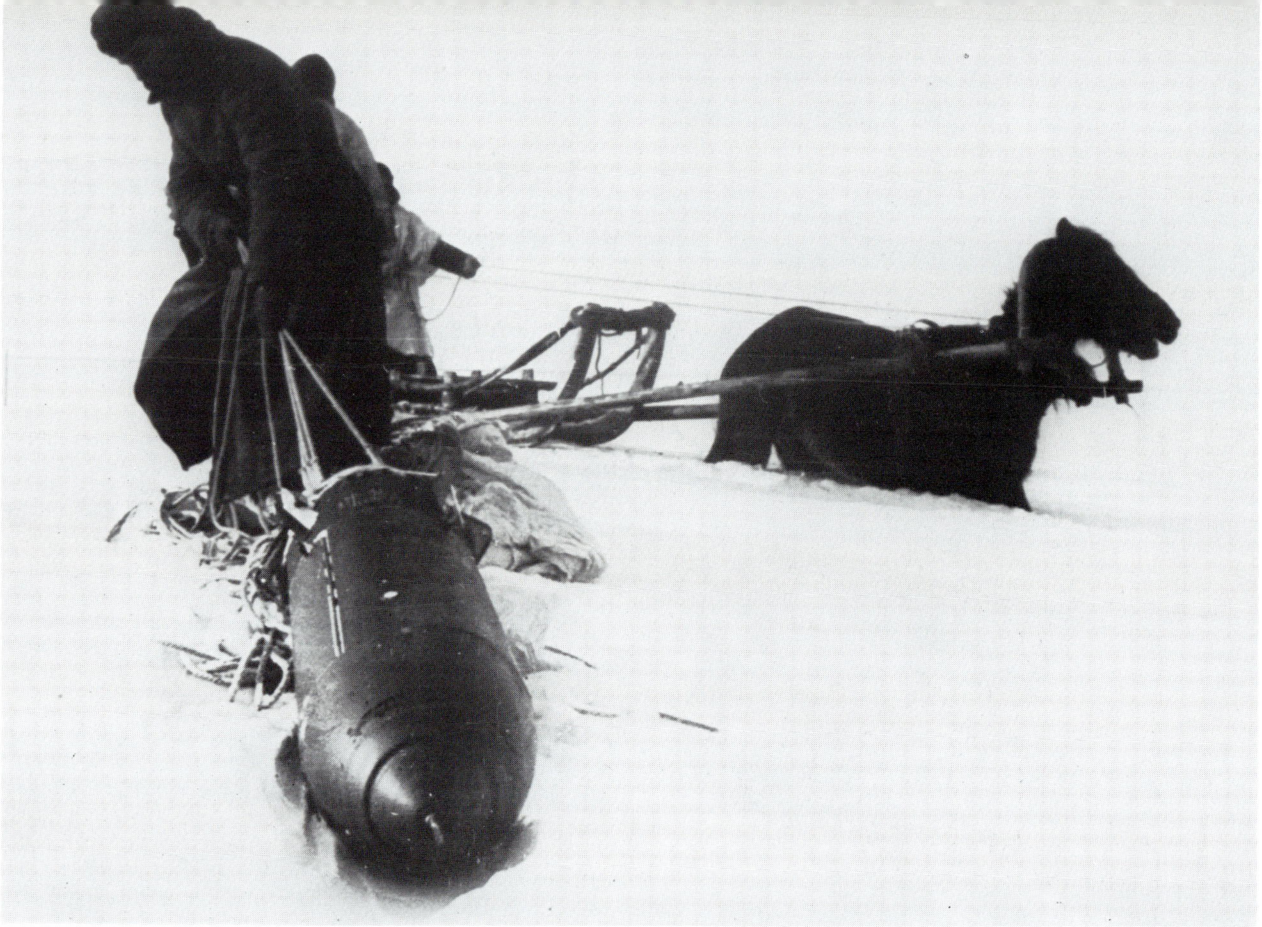

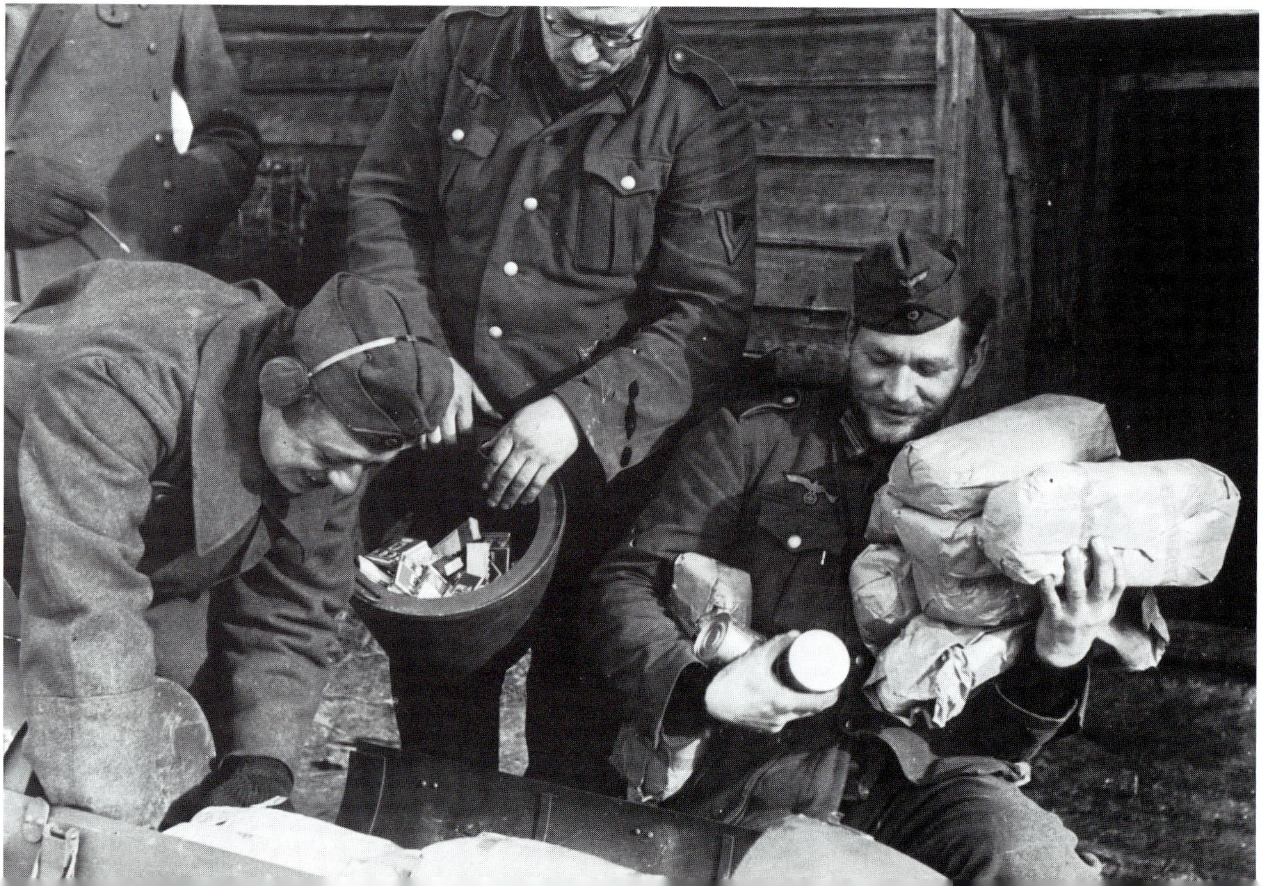

Februar 1942, Ostfront: Eine Reihe Ju 52/3m Maschinen auf einem Flugplatz während der Luftversorgung von Demjansk. Die rund 100 000 Soldaten des II.A.K. und X.A.K., im Raum Demjansk eingeschlossen, werden in der ersten großen Kessel-Versorgung des Krieges von Mitte Februar bis zum Mai erfolgreich aus der Luft versorgt.

Linke Seite, oben:
Die Versorgungsbombe wird von den Verteidigern von Cholm zum Panje-Schlitten geschleppt. Aber nicht immer ging es so einfach, oft mußte sie unter heftigem Feindfeuer geborgen werden.

Linke Seite, unten:
März 1942, im Kessel von Cholm: Eine angenehme Beschäftigung, das Auspacken der Versorgungsbomben.

Im Kessel von Demjansk, Februar 1942: Der Retter in der vom Feind umzingelten Schneewüste. Mit Panje-Schlitten werden die Schwerverwundeten in die Sanitäts-Ju 52/3m gebracht.

Februar 1942: Die beiden Landser und im Hintergrund Berge von Futtersäcken für die Pferde im Kessel von Demjansk füllen den Hauptnutzraum einer Ju 52/3m.

Jeder Flug nach Demjansk und zurück verlief unter feindlichem Feuer aus allen Rohren. Ein Fensterdurchschuß aus Infanterie-Waffen in einer Ju 52/3m.

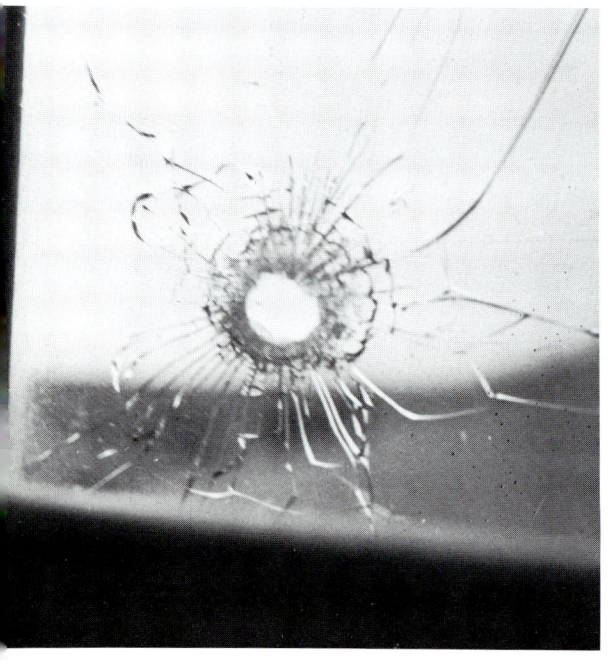

März 1942, Witebsk: Auf dem Absprungflugplatz für die Luftbrücke nach Demjansk. Nur verbrannte Reste eine Ju 52/3m zeugen von einer Tragödie, die sich hier abgespielt hat.

März 1942, Smolensk: Eine aus Demjansk kommende Ju 52/3m mit Schwerverwundeten an Bord explodierte bei der Landung.

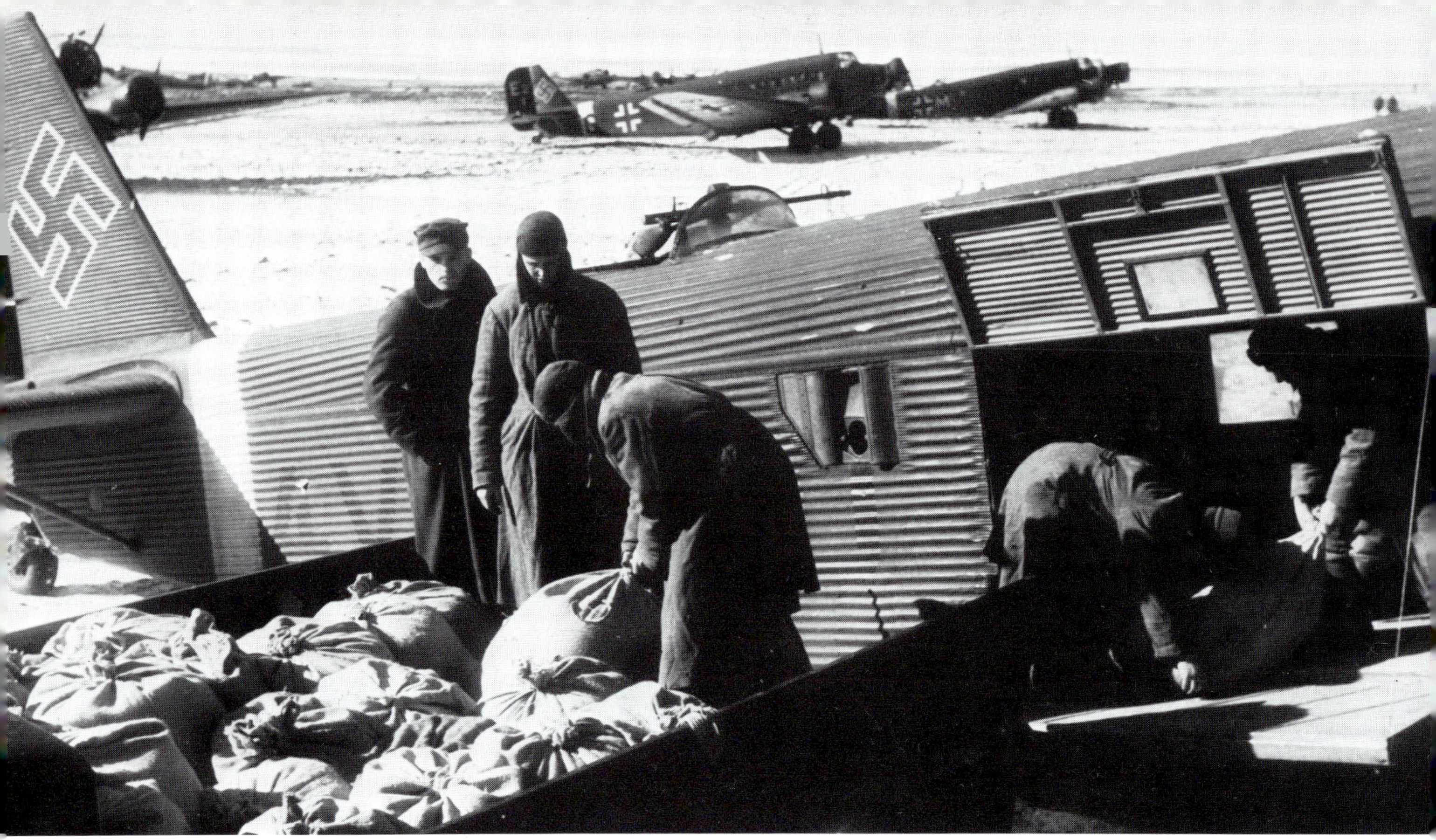

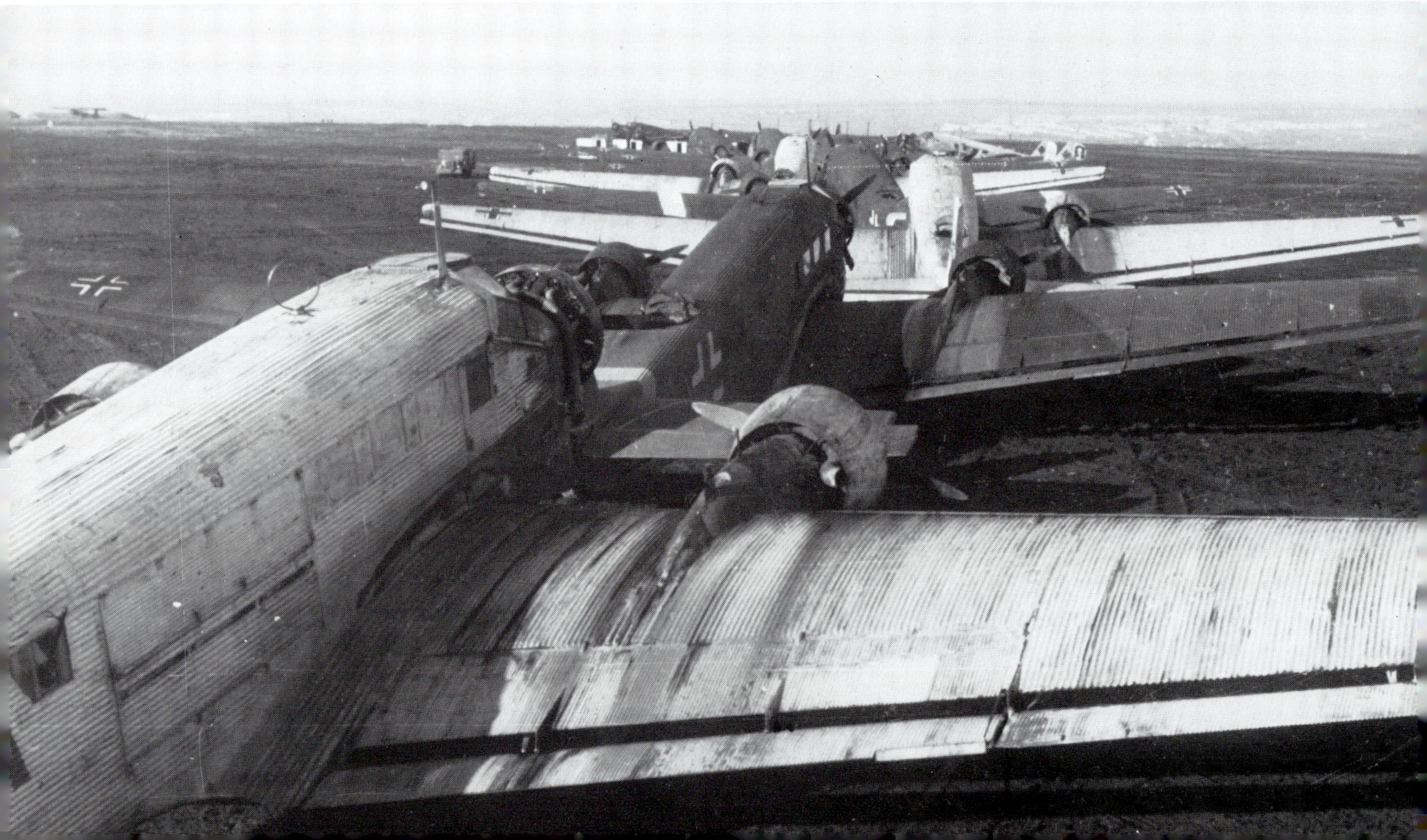

Der LW-Hauptmann Ellerbrock feiert mit seiner Staffel den 2000. Versorgungsflug in den Kessel von Demjansk.

Linke Seite, oben:
März 1942, Ostfront: Nachschub für den Kessel von Demjansk. Die Ladeluke an der rechten Seite des Rumpfes ermöglicht oft nur mit Schwierigkeiten die Beladung des Hauptnutzraumes.

Linke Seite, unten:
Ostfront, 1942: Die Luftbrücke zur Versorgung Demjansk hat sich eingespielt. Auf einem Absprungflugplatz warten mit Nachschub beladene Ju's 52/3m in einer Schlange auf den Start.

. . . über die schmale Flugschneise – die Wälder entlang – in Richtung Demjansk.
▶

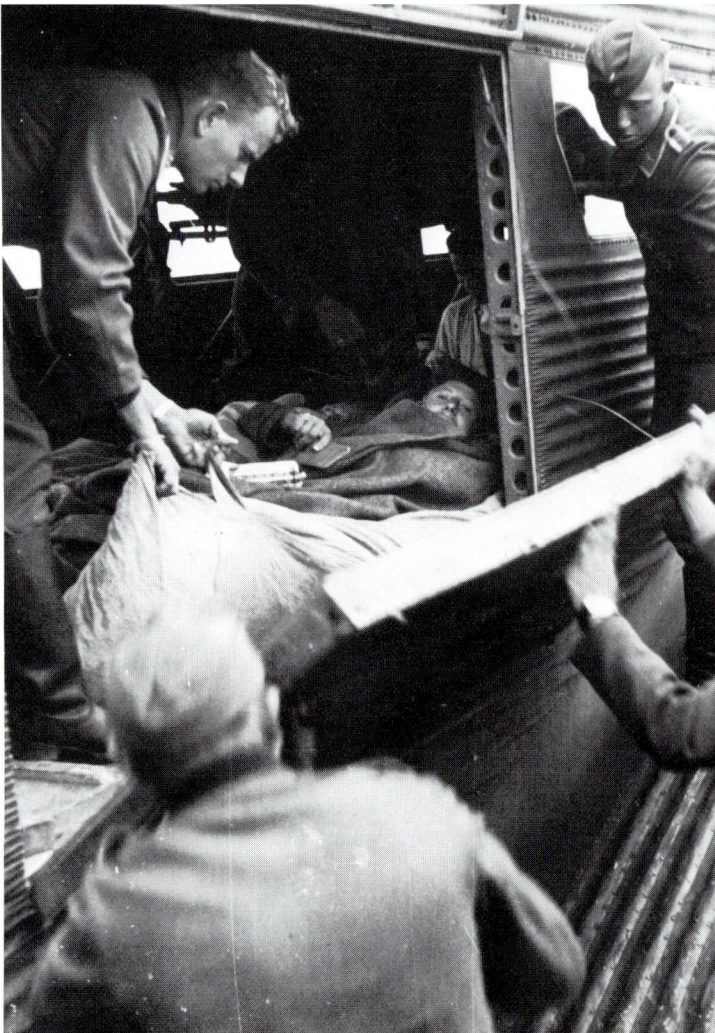

Im Kessel von Demjansk. Die letzten Proviantsäcke werden ausgeladen. Der Heckschütze in dem MG-15-B-Stand hält nach feindlichen Flugzeugen Ausschau.

Die Maschine ist mit verwundeten Kämpfern aus Demjansk beladen. Die Klappen der Ladeluke werden verriegelt, und die Ju 52/3m kehrt zu ihrem Absprungflughafen zurück . . .
►

Ist der eingeflogene Nachschub entladen, werden im Hauptnutzraum die Sani-Rüstsätze mit Behelfsbauten aufgeschlagen, und die Ju 52/3m ist für den Empfang der Schwerverwundeten gerüstet.

76

... und während die Maschinen beladen zum Start rollen, kehren die anderen Ju's 52/3m gerade aus dem Kessel von Demjansk zurück.

Im Kessel von Demjansk, April 1942: Auch der Treibstoff-Nachschub für die Panzer und Fahrzeuge der eingeschlossenen Truppen ist wichtig. Die Kriegsgefangenen helfen beim Entladen der Benzinfässer. Auf dem Dach des Führerraumes die sogenannte ›Condor-Haube DL 15A‹ aus Plexiglas mit dem MG-15-A-Stand. Diese MG-Kuppel dient gleichzeitig als Notausstieg.

Die Ju 52/3m Maschinen kreisen über dem Kessel von Cholm und werfen die Versorgungssäcke direkt neben den Troßwagen.

Im Tiefflug über die Abwurfstelle im Kessel von Cholm. Die Proviantsäcke werdem durch die Einsteigtüren der Ju 52/3m hinausgeworfen. Beim Aufprall auf den Boden platzt gerade ein Sack mit Kommißbroten.

Bald spielt sich die Organisation der Luftversorgung im Cholmer Kessel ein. Die Ju 52/3m kreisen über dem Abwurfplatz und werfen die Proviantsäcke ab. Der Nachschub wird auf einer Stelle gesammelt und dann mit Troßwagen weggeschafft.

78

Gardelegen bei Magdeburg, Frühjahr 1942: Die ›Blinde Kuh‹, das Erkennungszeichen der Blindflugschule B 36, am rechten Seiten-Motor der Ju 52/3m g6e. Diese Schule bildet den Nachwuchs der Luftwaffe im Instrumentenflug aus.

Frühjahr 1942: Der FT-Raum einer Ju 52/3m vom Flugzeugführersitz aus gesehen. Die gesamte Bordfunkanlage ist größtenteils an federnden Rahmen aufgehängt. Der Funker sitzt auf einem fest montierten Sessel, vor ihm befindet sich der Funkgerätsatz. Zu seiner Linken, an der anderen Seite des FT-Raumes, sind der Peilgerätsatz und der Funklandegerätsatz eingebaut.

5

Ende 1941 werden auf dem Kriegsschauplatz Nordafrika beim Rückzug Rommels ungefähr 9000 deutsche und italienische Soldaten unter General de Georgis zwischen Sollum und dem mehrmals heißumkämpften Halfaya-Paß eingeschlossen. Die »Festung« im Wüstensand, ein nur drei Kilometer breiter und sechs bis acht Kilometer langer Streifen, hat die Aufgabe, die lebenswichtige Küstenstraße zu sperren und die Engländer zu binden, bis neue Widerstandlinien aufgebaut sind. Drei Staffeln Ju 52/3m übernehmen die Versorgung der Eingeschlossenen mit Verpflegung und Wasser. Wegen der Luftüberlegenheit der Engländer und zahlreicher Flak-Stellungen können die Ju 52/3m nur nachts anfliegen. Die Wasserbehälter und Säcke mit Verpflegung werden an Fallschirmen abgeworfen. Da die in Frage kommenden Maschinen über keine besonderen Abwurfvorrichtungen verfügen, wird der Nachschub, wie es an der Ostfront schon öfter praktiziert wurde, aus der engen Türluke herausgeworfen. Am 17. Januar 1942 kapitulieren die eingeschlossenen Truppen. Während dieser Einsätze gehen neun Ju 52/3m verloren.

Danach müssen noch einmal die Ju 52/3m-Transporter zu einem Sondereinsatz in der Wüste in die Luft. Das Afrikakorps ist im Juli 1942 an der rechten Flanke durch die Oase Siwah, ein von Engländern befestigtes Fort

inmitten der Wüste, gefährdet. Dort sollen ein Infanterie-Bataillon und eine Jagdstaffel der RAF stehen. Die Luftaufnahmen ergeben, daß den Landeplatz in der Oase täglich acht bis elf Flugzeuge benutzen können. Für die Eroberung dieses gefährlichen Stützpunktes wird eine ganze Streitmacht aufgestellt.

Der Handstreich auf Siwah soll am 23. Juli 1942 in zwei Wellen erfolgen. Die deutsche Luftwaffe setzt außer Ju 52/3m-Maschinen einen Begleitschutz von auf dem Flugplatz Derna stationierten 20 Jägern vom Typ Me 110 ein. Wie geplant, pünktlich um 5.30 Uhr, starten am 23. Juli 1942 dreißig Ju 52/3m mit Landetruppen und einem 2-cm-Flakzug an Bord. Gegen 7.46 Uhr gehen die Maschinen in Siwah herunter, die Flugzeuge rollen wie auf dem Exerzierplatz aus. Die von General Hoffmann von Walden angeführten Luftlandetruppen verlassen die Ju 52/3m und bringen blitzschnell ihre Waffen in Stellung. Die Luftaufnahmen, zwei Tage zuvor geknipst, zeigen deutlich eine rege Aktivität in der Oase Siwah. Doch von englischen Truppen und RAF ist weit und breit nichts mehr zu sehen. Sie sind spurlos verschwunden und ihre Unterkünfte verlassen. Was die Angreifer nicht ahnen: die Engländer hatten schon lange Wind von dem Unternehmen bekommen und setzten sich in aller Ruhe ab.

80

Die Einsätze der deutschen Lufttransportverbände gehen in Afrika Mitte 1942 langsam ihrem Ende zu. Nach dem Zusammenbruch des Afrikakorps Ende August 1942 bei El Alamein verlegt die RAF ihre Flugplätze weiter, wodurch sich die englische Luftüberlegenheit über dem nordafrikanischen Raum immer mehr vergrößert. Und dies bekommt gerade die Ju 52/3m besonders zu spüren.

Britische Jagdflugzeuge überwachen nach dem Fall von Tobruk am 10. November 1942 souverän die gesamte Küste bis zur Großen Syrte. Die deutschen Panzerverbände können aus der Luft kaum noch versorgt werden. Nur noch wenige Einsätze werden von Bengasi und El Agheila geflogen, außerdem greifen jetzt wieder RAF-Bomber ständig den kretischen Flugplatz Malemes an. Die Ju 52/3m-Geschwader erleiden große Verluste.

Aufgrund von Erfahrungen schließen die Transportverbände – meist fünfzig bis sechzig Maschinen – bei Jagdangriffen der Engländer eng auf. Die Ju 52/3m gehen ganz tief auf das Wasser herunter und eröffnen schon auf größere Entfernungen das Feuer. Mitfliegende Landser bedienen die zusätzlich eingebauten MG's an den Fenstern. Die enorme Feuerkraft eines geschlossenen Verbandes kann die Angriffe meist erfolgreich abwehren.

In diesen Tagen, wie etwa am 4. September 1942, gelingt es den Maschinen noch, für die arg bedrängte Armee in rund 150 Einsätzen 260 000 Liter Sprit heranzuholen. Doch der lange Anflugweg über Bengasi, für den die Hälfte des transportierten Treibstoffes für den Rückflug getankt werden muß, dazu die Bedrohung durch die Jäger der RAF, machen diese Flüge bald unmöglich.

Am 8. November 1942 landen die Alliierten in Nordafrika. Die Deutschen beschließen daraufhin, in Tunis einen Brückenkopf zu bilden. Damit erhöhen sich auch wieder die Anforderungen an die Ju 52/3m-Geschwader, da der Nachschub für die Heeresgruppe Afrika weitergeführt werden muß. Zwei Geschwader – eines auf Sizilien, das andere in Neapel – erhalten den Auftrag, die Verbände in Tunis zu versorgen. Ihre Landeplätze in Gabes und Sfax, die weder Bodenorganisation noch Einrichtungen für den Nachtflugbetrieb besitzen, stellen an die Transportverbände höchste Anforderungen, und nur die erfahrendsten Besatzungen können es wagen, hier zu landen.

Die gefährlichen Nachteinsätze werden meistens im Einzelflug durchgeführt. Englische Jäger, von Malta aus gestartet, greifen die Transporter über der See an. Besonders stark wird der Luftraum in der Nähe der Absprungplätze von Trapani und Castel Vetrano von ihnen heimgesucht, und es gibt starke Verluste. Am Tage wiederum fliegen bis zu einhundert Ju 52/3m-Maschinen und Großraum-Transporter des Typs Me 323 Gigant in einem Strom von kleineren geschlossenen Gruppen, ca. 20 bis 24 Flugzeuge, geschützt von Me 109-Jägern oder Me 110-Maschinen. Überraschenderweise greifen trotz der Nähe der Insel Malta die Engländer Ende 1942 nur selten an. Doch selbst diese Tatsache kann an der schlechten Nachschublage in Afrika nicht viel ändern. Dazu wird Weihnachten 1942 auch noch die überstürzte Verlegung von Transportverbänden zur Versorgung des hartbedrängten Stalingrad befohlen.

Für die Einsätze im Raum Tunis bleiben in Italien und Sizilien etwa zweihundert Ju 52/3m und Me 323 Gigant-Maschinen. Es können überhaupt nur am Tage Flugzeuge in Tunis und Biserta die Landung wagen, in der Nacht dagegen mit größter Vorsicht und vereinzelt in

Gabes und Sfax. Anfang 1943 tauchen die berüchtigten alliierten Tiefflieger immer öfter über den deutschen Luftschauplätzen in Tunesien auf, dazu müssen die deutschen Begleitjäger gegen wachsende Schwierigkeiten kämpfen. Allein am 18. Januar 1943 zerstören alliierte Jabos bei einem einzigen Angriff auf den Flughafen von Tunis dreiundzwanzig Ju 52/3m am Boden. Die Deutschen fliegen Verstärkung heran. Sie ziehen sogar an die 400 Flugzeuge von der Ostfront ab und schicken sie nach Tunis, was den russischen Armeen einige Erleichterung verschafft.

Im April 1943, in der letzten Phase der Kämpfe in Nordafrika, werden die Transporter zum Freiwild für die alliierten Flieger. Am 5. April schießen amerikanische Jäger nördlich von Cap Bon vierzehn Ju 52/3m ab, weitere zehn werden am gleichen Tag bei Luftangriffen auf die Stützpunkte in Sizilien zerstört, fünfundsechzig schwer beschädigt. Fünf Tage später, am 10. April, fallen erneut fünf Ju 52/3m alliierten Jägern zum Opfer, tags darauf stürzen achtzehn voll beladene Ju's ins Meer. Selbst bei verstärktem Jagdschutz steigen die Verlustziffern, weil die Alliierten immer mehr eigene Maschinen in die Luft schicken können, darunter den gefürchteten amerikanischen Langstreckenjäger P 38 »Lightning«. Obwohl am 18. April sechzehn Me 109 und fünf Me 110 einen Transporterverband von fünfundsechzig Ju 52/3m schützen, holen die Alliierten vierundzwanzig Maschinen vom Himmel, dazu neun Me 109 und eine Me 110. Von dem Verband können fünfunddreißig Ju 52/3m mit schwerem Schaden soeben an der tunesischen Küste notlanden.

Aber die Ju 52/3m fliegen trotz allem weiter, solange überhaupt noch die Möglichkeit besteht, in dem immer enger werdenden Brük-

kenkopf zu landen. Noch am 3. Mai 1943 bringen sie 40 Tonnen Munition, 68 Tonnen Sprit und 3,5 Tonnen Gerät, am 4. Mai weitere 30 Tonnen Munition und 70 Tonnen Treibstoff. Es sind unnötige Opfer. Am 7. Mai dringen die Alliierten gleichzeitig in Bizerta und Tunis ein. Hitler erläßt Aufrufe, bis zum Ende weiter zu kämpfen und befiehlt der Truppe, sich auf Kap Bon zu verschanzen. Doch alle seine flammenden Parolen können niemanden mehr dazu bewegen, sich abschlachten zu lassen. Die letzten Stunden des Kampfes verlaufen durchaus gemäßigt. Die alten Soldaten des deutschen Afrikakorps sehen gelassen ihrer Gefangennahme entgegen. Am 13. Mai 1943 stellen die Reste der Division der Heeresgruppe Afrika, unter General-Oberst von Arnim, den Kampf ein. Am Tage darauf kapituliert die 1. italienische Armee.

Frühjahr 1942, über Nord-Afrika: Die Ju 52/3m und ein Ju 87-Stuka setzen gleichzeitig zur Landung an.

Unten rechts:
Frühjahr 1942: Kurz vor dem Start nach Nord-Afrika erklärt ein Flieger den frisch gebackenen Rommel-Kämpfern das Anlegen der obligatorischen Seenot-Schwimmwesten.

Linke Seite, unten:
Frühjahr 1942, auf dem Wege von Bengasi nach Kreta: Die bunt zusammengewürfelten Passagiere einer Ju 52/3m auf dem Rückflug von Nord-Afrika nach Europa.

Nord-Afrika, Frühjahr 1942: Die letzte Möglichkeit, kurz vor dem Abflug noch einen Heimat-Brief wegzuschicken. In der offenen Einsteigtür lassen sich zwei Besatzungsmitglieder noch überreden, die Feldpost mitzunehmen. An der Oberseite des Rumpfes das sogenannte MG 15 im B-Stand, vorn der Windschirm aus Plexiglas, der als Abweiser für das MG 15 dient.

Rechte Seite, oben:
Frühjahr 1942, der Flugplatz von Tripolis: Eine englische Bombe explodierte ein paar Meter vom Leitwerk dieser Ju 52/3m entfernt.

Rechte Seite, unten:
Tripolis – Flugplatz, Sommer 1942: Das behelfsmäßig in Zelten eingerichtete LW-Ersatzteillager. Links eine Ju 52/3m, die gerade Nachschub bringt.

Frühjahr 1942, ein Flugplatz bei Tripolis: Die bei einem Tiefflieger-Angriff in Brand geschossenen Ju 52/3m und 3 to Opel Blitz. ▼

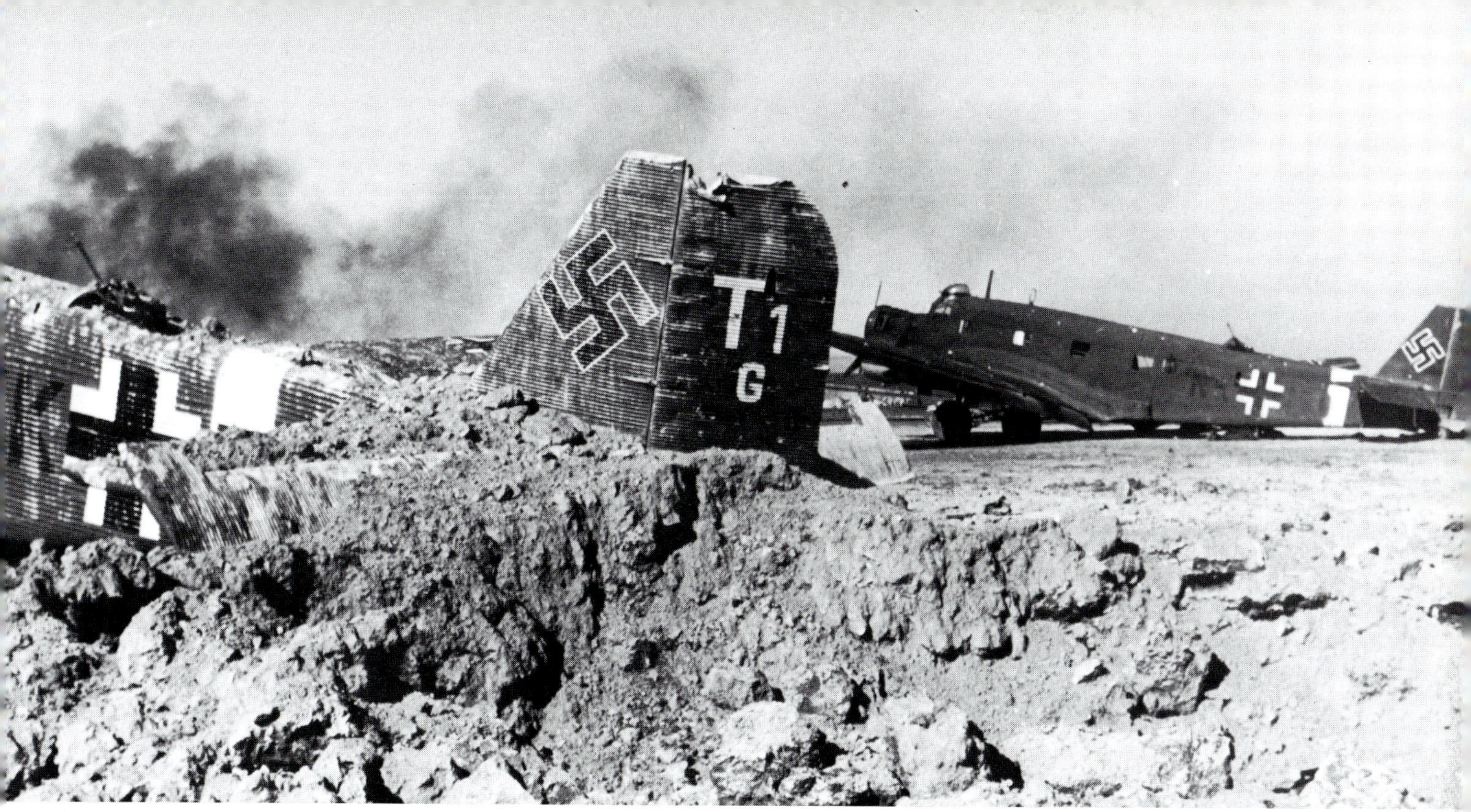
T1
G

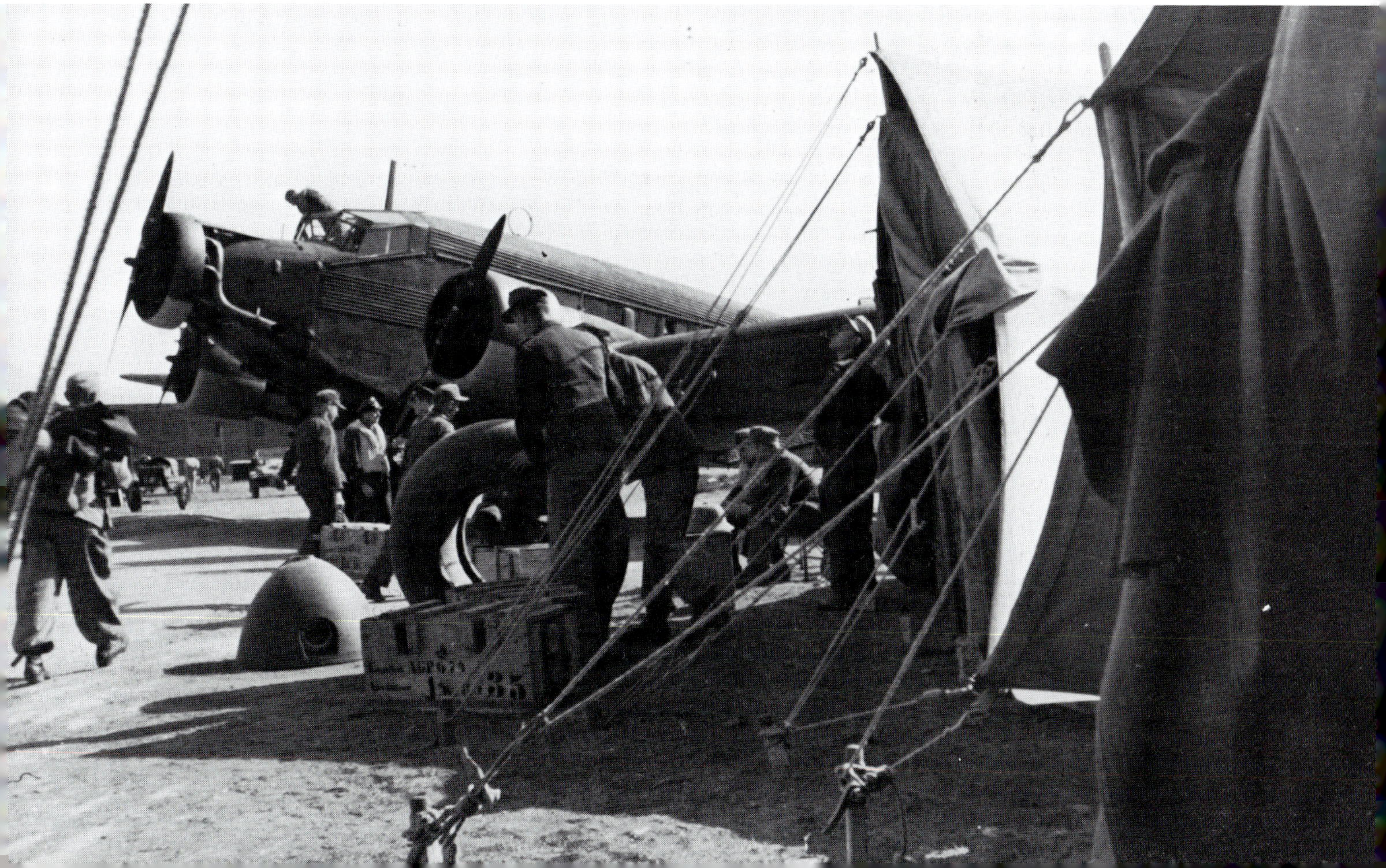

Dicht hinter dem Rücken des Funkers sind Postsäcke und Munitionskisten gestapelt.

23. Juli 1942, Oase Siwah, morgens 7.46 Uhr: Die Luftlandetruppen des Generals von Walden verlassen die Ju 52/3m-Maschine. Oben auf dem Rumpf der MG-15-B-Stand. Im Hintergrund, am Rande des improvisierten Landeplatzes, eine für die Oase typische Bergformation. Hier in der etwa 250 km südlich des Golfs von Sollum gelegenen romantischen Oase Siwah mit ihren 250 000 Dattelpalmen badete vor 2000 Jahren Königin Kleopatra.

Über dem Mittelmeer in Richtung Nord-Afrika, Herbst 1942: Eine einsame Ju 52/3m fliegt ihren Weg bei aufgehender Sonne.

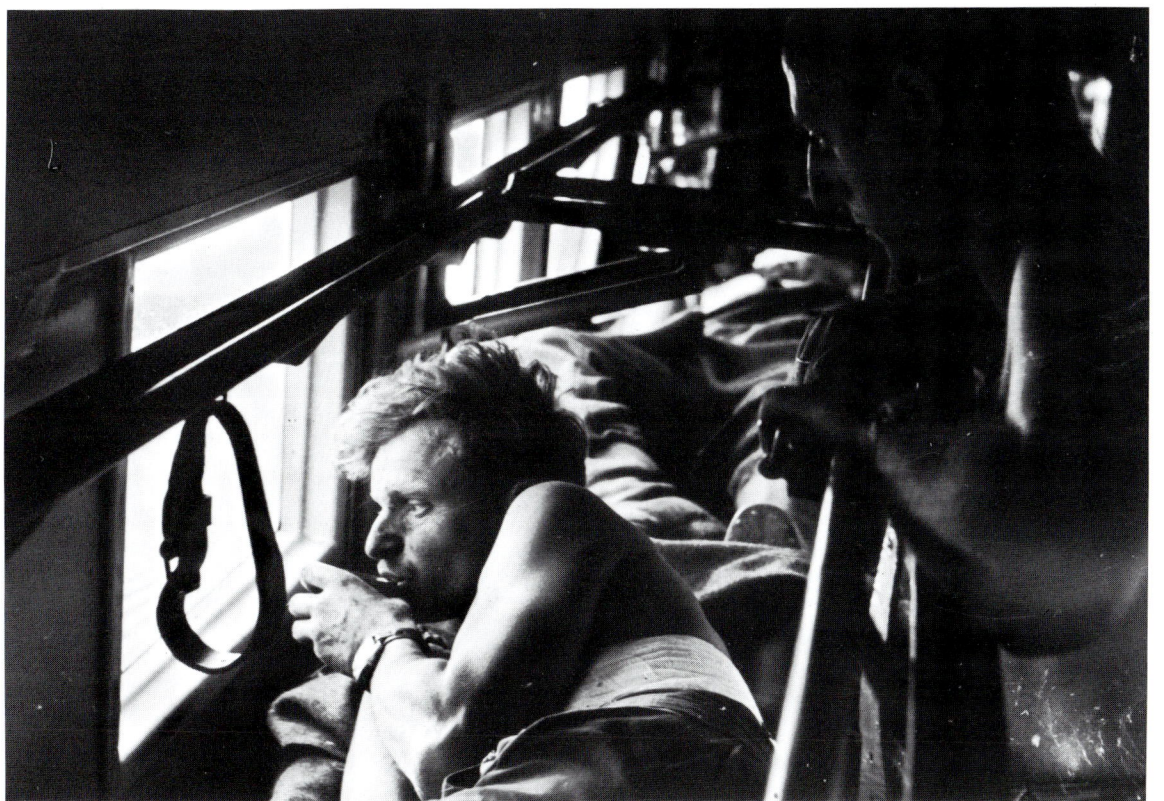

Herbst 1942: Der letzte Blick auf afrikanischen Boden. Ein schwer verwundeter Kämpfer des Deutschen Afrika-Korps auf der ersten Etappe seines Weges in ein Heimat-Lazarett. Der Nutzraum einer Ju 52/3m ist mit dem Rüstsatz ›Sani-Noteinsatz‹ ausgestattet. Der Rüstsatz wird am Röhrgerüst der linken Rumpfseite aufgebaut und besteht aus vier Behelfsbahren.

Herbst 1942: Eine Ju 52/3m der Kampfgruppe z.b.V. 1 (KGr. z.b.V. 1) setzt zur Landung auf Kreta an.

Nord-Afrika, Spätherbst 1942: Reger Verkehr auf einem Versorgungs-Flughafen des Deutschen Afrika-Korps. Im Hintergrund ein Groß-Transporter vom Typ Me 323–E2 Gigant.

Januar 1943, Nord-Afrika: Englischer Tiefflieger-Angriff auf einen Wüsten-Flugplatz bei Tripolis. Die Ju 52/3m mit der Werk-Nr. 3314 geht in Flammen auf. Unter der rechten Tragfläche liegt ein Besatzungsmitglied.

88

Sommer 1942: Siesta auf einem Feldflugplatz in Nord-Afrika. In Erwartung ihres Einsatzbefehls suchen die Besatzung und die Bodenwarte vor der sengenden Sonne Schutz unter den Tragflächen.

Nord-Afrika, Sommer 1942: Bis zum nächsten Einsatz ein kurzes Mittagsschläfchen auf der Seenotjacke unter dem schattenspendenden Rumpf einer Ju 52/3m.

89

Sommer 1942, in einer Ju 52/3m über dem Mittelmeer: Die Verstärkung für Rommels Truppen fliegt einem ungewissen Schicksal entgegen. Der Landser links liest die Luftwaffen-Zeitschrift ›Der Adler‹. Auf der Titelseite lacht ihm Jochen Marseille entgegen. Der 22jährige Hauptmann – mit 158 Abschüssen erfolgreichster Jagdflieger in Afrika – fiel am 30. September 1942.

Sommer 1942, im Tiefflug über das Mittelmeer: Blick aus dem Führerraum über den Townendring des Mittelmotors. Aus dem Zylinder des BMW-132-Triebwerks ragen die Abgasstutzen und Einspritzleitungen, daneben die Hutze für die Außenluft. Vorn die Generator-Kappe.

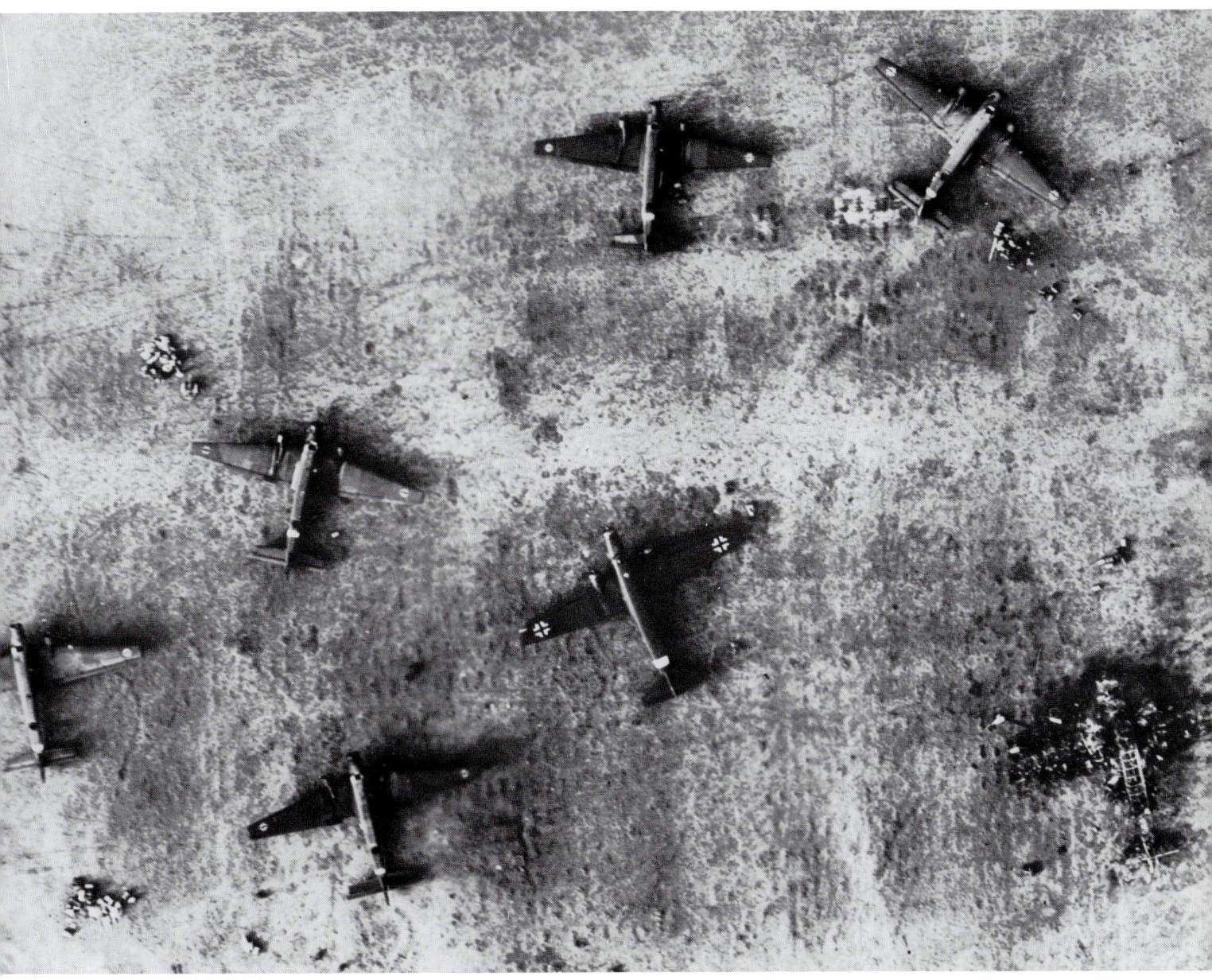

Tunis, 12. November 1942: Über Rommels Luftversorgungs-Wüsten-Flugplatz schießt ein englischer Fernaufklärer dieses Foto. In der Nacht zuvor hatten R.A.F. Bomber den Stützpunkt neunmal angegriffen. Ergebnis: 5 Ju 52/3m und 2 S.M.-81 Transporter teils vernichtet oder schwer beschädigt.

Auf einem italienischen Absprung-Flugplatz, Frühjahr 1943: Noch schnell ein paar Worte nach Hause vor dem gefahrvollen Flug nach Tunesien.

Tunis, Januar 1943: Die kriegsgefangenen US-Soldaten werden von Gabès mit einer Ju 52/3m nach Deutschland geflogen.

92

Frühjahr 1943: Englischer Tiefflieger-Angriff auf den deutschen
Luftstützpunkt bei Tunis. Die
Bomben explodierten zwischen
den abgestellten Ju 52/3m-Ma-
schinen . . .

. . . nach dem Abflug der feindlichen Bomber bedeckten zahlreiche ausgebrannte Wracks Ju
52/3m den Flugplatz.

Nord-Afrika: 23 Maschinen Ju
52/3m sind bei einem einzigen
alliierten Jabo-Angriff auf den
Flughafen von Tunesien am
18. Januar 1943 zerstört worden.

93

Tunis, Februar 1943: Mit einer Handpumpe wird diese Ju 52/3m des III./KGr. z.b.V. 1 auf einem Behelfs-Landeplatz vor der Rückkehr nach Sizilien vollgetankt.

Gabès, März 1943: Die verwundeten Landser aus dem Brückenkopf Tunis werden in eine aus einer Lufthansa-Passagier-Maschine umgebaute Sani-Ju 52/3m gebracht.

Italien, April 1943: Über den Absprungflugplatz Castel Vetrano geht der Nachschub für den Brückenkopf Tunesien, und auf dem Rückweg werden die Verwundeten mitgebracht. Der Landeplatz ist gerade von Maschinen des KGr. z.b.V. 9 belegt.

Anfang Mai 1943, Brückenkopf Tunis: Die letzte Maschine, die vor der Kapitulation deutscher Truppen in Nord-Afrika nach Sizilien zurückflog, wird mit Verwundeten voll beladen. Diese Ex-Lufthansa Ju 52/3m-Maschine hat ein eingebautes Fensterlafetten MG 15.

1942, auf dem Flug über das Mittelmeer nach Nord-Afrika: Ein Heckschütze mit Seenot-Schwimmweste bei der Abwehr feindlicher Jäger. Eine einfache Lafette mit MG 15. Unter der Doppeltrommel des MG's der ziehharmonikaähnliche Hülsensack. Diese behelfsmäßige Fensterlafette wird bei Nichteinsätzen aus dem Fenster herausgezogen und durch einen Rahmen mit Glasscheibe ersetzt.

6

Am 19. November 1942 hat General Friedrich Paulus, Oberbefehlshaber der 6. Armee im Südabschnitt Rußlands, bereits sieben Achtel des riesigen Industriegebietes um Stalingrad an der Wolga in seiner Hand. Stalingrad selbst ist keine »Festung«, wie die deutsche Propaganda glauben machen will, wohl aber eine wirre Ansammlung trostlos wirkender Wohnsiedlungen, Industriequartiere und Verschiebebahnhöfe, 35 km lang und durchschnittlich 8 km breit. Stalingrad gleicht eher einer langgestreckten Fabrik an der Wolga als einer Stadt, die im Norden mit dem Vorort Rynok beginnt und im Süden mit Kuperosnoje endet. Ihre Schlüsselposition bildet eine kleine Hügelkette, die von der 4. Panzerarmee von Süden und der 6. von Norden her angegriffen wird.

Mit dem ersten Einfall des Winters bricht die Gegenoffensive der Russen los. Zwei Tage später holen die Sowjets zu einer großen Zangenbewegung aus. Für die 6. Armee mit ihren fünf Armeekorps, zwanzig deutschen und zwei rumänischen Divisionen mit fast 330 000 Mann, stellt sich die Frage: ausbrechen oder einigeln? Von August bis Oktober 1942 fliegen von den Plätzen Stalino, Mariupol und Taganrog neun Transportgruppen mit Ju 52/3m fast 42 000 Tonnen für die Luftversorgung, davon etwa 7000 Tonnen für das Heer. Diese Leistungsfähigkeit erweckt falsche Hoffnungen.

Die sich am 20. November 1942 abzeichnende drohende Einkesselung führt bei der zuständigen Luftflotte 4 dazu, sofort Vorbereitungen für eine Luftversorgung zu treffen. Und wieder müssen die altbewährten Ju 52/3m die Aufgabe, der sie nicht gewachsen sind, übernehmen. Zu diesem Zeitpunkt sollen in erster Linie Munition und Treibstoff transportiert werden, um den Paulus-Truppen die Möglichkeit zu geben, sich dem Zangengriff zu entziehen. Per Funk fordert die 6. Armee anfangs eine tägliche Versorgungsmenge von 750 Tonnen, etwas später 500 Tonnen. Das bedeutet, daß täglich 375 Maschinen Ju 52/3m mit zwei Tonnen Nachschub im Kessel landen müssen.

Der Oberbefehlshaber der Luftwaffe, Reichsmarschall Hermann Göring, hat Hitlers Haltung durch die Versicherung bestärkt, man könne, wie in Demjansk, nun auch Stalingrad auf dem Luftwege versorgen – und dies, obwohl Generaloberst Wolfram Freiherr von Richthofen, Chef der Luftflotte 4, und General Martin Fiebig vom VIII. Fliegerkorps eine solche Möglichkeit entschieden verneinen. Gewiß, die vorerst benötigten 300 Transportmaschinen können unter Heranziehung der He 111-Bomber des Kampfgeschwaders 55 zusammengebracht werden und bilden mit dem Versorgungsführer, General Victor Carganico, einen Sonderverband. Zugleich aber treten viele unvorhersehbare Schwierigkeiten auf. Die Plänemacher lassen die primitivsten flugtechnischen und militärischen Regeln außer acht. Sie »vergessen« die Witterungsbedingungen, die in dieser Jahreszeit den Flugbetrieb beeinträchtigen. Sie unterschlagen ferner einfach die Luftverteidigung der Sowjetarmee und setzen sich blindlings darüber hinweg, daß in Stalingrad die Landemöglichkeiten rapide schwinden und sich einige Flughäfen der Transportstaffeln in unmittelbarer Frontnähe befinden.

Einwände höchster Generale sind vergebens. Die Schlacht um Stalingrad wird zum Wendepunkt des Krieges im Osten. Nicht nur die gesamte 6. Armee geht verloren, sondern auch fast die Hälfte der vorhandenen Transportflugzeuge vom Typ Ju 52/3m und der größte Teil des fronterfahrenen Personals, das nie mehr ersetzt werden kann.

Die im Kessel eingeschnürten Truppen sind hoffnungslos abgeschnitten; ihre Vernichtung ist lediglich eine Frage der allernächsten Zeit. Die Pläne für die Luftversorgung schmiedet man am grünen Tisch des Oberkommandos der Wehrmacht (OKW) und Oberkommando der Luftwaffe, bar aller Kenntnis, wie sich diese Schlacht an der Wolga ausweiten wird. Die Quartiermeister veranschlagen für die fast 330 000 eingeschlossenen Soldaten einen täglichen Bedarf von 946 Tonnen, darunter 540 Tonnen Munition, 100 Tonnen Treibstoff und 306 Tonnen Proviant. Als Vergleich sei nur erwähnt, wie die sowjetischen Verbände mit Waffen, Granaten und Patronen versorgt werden: Allein am 19. November 1942 verschießen die sowjetischen Truppen während eines einstündigen Artillerieangriffes 13 500 Tonnen Munition!

Es liegt nahe, daß bei der Beurteilung der Chancen für die Möglichkeit einer Luftversor-gung von Stalingrad das geglückte Halten des Kessels von Demjansk maßgebend gewesen sein wird. Aber in Demjansk waren nur 95 000 Mann eingeschlossen, die Front gefestigt, Hin- und Rückflug kürzer und die Nachschubwege gesichert. Die Absprunghäfen blieben während der ganzen Aktion gut geschützt, und die Rote Luftflotte ließ sich dort kaum blicken. Während in der Demjansk-Aktion der Frühling vor der Tür stand, hält in Stalingrad gerade der harte russische Winter Einzug. Jedoch noch immer gilt die in Demjansk gemachte Erfahrung: Lediglich 30 bis 35 Prozent aller Flugzeuge können startklar sein. Das ergibt also den Einsatz von ungefähr 1050 Maschinen, aber selbst wenn diese Menge an Ju 52/3m vorhanden gewesen wäre, hätte man sie nicht auf den Absprungplätzen Tacinskaja und Morozovsk unterbringen können. Die gesamte Luftwaffe aber verfügt zu dieser Zeit lediglich über rund 750 Maschinen dieses Typs. Allein wegen der Wetterverhältnisse ist es fast unmöglich, mit dieser Kapazität die 6. Armee über längere Zeit ausreichend zu versorgen. Dazu kommen die technischen Unzulänglichkeiten und die Feindeinwirkungen.

Nach einer Besprechung bei Göring mit der Luftwaffenführung, am 23. November 1942, hält man 350 Tonnen Nachschub täglich für eine realisierbare Menge, doch der Reichsmarschall verlangt weiterhin stur 500 Tonnen. So werden aus allen Dienststellen, Ministerien und Stäben sämtliche Ju 52/3m schnellstens an die Stalingrad-Front beordert. Aus den Flugschulen holt man fast alle Ausbilder mit ihren Maschinen heran, die besseren Schüler müssen noch vor der Abschlußprüfung im 11. Transport-Korps als Piloten und Beobachter einspringen. Zu Nachteinsätzen werden die im Blindflug erfahrenen Lufthansa-Besatzungen aus den Verkehrslinien Berlin – Paris und Berlin – Rom abkommandiert. Mit dem Befehl zur Erfassung sämtlicher flugtauglichen Junkers Ju 52/3m am 23. November hofft die oberste Wehrmachtsführung, daß sich bereits vierundzwanzig Stunden nach diesem Ukas alle Maschinen im Einsatz befinden. Aber ihr massiertes Ankommen auf den Absprungplätzen wird eher zu einem Alptraum. Im Nu versperren sie die Landebahnen und müssen dazu noch mit den unzureichenden technischen Mitteln erst einmal umgerüstet werden, da sie für den Wintereinsatz ungeeignet sind. Unter den eintreffenden Flugzeugen befinden sich z. B. die Ju 52/3m, die sonst als Reiseflugzeuge benutzt werden, ohne notwendige Funk- und Peilgeräte, Winterschutz, Bewaffnung oder Fallschirme.

An den beiden ersten Tagen mit regulären Versorgungsflügen, dem 25. und 26. November 1942, bringen die Ju 52/3m lediglich 65 Tonnen Sprit und Munition in den Kessel. In der ersten Phase, als die vier Absprungplätze Tacinskaja, Morozovsk, Tormosin und Bogojawlenskaja ›nur‹ 150 bis 200 Kilometer von Stalingrad trennen, sind zwei Flüge pro Tag die Regel.

Anfang Dezember verfügt der »Lufttransportführer Tacinskaja«, Oberst Förster, über mehr als elf Gruppen Ju 52/3m und zwei mit der völlig für diese Operation untauglichen, veralteten Ju 86, insgesamt 320 Maschinen. Dann folgt am 2. Dezember klirrender Frost. Die Motoren springen nicht an, und wie schon bei Demjansk, fehlen wieder die Wärmewagen. Vom 25. bis 29. November können die Maschinen nur ganze 269 Tonnen in den Kessel einfliegen, vom 30. November bis 11. Dezember sind es 1167 Tonnen.

Über einhundert Ju 52 und etwa zweihundert andere Maschinen starten von den Flugplätzen in Tacinskaja und Morozovsk im Donbogen und landen nach einem Flug von 200 Kilometern auf einem der beiden Stalingrader Flugplätze, in Pitomnik oder in Gumrak, von dem die Transportmaschinen relativ am sichersten und am längsten mit Verwundeten starten können. Hier wird strikt Ordnung gehalten, keiner darf ohne schriftliche Erlaubnis des Chefs des Armee-Stabes in ein Flugzeug einsteigen. Vorzug haben die Verwundeten nach dem Grad ihrer Verletzungen. Können sie aus eigenen Kräften den rettenden Flugplatz erreichen, ist es gut, haben sie jedoch die Kräfte verlassen und bleiben sie unterwegs liegen, tut der Forst das seine.

Die Verluste unter den Ju's durch Feindeinwirkung sind anfangs gering. Um so höher aber sind die Ausfälle durch die schlechten Wetterverhältnisse und die Überbeanspruchung des Materials. Die tägliche Versorgungsmenge beginnt mit etwa 50 Tonnen und wird nur langsam auf 100 Tonnen erhöht. Die durchschnittliche Tagesleistung liegt bis zum 12. Dezember bei 93 Tonnen. Die Luftwaffe läßt sich mit den Eingeschlossenen Zeit; ihr Argument ist, sie müsse sich erst entsprechend organisieren. Manche Schwierigkeiten liegen auch im Versagen der rückwärtigen Dienste, die nicht imstande sind, rechtzeitig die Beladung auf den Absprungplätzen und die Entladung im Kessel zu organisieren. Duch das Fehlen von Treibstoff-Fässern transportiert man das Benzin direkt in Flugzeugtanks, die dann auf den Kessel-Flugplätzen von Hand in die Behälter gepumpt werden, dabei geht wertvolle Zeit verloren, und die Maschinen sind Luftangriffen ausgesetzt. Bei einigermaßen gutem Wetter fliegen die Ju 52/3m-Verbände in Ketten oder Staffeln mit einem knappen Geleitschutz, bei schlechter Sicht einzeln oder zu zwei Maschinen, im Nachtflug nur einzeln. Während der ganzen Flugzeit werden die Maschinen sowohl aus der Luft als auch vom Boden heftig angegriffen. Gleichzeitig halten die Russen vom Boden aus mit Artillerie und Granatwerfern die Landebahn unter Feuer.

Die wechselnden Wetterlagen erfordern immer neue, kurzfristige Entscheidungen der Kommandeure. Von einer planmäßigen Luftbrücke nach dem Muster von Demjansk kann von vornherein keine Rede mehr sein. Oft gibt es überstürzte Einsätze, um das plötzlich auftretende bessere Wetter auszunützen. Dann wiederum laufen bereits die Motoren für den nächsten Start, aber der Flug muß wegen schlechten Wetters abgebrochen werden. Dafür probieren dann wenige im Blindflug erfahrene Piloten im Einzelflug ihr Glück.

Am 5. Dezember kann in »Taci« und »Moro« wie die beiden großen Flugplätze Tacinskaja und Morozovsk genannt werden, nur blind angeflogen werden. Drei, vier und noch mehr Anflüge sind meistens nötig, um bei schlechtem Wetter in Pitomnik herunterzukommen. Nur achtundzwanzig Maschinen treffen an diesem Tage ein und bringen auf dem Rückflug 110 Verwundete mit. Die russischen Luftangriffe auf die Versorgungshäfen Taci und Moro nehmen zu.

Am 9. Dezember greifen die Sowjets Taci an, zerstören vier Ju 52/3m, ein Treibstofflager und töten fünfzehn Soldaten. Taci, eine Einöde, mit einem Bahnhof, der weitläufig ausgebaut ist mit vielen Verladegleisen und -rampen und Anschlußgleisen. Ein Riesenklotz von einem Getreidesilo, ein paar fabrikartige Gebäude herumgestreut mit hohen Schornsteinen, ein paar Dutzend Häuser, die in der schneegrauen Einförmigkeit der Gegend fast verschwinden – das ist Tacinskaja. In gewaltigen

Zelten, zum Teil auch völlig schutzlos, liegen aufgestapelte Heeresgüter, Ausrüstung aller Art, Bekleidung, Waffen und Munition für die 6. Armee und Verpflegung für sechzig Tag für 330 000 Soldaten. Dieser Feldflughafen wird zum Brennpunkt der Versorgung des Stalingradkessels. Etwa 200 Transportmaschinen sind zusammengezogen, alles, was die Luftwaffe in Afrika, Norwegen, Frankreich und Italien freimachen kann. Die meisten Besatzungen haben weder für den russischen Winter eine Ausrüstung, noch gibt es geeignete Unterkünfte für sie. Sie sind wohl oder übel nah und fern in den Dörfern oder auf den Kolchosen untergebracht. Seit dem 21. Dezember ist der Versorgungsflughafen Taci von russischen Panzern bedroht, die Verlegung des Stabes und der fliegenden Verbände wird dringend notwendig. Obschon die Geschwader in den nächsten Stunden vernichtet werden können, behält sich das 2000 Kilometer von der Front entfernte Oberkommando den Räumungsbefehl vor, bis die Russen im Direktfeuer auf den Platz stoßen. In Taci stehen 180 flugklare Maschinen Ju 52/3m.

Obgleich ein Angriff auf Tacinskaja für die Sowjets unbedingt das Nächstliegende ist, herrscht eine solche Sorglosigkeit, daß es den russischen Panzern in den Morgenstunden des Heiligen Abend 1942 möglich ist, ungestört anzurollen. Im Feuer der russischen Panzerkanonen harren, plötzlich aus ihren Behelfsunterkünften und Erdlöchern aufgeschreckt, Flug- und Bodenpersonal, vielfach nur halb bekleidet aus, um die Maschinen wegzubringen, von denen zum größten Teil die Versorgung der Stalingradarmee abhängt.

Feldwebel Fritz Ohnesorg hat gerade Dienst in Taci: »24. Sezember 1942, 5.20 Uhr: Nebel, 50 m Wolkenhöhe, Sicht unter 1 km. Leichter

Schnee treibt über den gefrorenen Platz. Mit Sicherheit Vereisung. Im Ort noch Ruhe. Da – aus der Diesigkeit des nach der Uhrzeitregelung in dieser Gegend bereits anbrechenden Tages – bellen einige Lagen Artilleriefeuer auf den Nordrand des Platzes. Eine Flamme schlägt aus einer Maschine. Eine weitere Ju brennt an der Startbahn. Weitere Schüsse liegen, unregelmäßig verteilt, in rascher Reihenfolge auf dem ganzen Platz. Hier und da neue Brände. Mitten in den Nebel hinein rollt ein Flugzeug hinter dem anderen an und hebt ab. Ein, zwei Reihen nebeneinander. Pausenlos. Schnell entschwindet der Boden. Da, links unten kraucht etwas, blitzt auf, Rauchwolken, Flammen. Vor uns stürzt eine Ju ab. Der dichte Qualm in unserer Kabine. Dann ist alles vorbei. Der Nebel nimmt uns auf, aber auch die Vereisung.«

Sergilj Krasowskij, Kommandant eines T 34-Panzers vom 24. Panzer-Korps: »Unser Auftauchen am 24. Dezember um 2 Uhr nachts war für die Deutschen eher eine Überraschung. Das fliegende Personal schlief noch in seinen Erdhütten, die Flak 8,8-Geschütze, zur Sicherung des Flugplatzes und Bahnhofs Tacinskaja, standen ohne Bedienung.« Neben manchem Flugzeug, das eben im Begriff ist, sich vom Boden zu heben, taucht im letzten Augenblick ein Panzer auf. 50 Maschinen fallen neben dem riesigen Versorgungslager für die 6. Armee in russische Hand. In Moro ist die Lage bis zum 27. Dezember ebenso kritisch, jedoch gelingt es hier, die Russen aufzuhalten. Allerdings kann von Moro aus kein Nachschub mehr geflogen werden. Weihnachten bleibt der Nachschub aus, erst am 31. Dezember und 1. Januar erhält Stalingrad wieder 200 Tonnen Material täglich.

Schon am 11. Dezember drängte Generalleutnant Fiebig bei einem Besuch im Kessel auf den Ausbau von weiteren Landeplätzen, wie zum Beispiel Gumrak. Paulus lehnte dies ab, denn der Schnee liegt dort meterhoch, und die Soldaten sind zu schwach, um eine noch einigermaßen glatte Landebahn herzustellen.

In den Tagen vom 28. Dezember bis 4. Januar 1943 gehen 62 Maschinen verloren, 50 % davon durch Vereisung. Nun ist erwiesen, daß die 6. Armee auf dem Luftwege nicht versorgt werden kann. Um das Versprechen ihres hierfür verantwortlichen Chefs wenigstens einigermaßen halten zu können, unternimmt die Luftwaffe vergebliche Anstrengungen. Stalingrad wird zu einer Luftschlacht größten Ausmaßes. Der Verlust von 488 Flugzeugen und etwa 1000 Fliegern kommt die Deutschen fast so teuer zu stehen wie die Luftschlacht um England. Die Wetterverhältnisse sind außerordentlich ungünstig: Ist der Himmel über Stalingrad klar, so ist er im Raum von Rostow gewöhnlich bedeckt und umgekehrt, wobei der reibungslose Ablauf der Luftversorgung entweder beim Start oder bei der Landung gefährdet wird.

Nach dem Zusammenbruch der Front am Fluß Tschir werden die Transportverbände nach Schachty, Jamiensk, Schachtinskij, Meshetinskaja und Salsk verlegt. Von hier aus sind es bis Stalingrad gut 350 bis 400 Kilometer, und selbst zwei Flüge täglich eine Seltenheit. Während dieser Zeit steigt die Aktivität der Roten Luftwaffe immer mehr, die Transportmaschinen müssen oft in großem Bogen über den unteren Wolga-Lauf, über 350 Kilometer den Kessel anfliegen. Der Tagesdurchschnitt der Nachschublieferungen sinkt weit unter 100 Tonnen.

Um ihm Eichenlaub an sein Ritterkreuz zu

heften, läßt Hitler General Hube aus dem Kessel herausholen. »Mein Führer«, sagte Hube, »Sie haben Generale des Heeres erschießen lassen. Warum lassen sie nicht den Fliegergeneral erschießen, der Ihnen die Versorgung Stalingrads versprochen hat?«

In Salsk und den anderen neu eingerichteten Absprungplätzen fehlen fast alle Voraussetzungen für einen laufenden Einsatz. Der Anflugweg beträgt von hier aus fast 400 Kilometer, und die Maschinen mit hohem Ölverbrauch müssen aus dem Verkehr gezogen werden. Nach dem mißlungenen Entsatzversuch der deutschen 4. Panzerarmee im Dezember 1942 greifen die Russen wiederholt an. Für den Stützpunkt Salsk bedeutet das, überrollt zu werden, und westlich des Don gibt es weder ausgebaute noch behelfsmäßige Flugplätze.

Nördlich Schachtys entsteht bei Swerowo auf einem Maisfeld der neue Landeplatz der noch gerade in der Reichweite der Ju 52/3m liegt. Nicht einmal eine Walze läßt sich auftreiben, und die zusammengetriebene russische Bevölkerung muß in mühsamer Arbeit im Schnee eine 600 Meter lange und 30 Meter breite Landebahn trampeln. Der Platz hat keinerlei flugtechnische Einrichtungen. Schneehütten sorgen anfangs für etwas Schutz, später kommen Zelte und Bretterbuden dazu. Doch einen Tag nach der Verlegung nach Swerowo können wieder Ju 52/3m starten.

Man weiß, daß die bestmögliche Transportleistung nur erreicht werden kann, wenn die Maschinen in einer nicht abreißenden Kette fliegen, aber dies ist unmöglich, da die Angriffe sowjetischer Jäger von Tag zu Tag heftiger werden. So sammeln sich die Ju 52/3m-Verbände in der Luft, um wenigstens einen dünnen Jagdschutz zu gewährleisten. Das Ergebnis: Die Zusammenballungen auf dem einzigen ausgebauten Flugplatz in Stalingrad – Pitomnik – sind ein lohnendes Ziel für sowjetische Jabos. Stunden- und tagelang haben die Männer vom Bodenpersonal oft nichts zu tun, dann landen plötzlich wieder vierzig oder fünfzig Ju 52/3m, die die gesamte Organisation durcheinanderbringen.

Beim Vordringen der Russen gegen Rostow ab Mitte Januar 1943, werden die Absprungplätze nach Atemowsk, Gorlowka und Stalino zurückverlegt, von wo es bis Stalingrad schon 500 Kilometer sind. Man fliegt nur einmal pro Tag, und der Nachschub sinkt rapide bis auf 45 Tonnen täglich. Der 18. Januar 1943 wird ein schwarzer Tag für die Versorgungsgeschwader: In Swerowo gehen durch Bombenangriffe und Tieflieger dreißig Ju 52/3m verloren. Dazu setzt ein starker Schneesturm ein. Jede Maschine muß aus den meterhohen Schneemassen einzeln herausgeschaufelt werden.

Leutnant Karl M. fliegt den Nachschub nach Stalingrad: »Es war eiskalt – 30 Grad C. Die Ju's 52 sprangen lange Zeit nicht an. Nach einer Stunde Flug leuchtete der feuerspeiende Ring um Stalingrad auf. Aus dem Innern war das Aufblitzen nur gering . . . Fünf Maschinen landeten. Kein Bodenpersonal. Die Verpflegung wurde an vorüberziehende Truppen ausgegeben. Sie machten einen aufgelösten Eindruck, stürmten gegen die Maschinen an. Die Besatzungen konnten sich nur mit der Waffe gegen die herandrängenden Soldaten wehren. Verwundete wurden eingepackt, Start . . . Gerade noch rechtzeitig: Zwei, drei, vier Lagen von Stalinorgeln am Nordwestrand des Platzes, wo die Maschinen herausstarteten. Mindestens dreizehn Brüche lagen auf dem Platz, eine russische Maschine noch vor dem Ende der Rollstrecke. Das brauchbare Rollfeld war überhaupt nur 80 m breit!«

Am 10. Januar 1943 beginnen die Russen ihren lang erwarteten Großangriff. Am 16. Januar überrollen sie Pitomnik. Hier übernehmen die Russen die unzerstörte deutsche Platzbefeuerung mit dem Funkpeiler und errichten dort eine Scheinanlage. Davon lassen sich mehrere Besatzungen täuschen: sie landen mit ihren vollbeladenen Maschinen beim Feind. Selbst eine Maschine aus Hitlers Leibstaffel fliegt auf diese Art in die Gefangenschaft.

Vom 24. Januar bis zum 2. Februar werfen die Flugzeuge, meist He 111-Bomber, noch einmal 779 Tonnen ab, aber über die Hälfte davon fallen in die Hände der Russen, werden vom Wind abgetrieben oder gehen verloren, weil die Soldaten vor Entkräftung nicht mehr in der Lage sind, die Behälter aus den haushohen Schneewehen zu bergen oder der weiße Stoff der Fallschirme sich über die Behälter legt und diese in der Schneewüste unauffindbar macht.

Am 15. Januar beschließt Hitler, den Generalfeldmarschall der Luftwaffe Milch nach Rußland zu schicken, »um die Organisation bei der Luftversorgung anzukurbeln«. Milch erfährt dort, daß von den zweihundertachtzig Maschinen Ju 52/3m und He 111 nur 25 Prozent einsatzfähig sind. Der Generalfeldmarschall hört an Ort und Stelle erstmals auch die unfrisierten Berichte der Luftversorgung durch die Luftflotte 4: von Anfang an bis zum 16. Januar brachten die Maschinen in 3410 Flügen lediglich 5300 Tonnen Material in den Kessel.

Milch fordert sofort weitere Flugzeuge und vor allem Wärmewagen an. Er hat schließlich auch Erfolg. Am 19. Januar stehen 363 Ju 52/3m und He 111 auf den Einsatzplätzen, leider sind auch davon nur 35 bis 40 Prozent flugtauglich, und jetzt wird es noch deutlicher: Die Anzahl der Maschinen spielt nicht die entscheidende Rolle. Milch möchte auf Lastensegler zurückgreifen, aber die sind für den Blindflug ungeeignet und können nach der Landung anderen Maschinen nur den Weg versperren. Selbst der Feldmarschall kann hier nichts verändern. Die 6. Armee meldet inzwischen Hitler in einem Funkspruch, »der Flugplatz Gumrak sei nachtlandeklar, Bodenpersonal vorhanden«. Milch, auf diese Meldung angesprochen, kann nach seiner Rückkehr nur antworten, daß die Besatzungen der Flugzeuge die Lage etwas anders sehen. Generalleutnant Fiebig fliegt daraufhin selbst nach Stalingrad und ist zugleich Zeuge eines Bombenangriffs auf Gumrak, über dem er schon eine gute halbe Stunde kreisen muß. Doch von einer Landemöglichkeit ist keine Rede mehr.

Am 18. Januar versucht trotz allem eine Kette He 111-Bomber die Landung in Gumrak. Die Bahn ist zwar gewalzt, aber übersät mit Flugzeugresten, Granattrichtern und Versorgungsbomben. Mindestens dreizehn zerschellte Wracks liegen kreuz und quer verstreut. Den Besatzungen der He 111 gelingt es nur mit größter Mühe, einen Streifen zu finden, auf dem sie ausrollen können. Kaum sind die Motoren abgestellt, da tauchen auch schon die Mig-Jäger auf, und die russische Artillerie eröffnet das Feuer. Während der Nacht ist zwar hier eine Landung möglich, aber dann nur im Einzelflug. Doch die altertümlichen russischen Doppeldecker vom Typ U-2, die berüchtigten »Kaffeemühlen«, erkennen auch in der Dunkelheit jede Bewegung am Boden und werfen auf die ausrollenden Maschinen ihre Splitterbomben. Bleibt davon ein einziges Flugzeug liegen, ist es auf dem improvisierten Flugplatz für Stunden aus.

Major Thiel, der altbewährte Kommandeur einer der Gruppen des Jagdgeschwaders 27 »Boelke«, soll am 19. Januar noch einmal mit einer He 111 in den Kessel einfliegen, um die Möglichkeiten der weiteren Versorgung zu prüfen. Nach seiner Rückkehr meint Thiel, es können immer nur höchstens drei bis vier Maschinen zur gleichen Zeit auf dem Platz sein, aber auf keinen Fall 250 Flugzeuge, die erforderlich wären. Der Major muß sich von Paulus und seinem Stabchef sagen lassen, »die Luftwaffe habe ihre Pflicht nicht getan und die Armee verraten«. Nach Thiels Rückkehr setzen die Transportverbände alles auf eine Karte und versuchen erneut, Sprit, Munition und Verpflegung nach Stalingrad einzufliegen. Noch in der Nacht zum 22. Januar landen einundzwanzig He 111-Maschinen und vier Junkers Ju 52/3m vollbeladen in Gumrak. Dann wird auch dieser Platz von den russischen Panzern überrollt.

Am 2. Februar 1943 kommt der letzte Funkspruch von Paulus, danach reißt jede Verbindung ab. Am Abend fliegen einige He 111 mit Versorgungsbehältern über der Stadt, aber im verschneiten, grenzenlosen Ruinenmeer rührt sich nichts mehr.

In siebzig Einsatztagen flog die Luftwaffe insgesamt 6591 Tonnen in den Kessel von Stalingrad, 1648 Kubikmeter Treibstoff, 1122 Tonnen Munition, 2020 Tonnen Verpflegung und 129 Tonnen Kriegsgerät. Sie schaffte auch 24 910 Kranke und Verwundete zurück. Doch die Verluste an Maschinen waren enorm hoch: 488 Flugzeuge, mit denen man fünf Geschwader, ein ganzes Fliegerkorps hätte aufstellen können, über die Hälfte davon, 266 Maschinen sind Ju 52/3m.

Der Chef des Wehrmachtsführungsstabes, Generaloberst Jodl, gesteht nach dem Krieg: »Auf diese Weise verloren wir unsere besten Flugzeugführer, weil die Transportflugzeuge von unseren erfahrendsten Fluglehrern geflogen wurden. Wir verloren viele Kader, was zu einem Sinken des Niveaus der Flugausbildung führte.« Der akute Mangel an erfahrenen Besatzungen wird seit Stalingrad zu einer der nicht mehr überbrückbaren Schwächen der Luftwaffe.

Frühjahr 1942, Ostfront: General der Pz.-Tr. Friedrich Paulus (rechts) kurz vor dem Start mit einer Ju 52/3m zur Front-Inspektion.

104

Sommer 1942, Rußland: Eine im mittleren Frontabschnitt von sowjetischen Partisanen erbeutete intakte Ju 52/3m.

Charkow, Sommer 1942: Ein sowjetischer Schlachtflieger schoß diese startbereite Ju 52/3m zusammen.

Ost-Feldzug, Sommer 1942: Tiefflieger-Angriff eines russischen Schlachtfliegers vom Typ IL-2 ›Stormownik‹ – im Landser-Jargon ›Schwarzer Tod‹ genannt – auf einen Flugplatz der Transportverbände. Ein Panjewagen mit durchgehenden Pferden rast an der brennenden Ju 52/3m vorbei. Die Flugzeugbesatzung versteckt sich am Boden unter dem Leitwerk. Oben über dem Flugzeug kreist noch der Schlachtflieger IL-2. Rechts eine Ju 52/3m des 3/KGr .z.b.V. 9.

Der Leutnant (Flugzeugführer) und der Feldwebel (Bordmechaniker) konnten in letzter Minute aus der brennenden Maschine gerettet werden.

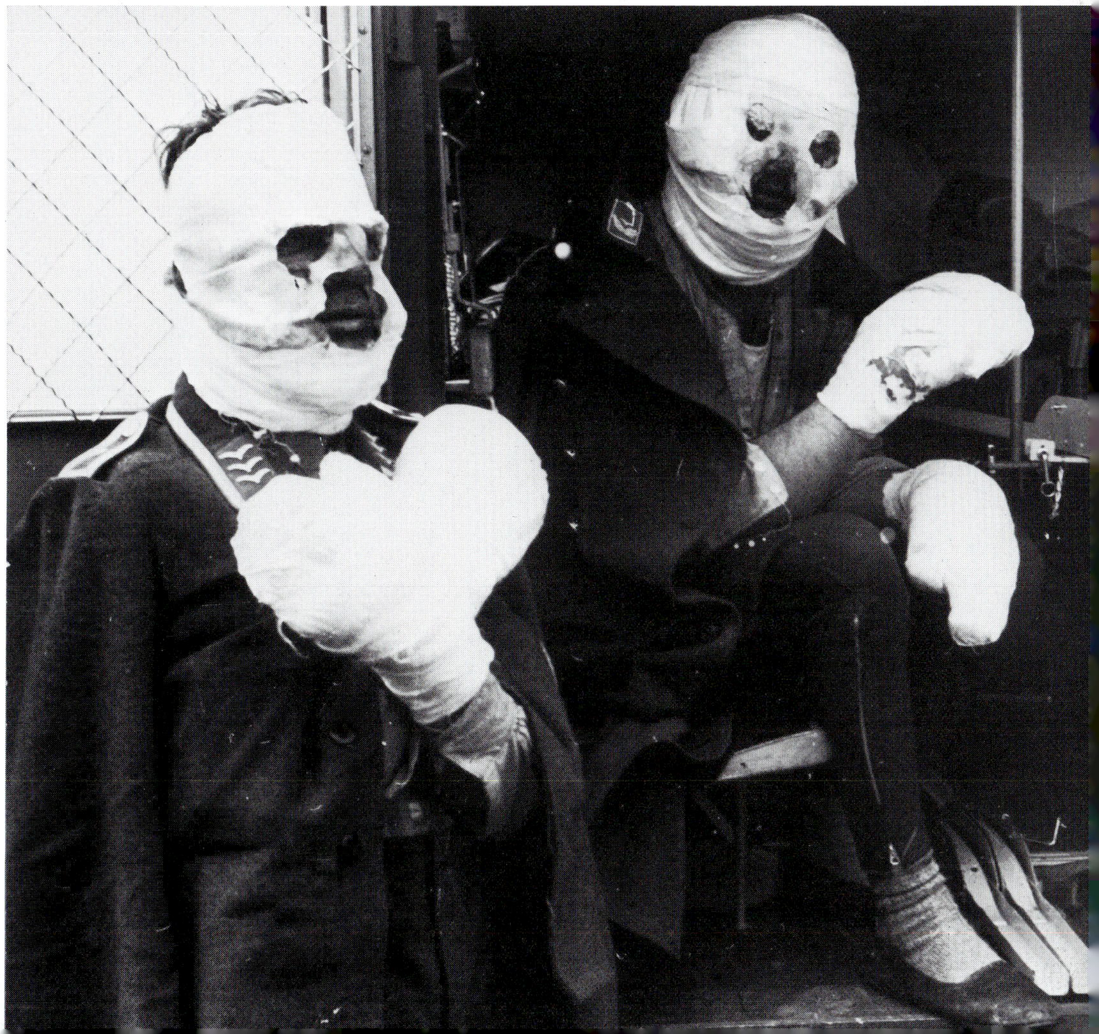

105

Ein Landser packt zu. Die nicht gerade leichte Artillerie-Munition wird durch die Einsteigtür einer Ju 52/3m entladen. Links neben der Tür eine Fenster-Lafette mit dem Maschinengewehr MG 15.

Linke Seite, oben:
Sommer 1942, Rußland, mittlerer Frontabschnitt: Die Ju 52/3m g5e und g7e des 3/KGr. z.b.V. 9 (Kampfgeschwader zur besonderen Verwendung).

Linke Seite, unten:
August 1942, Ostfront: Eine gut getarnte Ju 52/3m wird als stationärer ›Nachrichten-Wagen‹ zur Unterstützung der Verbindungen zwischen der Luftflotte 4 und dem IV. Flieger-Korps während der Kaukasus-Offensive eingesetzt.

Eine Sonder-Ausführung der Ju 52/3m g6e, mit der einer der Feldmarschälle auf Dienstreise ist.

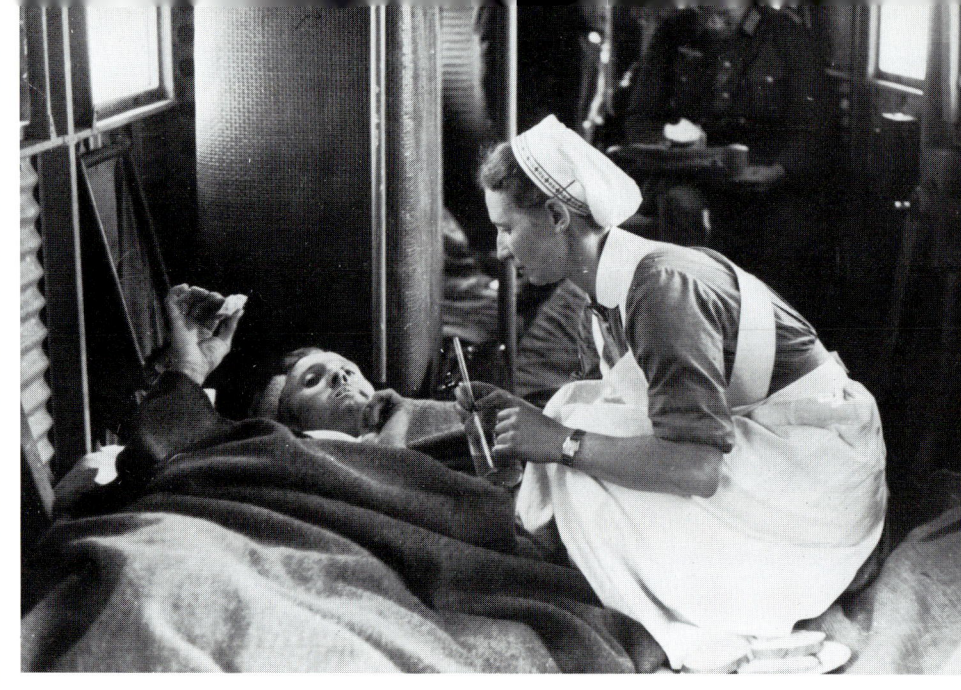

An Bord einer Sani-Ju 52/3m. ▲

◄
Berlin, 1942: Haj Amin el Husseini, der Großmufti von Jerusalem, kommt mit einer Sonder-Maschine Ju 52/3m in der Reichshauptstadt an.

Irgendwo an der Ostfront: Eine Sani-Ju 52/3m startet in Richtung Heimat. 108

November 1942, Stalingrad: Im Tiefflug über dem Stadt-Zentrum, eine Versorgungs-Maschine Ju 52/3m des III. Transport-Geschwaders (TG) 3.

Tacinskaja, Ende November 1942: Immer neue Maschinen aus allen Ecken des besetzten Europas landen auf diesem Absprungflugplatz zur Versorgung der in Stalingrad eingeschlossenen 6. Armee.

November 1942: Eine hochexplosive Ladung für die Eingeschlossenen der 6. Armee. Der Hauptnutzraum dieser Ju 52/3m ist mit Tellerminen 35 vollgestopft.

Dezember 1942: Über dem Flugplatz von Morozovsk. Eine der zur Versorgung von Stalingrad eingesetzten Ju 52/3m des I/KGr. z.b.V. 172.

Morozovsk, Dezember 1942: Mit einem Wärmegerät versucht man den mittleren Motor einer Ju 52/3m des KGr. z.b.V. 500 bei dem starken Frost anzulassen.

110

Morozovsk: Die letzten Vorbereitungen zur Verladung der Versorgung, die mit Fallschirmen über Stalingrad abgeworfen wird.

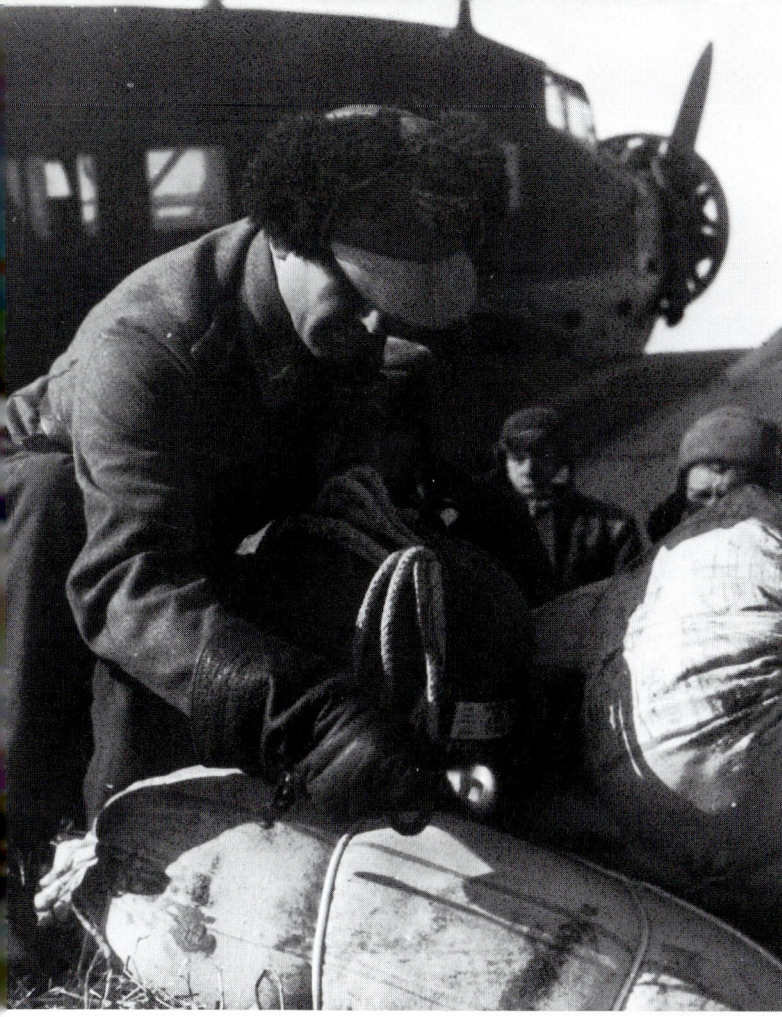

Anfang Dezember 1942: Ein Verband Transport-Maschinen Ju 52/3m der Kampfgruppe z.b.V. 9 (KGr. z.b.V. 9) in Ketten-Formation mit Nachschub für Stalingrad.

Dezember 1942, auf dem Stalingrader Flugplatz Pitomnik: Mit den behelfsmäßig gezimmerten Schlitten wird der Nachschub schnellstens weggeschafft und die Maschine für den Rückflug mit Verwundeten belegt.

Dezember 1942, Pitomnik: Keiner kann die Szenen beschreiben, die sich auf dem Stalingrader Flugplatz abgespielt haben. Vor einer Ju 52/3m erbitten die frierenden Verwundeten Einlaß in die Maschine.

Salsk, Januar 1943: Kurz nach dem Start stürzt am Rande des Flugplatzes eine mit dem Nachschub für die 6. Armee vollbeladene Ju 52/3m ab.

Dezember 1942, Pitomnik: Bei Schneesturm und Kälte unter 40 Grad werden die beiden Ju's 52/3m der Blindflugschule 2 auf dem Kessel-Flugplatz mit völlig ungeeigneten Mitteln entladen, während sie mit laufenden Motoren auf die Übernahme der Verwundeten warten.

Der Winter an der Ostfront bedeutet nebenbei ständigen Kampf der Menschen und Maschinen mit den Unbilden der Natur.

114

7

Das schnelle Vordringen der russischen Armee im Südabschnitt der Ostfront im Bereich der Heeresgruppe B, bringt im Dezember 1942 auch die im Kaukasus kämpfende Heeresgruppe A in große Gefahr: Gelingt es den sowjetischen Truppen Rostow zu nehmen, droht dem deutschen Heer ein zweites Stalingrad.

Die Rote Armee steht bereits siebzig Kilometer vor dieser Stadt. Erst auf Drängen des Generalfeldmarschalls von Manstein befiehlt Hitler endlich am 27. Dezember 1942 die Räumung des Kaukasus einzuleiten. Teile der 1. Deutschen Panzerarmee können noch über Rostow zurückgeführt werden, der Rest der Heeresgruppe geht aber vom 28. Januar 1943 an auf den Kuban, den sogenannten Großen Gotenkopf, zurück, den alle Verbände bis Anfang Februar erreichen.

Am 8. Februar befinden sich hier 398 000 Soldaten, davon 115 000 deutsche und 80 000 rumänische Kampftruppen. Ihre Versorgung über den Seeweg ist zunächst wegen der Vereisung unmöglich. Die Lufttransportverbände bleiben wieder einmal das einzige Mittel, um Treibstoff, Munition und Verpflegung heranzuschaffen.

So muß, als Stalingrad fällt, die Transportflotte mit ihren Ju's sofort mit der Versorgung der 17. Armee im Kuban-Brückenkopf beginnen. Während noch in der Nacht zum 2. Februar

1943 die Ju 52/3m vom Behelfsflugplatz Swerowo nach Stalingrad starten, verlegt vierundzwanzig Stunden später der Lufttransportführer auf Befehl der Luftflotte 4 seine Maschinen nach Mariupol. Die Armee verteidigt, angelangt am Ufer des Asowschen Meeres, den Brückenkopf nach drei Seiten – eine geregelte Nachrichtenverbindung ist nicht vorhanden.

Noch haben die Soldaten genügend Vorräte, und es geht zunächst darum, ihre Kampfkraft zu erhalten. Auf dem Rückflug sollen Verwundete und ein Teil der Truppen mitgenommen werden. In Cherson wird eine sogenannte Flugschneise eingerichtet, wo im Eilverfahren alle von den Verbänden abgegebenen reparaturbedürftigen Maschinen so getrimmt werden, daß sie mit eigener Kraft die gut ausgestatteten Werften der Luftflotte in den rückwärtigen Gebieten erreichen können. Dort überholt, können sie auch ebenso schnell zu ihren Verbänden. Deshalb bleibt die Einsatzbereitschaft während der gesamten Aktion auf dem Großen Gotenkopf auf einem relativ hohen Stand.

Fünf Ju 52/3m-Gruppen sind dabei. Vor der Verlegung auf die Krim fliegen die Maschinen in Taganrog, Stalino und Saporosche ein, wo auch ihr Stalingrad-Einsatz begann. Als Landeplätze im Kuban-Brückenkopf dienen meist notdürftig im Gelände abgesteckte Rollbahnen, die bei der laufenden Frontveränderung wechseln. In den ersten Tagen der Luftbrücke werden noch Krasnodar, später die Plätze Temrjuk, Slawjanskaja, Timaschewskaja und Warinarskaja angeflogen. Bei dem launischen Wetter mit leichtem Frost in der Nacht und Tau am Tage können die Flugzeuge ausschließlich in den Morgenstunden und am frühen Vormittag eine Landung wagen, da in der Mittagszeit die Sonnenwärme die Pisten in ein einziges Morastfeld verwandelt. Die Ju 52/3m werfen ihre Lasten aus der Luft ab.

Für die Versorgung stehen 160 bis 180 Maschinen bereit, 120 davon sind täglich flugklar, und diese hohe Zahl hebt sich deutlich von der Einsatzbereitschaft im Raum Stalingrad ab. Die gesamte Aktion am Kuban dauert rund fünfzig Tage. In dieser Zeit schleppen die Ju's unermüdlich 5418 Tonnen Material, beinahe das doppelte Tagespensum des Einsatzes in Stalingrad. In der letzten Phase der Räumung des Brückenkopfes vom 7. September bis zum 9. Oktober 1943 bringen die Transportfliegerverbände der 4. Luftflotte 1154 Tonnen Gerät und 15 661 Soldaten auf die Krim zurück.

Am 19. April 1943 bricht im Warschauer Ghetto ein Aufstand los, der erste in einer Stadt des besetzten Europa. In vierwöchigen harten Gefechten von Haus zu Haus bezwingen Verbände der SS, Ukrainer und polnische Polizei deren Verteidiger. Außer Panzern und Artillerie nehmen an der Zerschlagung des Aufstandes auch einige Ju 52/3m-Maschinen teil, die die Luftwaffe auf den Flugplätzen um Warschau gerade zur Hand hat. In Tiefflügen über dem brennenden Ghetto-Viertel (die Juden haben ja keine Flak) werfen sie die Flugblätter ab: »Jenen, die kapitulieren, droht nichts. Sie haben nur den Abtransport zum Arbeitseinsatz im Osten zu erwarten.« Die Besatzungen ande-

rer Maschinen kippen währenddessen ungezählte Spreng- und Brandbomben oder Benzinkanister durch die Ladeluken.

In der Roten Armee finden Hitler und seine Generäle äußerst gelehrige Schüler. Wie zuvor die Deutschen, so treiben jetzt die Russen mit immer neuen Zangenbewegungen ihren Gegner ständig in riesigen Kesseln zusammen. Meist müssen die Truppen auf Befehl von oben ausharren, und als Notlösung bietet das Oberkommando Luftversorgung an, natürlich überwiegend mit den Ju's.

So steht z. B. Mitte Januar 1944 die Heeresgruppe Süd in einem weiten Frontbogen westlich des Dnjepr, südlich und südwestlich von Kiew, in zähen Verteidigungskämpfen. Am Abend des 28. Januar vereinigen sich zwei sowjetische Stoßgruppen und schließen somit das XI. A. K. unter dem General der Artillerie Stemmermann und Teile des XXXXII. A. K. – insgesamt 54 000 Mann – im Kessel von Tscherkassy und Korsun ein, die vom 31. Januar bis zum 19. Februar aus der Luft versorgt werden müssen.

Hitler untersagt den im »Kessel von Tscherkassy« eingeschlossenen Verbänden jede eigene Ausbruchs-Initiative. Die Luftwaffe soll alles Notwendige einfliegen. Wieder steht das Gespenst Stalingrad vor den Augen der deutschen Führung. Deshalb beginnt die Heeresgruppe Süd sofort mit den Vorbereitungen für den Entsatz. Die Luftwaffe tut alles, um die Truppen im Kessel zu versorgen und sie für die schweren Durchbruchkämpfe zu wappnen. Weil der Ausbruch mit der Entsatzaktion verbunden sein soll, sehen die Verantwortlichen in der Luftversorgung ein sinnvolles Unternehmen. Die Eingeschlossenen fordern pro Tag siebzig Tonnen Munition, Treibstoff, Panzerersatzteile, Waffen, Verpflegung und Sanitätsma-

116

terial. Für die Sicherung des Landeplatzes Korsun müssen gleich eine leichte Flakbatterie und Bodenpersonal eingeflogen werden.

Das Unternehmen beginnt am 31. Januar 1944, als die Verbände auf den Plätzen Golta, Proskurow und Uman auf den in der Folgezeit alle Transporter verlegt werden, starten. Die Entfernung zu dem Kessel beträgt nur 35 Kilometer, so kann auch mehrmals am Tag geflogen werden. Die Flugzeuge sind trotz immer wechselnder Routen auf Hin- und Rückflug einem permanenten Feuer aller möglichen Infanteriewaffen ausgesetzt. Es gibt zwar wenig Totalverluste, dagegen aber besonders viele Beschußschäden, die lange Reparaturen erfordern.

Über dem Kessel selbst und vor allem über dem Landeplatz Korsun greifen die russischen Jagdflugzeuge immer heftiger an. Um dem mörderischen Flakfeuer zu entgehen, entschließt sich einer der Gruppenkommandeure, auf dem Rückflug die Frontlinie diesmal in größerer Höhe zu passieren und läßt seine Maschinen über Korsun sammeln. Da stoßen plötzlich russische Jäger auf den Verband und schießen im Handumdrehen ein Dutzend Ju 52/3m ab.

Durchschnittlich stehen nur drei Jäger vom Typ Me 109 für den Geleitschutz von 36 Transportmaschinen zur Verfügung. Tieffliegerangriffe auf den Landeplatz Korsun werden besonders durch die gefürchteten, schwer gepanzerten IL 2-Schlachtflugzeuge geflogen. Am 3. März greifen die Mig-Jäger den Flugplatz von Korsun ganze vierzehnmal an. Mit dem aufkommenden Frühling kann Korsun, jetzt ein einziges Morastfeld, bis auf weiteres nicht mehr angeflogen werden. Das Übergehen zum Abwurf aus der Luft macht Schwierigkeiten, da in Uman Lastenfallschirme, Abwurfbehälter und vor allem Verpackungsmaterial fehlen.

Eine weitere Transporteinheit wird am 4. und 5. Februar 1944 von Golta nach Uman beordert und beteiligt sich seitdem an den Nachteinsätzen nach Korsun mit durchschnittlich drei Starts je Maschine. Um in Korsun die Schäden an Flugzeugen reparieren zu können und die im Morast versackten Ju 52/3m wieder flott zu machen, werden Reparatur- und Bergungstrupps mit nötigem Material und Geräten in den Kessel gebracht.

Parallel zu dieser Luftversorgung soll eine Gegenoffensive geführt werden. Manstein versammelt dazu zwei Panzergruppen, das III. und XXXXVII. Panzerkorps. Aber ihr Angriff verzögert sich wegen eines Tauwettereinbruchs und der bis zum äußersten gespannten Lage an den übrigen Frontabschnitten. Als endlich das III. Panzerkorps die Außenseite der russischen Zange durchstößt und sich dem Einschließungsraum bis auf 9 km nähert, erlahmt seine Kraft, und die Junkers müssen auch ihre Versorgung übernehmen.

Munition, Treibstoff und Verpflegung werden von den Flugzeugen in einer sechs bis acht Kilometer breiten Schneise – später nur noch 2 Kilometer – dicht an den Vormarschstraßen abgeworfen. Bald können aber die Ju 52/3m ihre Fracht nicht mehr wie üblich mit Fallschirmen durch die Tür und die Ladeluken abwerfen, da diese abgetrieben werden und beim Feind landen. Um der starken russischen Flak zu entgehen, versuchen die Ju 52 den Nachschub im Tiefflug abzuwerfen, oft nur drei Meter über dem Erdboden. Die Kisten mit gut verstauter Pak-Munition bleiben meist unbeschädigt, Schlamm und Schnee dämpfen den Aufprall. Mit Sprit ist die Sache etwas schwieriger. Er kann in dieser Manier nur in Spezialbehältern von 200 Litern abgeworfen werden. Im Durchschnitt gehen bei zehn Fässern nur zwei kaputt. Für den Nachtabwurf markieren die Panzerbesatzungen die Abwurfstrecke mit Petroleumlampen oder geben mit den Fahrzeugscheinwerfern Blinkzeichen. Einige erprobte Piloten beschließen, da der Boden in der Nacht festfriert, direkt neben den Panzern herunterzugehen. Die Ju 52/3m landen in riskantem Manöver neben der Rückzugstraße und bringen in zwei Tagen über 2000 Verwundete und Kranke nach Uman in Sicherheit.

In 1500 Einsätzen schaffen die Flugzeuge zusammen 2026 Tonnen Nachschub in den Kessel und nehmen 2400 Verwundete mit zurück. Durch schlechtes Wetter, technische Störungen, russische Flak und Jäger gehen zweiunddreißig Ju 52/3m verloren, 113 Maschinen werden beschädigt.

Da mittlerweile auch die Luftversorgung unter empfindlichen Flugzeugverlusten des VIII. Fliegerkorps und widrigen Witterungseinflüssen immer problematischer wird, muß doch der Befehl zum Ausbruch erteilt werden. In der mondlosen Nacht des 17. Februar 1944 beginnen die etwa 50 000 Eingeschlossenen sich durchzukämpfen. Nur 30 000 Soldaten erreichen den Brückenkopf der eigenen Panzer bei Lissjanka am Gniloi Tikitsch, erschöpft, fast ohne Waffen. Sämtliche Fahrzeuge und Geschütze, 266 Panzer, das Gerät aller Divisionen und einen großen Teil der Verwundeten hat man zurücklassen müssen.

Nachdem am 1. November 1943 die russische 4. Ukrainische Front die Perekop-Enge erreicht, wird die deutsche 17. Armee auf der Krim von allen Verbindungen mit dem Festland abgeschnitten. Es existiert zwar der Plan »Michael« für die Evakuierung auf der Landenge nach Norden, doch Hitler lehnt dies strikt ab. Statt dessen gibt er den Befehl, die 17. Armee personell noch zu verstärken und sie gleichzeitig auf dem See- und Luftweg zu versorgen. Transportverbände der Luftflotte 4 sollen aus dem Absprungraum Uman und Odessa eine ständige Luftverbindung mit der Krim aufrechterhalten. Anfangs werden die in Kirowograd und Nikopol schwer bedrängte 6. und 8. Armee lediglich mit Nachschubgütern unterstützt, das Schwergewicht bei der Luftbrücke zur Krim aber liegt auf der personellen Verstärkung der 17. Armee. Auf den Rückflügen nehmen die Transporter Verwundete, Kranke, Urlauber und Spezialpersonal mit.

In den ersten Monaten des Krim-Einsatzes gibt es in der Regel Versorgungsflüge bei Tag, es kommt aber auch vor, daß die letzten Verbände den Rückflug bei Dunkelheit antreten müssen. In diesem Fall löst sich der Verband kurz nach dem Start über der See auf, und die Maschinen erreichen ihre Landeplätze einzeln, um bei der Nachtlandung eine Massierung zu vermeiden. Für die Flugstrecke brauchen die Ju 52/3m je nach Windverhältnissen 2-2 ½ Stunden. Dann, mit wachsender Luftüberlegenheit der Sowjets im Schwarzmeerraum, können die Maschinen nur noch einzeln bei Nacht den Flug wagen.

Besondere Bedeutung kommt der Abwicklung des Rücktransportes zu. In erster Linie sind es Verwundete und Kranke. An Tagen, an denen viele Schwerverletzte transportiert werden, fliegen ein Sanitätsoffizier und ein Truppenarzt mit.

Selbst in der letzten Phase, als die Räumung der Krim nicht mehr aufzuhalten ist, werden stur weitere bewaffnete Truppenverstärkungen herübergeflogen. Auf dem Rückweg bis zur Grenze ihrer Kapazität belastet, muß jede Maschine vor allem Kranke und Verwundete und dann erst kampffähige Soldaten mitnehmen. Die Zustände in den letzten Tagen der Kämpfe auf der Krim sind äußerst tragisch. Neben den

Verwundeten dürfen nur Soldaten ausgeflogen werden, die an anderer Stelle als Kämpfer unentbehrlich sind. Die getroffene Auswahl erschüttert in vielen Fällen das Vertrauen der kämpfenden Truppen in ihre Führung. Nach Meinung der Ju 52/3m-Besatzungen werden die Maschinen lange Zeit nicht genügend ausgenutzt und besonders erregt die Transportflieger, daß in den letzten Kampftagen noch neue Truppen auf die Krim geflogen werden, obwohl die Aufgabe des Gebietes nur eine Frage von Stunden ist. Die Piloten erfinden beim Hinflug zur Krim alle möglichen Ausflüchte, um möglichst wenige, dem Tod geweihte Soldaten mitzunehmen. Andererseits lassen sie keine Gelegenheit aus, um auf dem Rückflug, fast überladen, die Landser zu evakuieren.

Die Einsätze begünstigt der milde Winter. Kaum einmal fällt das Thermometer unter 12 Grad minus. Obwohl die Halbinsel Krim nach der Unterbrechung der Landverbindung einem Kessel gleicht, ist der Lufteinsatz für die eingeschlossenen Truppen keine ausgesprochene Kesselversorgung wie in Demjansk und Stalingrad. Der Umfang des Unternehmens hängt nie von dem täglichen Bedarf der eingekesselten Truppen ab, sondern allein von der Zahl der zur Verfügung stehenden Maschinen. Trotz enormer Verluste an Material und Menschen gelingt es den Transportfliegerverbänden doch noch, eine eingekesselte Armee mit 300 000 Mann zu versorgen. Als der russische Angriff auf die Halbinsel losbricht, muß die Krim Hals über Kopf aufgegeben werden. In diesem Augenblick gelingt es, nur dank dem aufopfernden Einsatz der Ju 52/3m-Besatzungen und der Kriegsmarine, wenigstens einen Teil der deutschen Soldaten zu retten. Als die Räumung am 11. Mai 1944 abgeschlossen ist, bleibt das gesamte, unschätzbare schwere Material einer Armee zurück.

Februar 1943, Ostfront: Eine Ju 52/3m des IV./Transport-Geschwaders 3 über der schneebedeckten Nogaischen Steppe, auf dem Rückflug von der Krim, in der Ferne die Karkinit-Bucht.

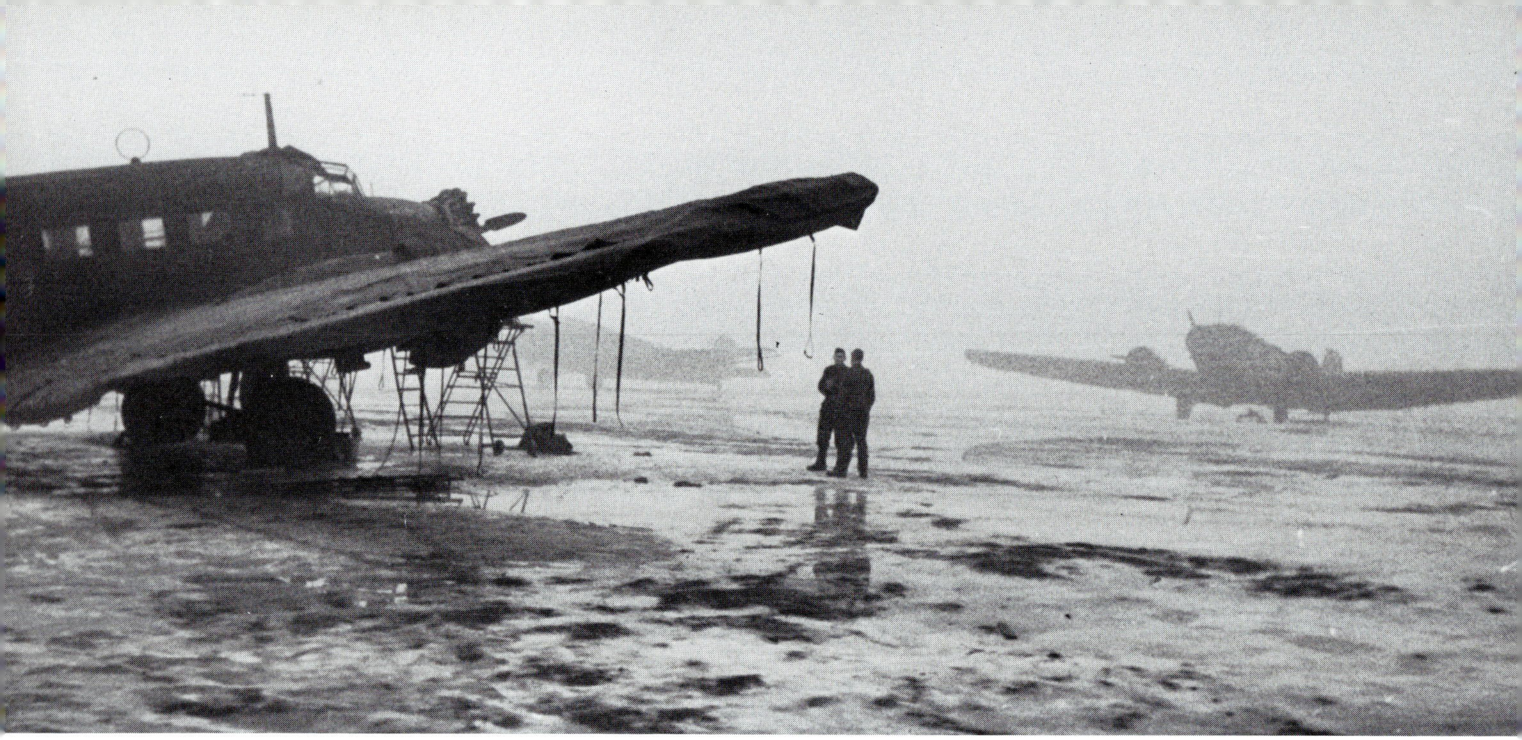

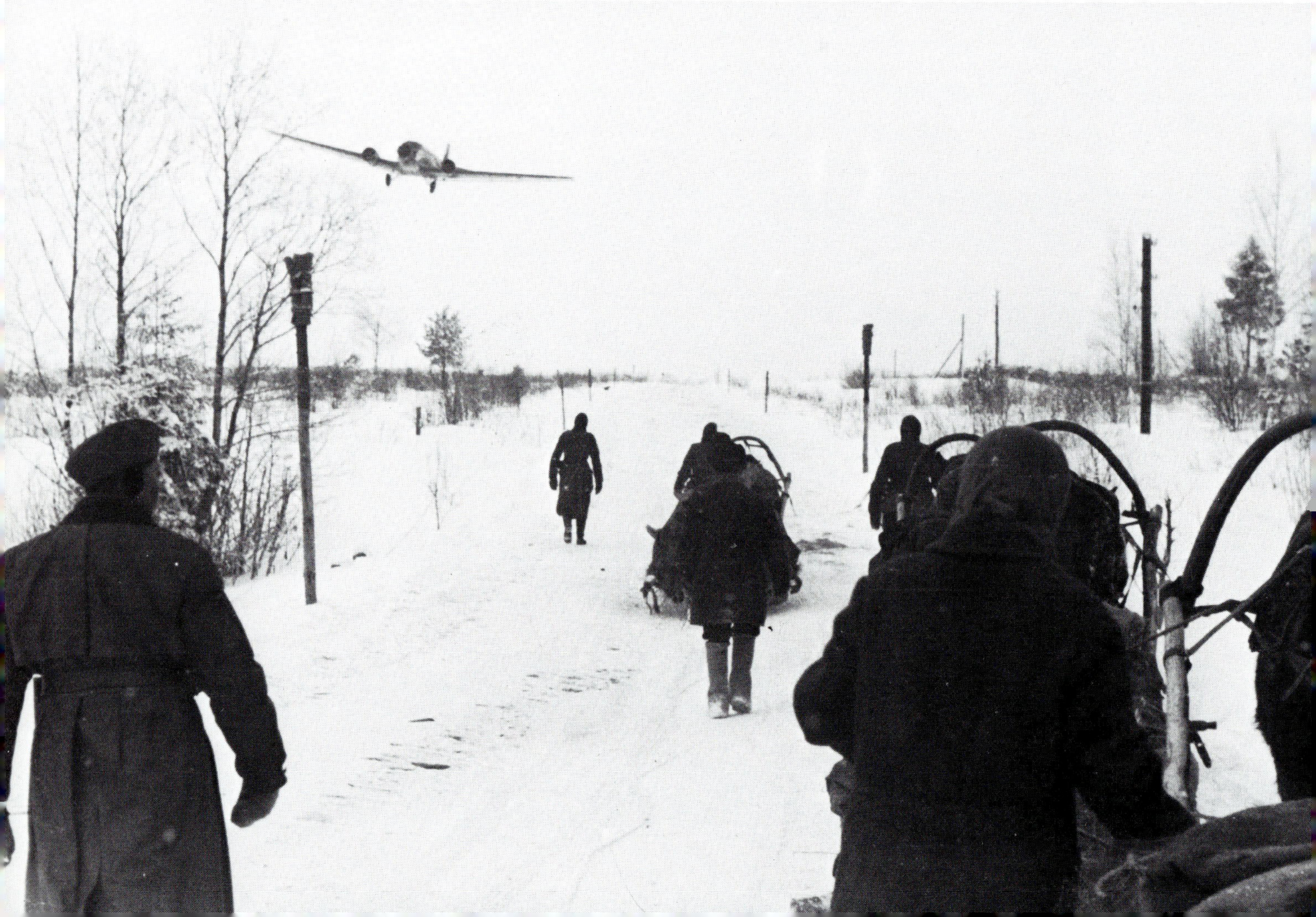

121

Auf der Krim bei Eupatoria, Frühjahr 1943: In der improvisierten Feldwerkstatt am Rande des Flugplatzes wird man mit allen möglichen Reparaturen fertig. Neben dem tragbaren Schmiedeofen ein Teil des Austrittstutzens für die Abgase des mittleren BMW-132-Motors einer Ju 52/3m.

Linke Seite, oben:
Krasnodar, Februar 1943: Das launische Wetter während der Einsätze zur Versorgung der 17. Armee am Kuban-Brückenkopf macht den Besatzungen der Ju 52/3m zu schaffen.

Linke Seite, unten:
Februar 1943: Im Tiefflug von Proskurow nach Korsun mit dem Nachschub für den Kessel.

Wartung des BMW-132-Seiten-Motors einer Ju 52/3m in der Feldwerkstatt, auf dem Flugplatz Eupatoria, die Verkleidung des Triebwerks, die sogenannte NACA-Haube, ist hochgeklappt.

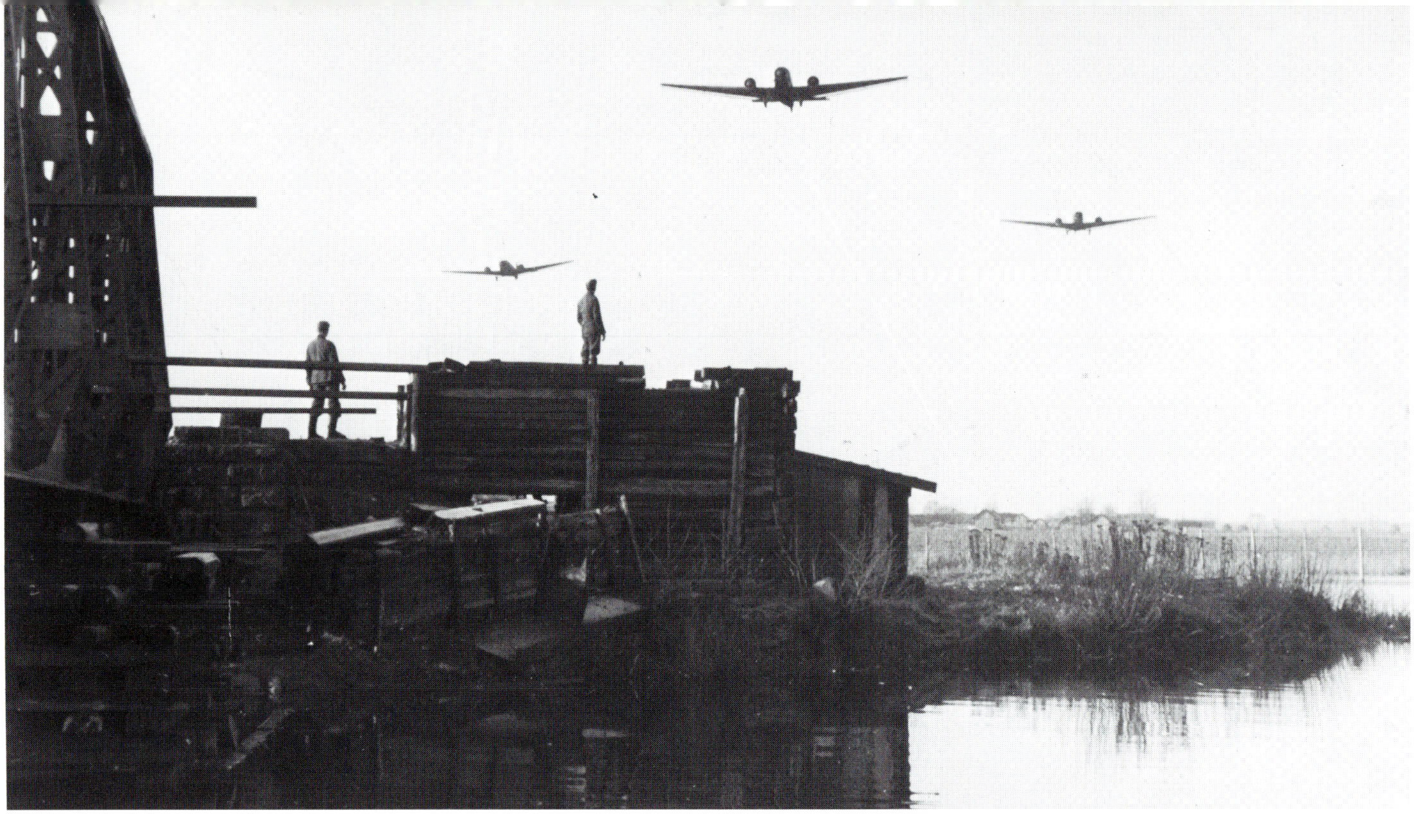

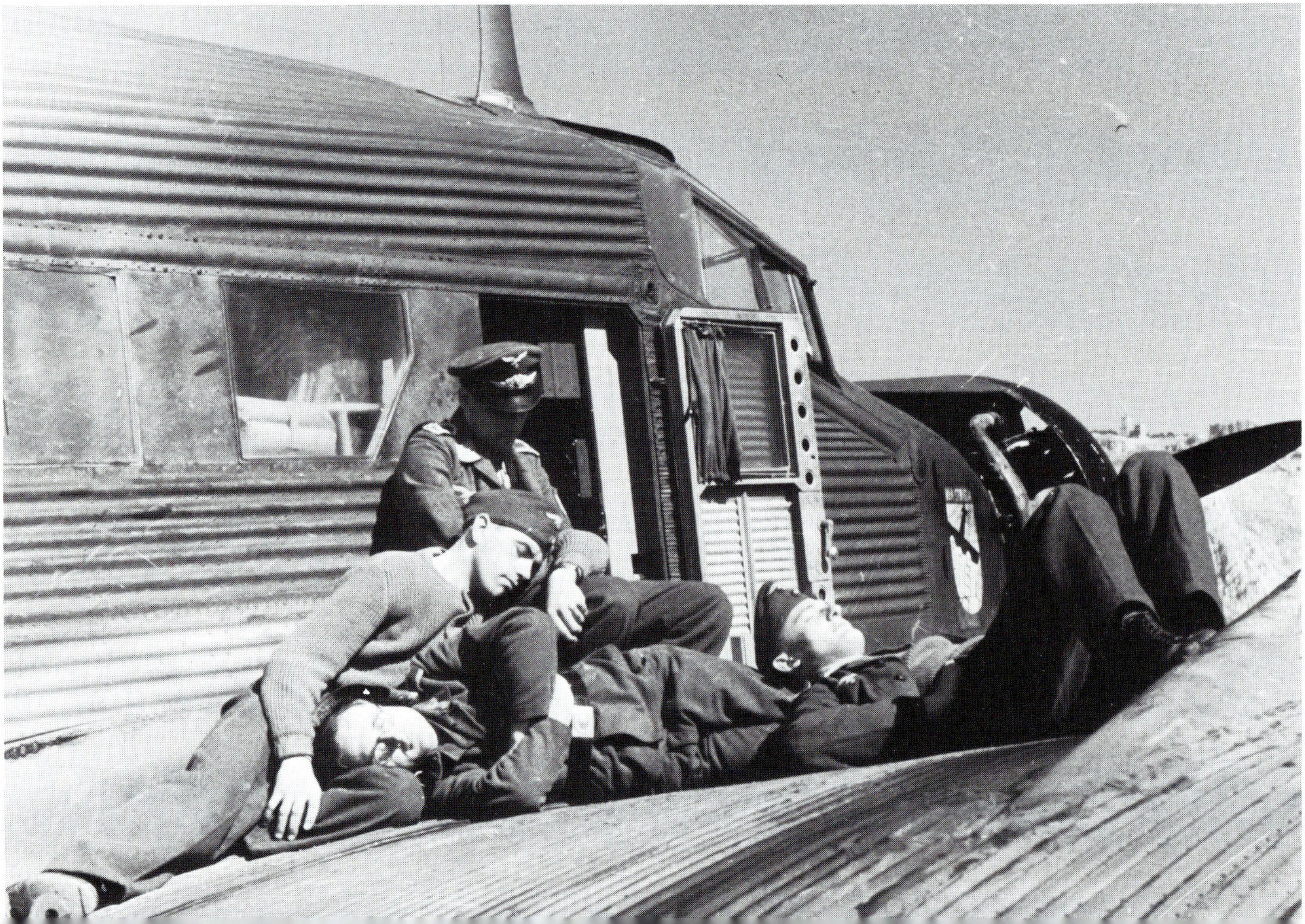

Frühjahr 1943: Zwei Maschinen des KG. z.b.V. 2 auf dem Warschauer Flughafen Bielany.

Linke Seite, oben:
Frühjahr 1943, Ostfront: Beim ersten Sonnenschein kehren die Ju's 52/3m aus Kuban zu ihren Absprungplätzen zurück.

Linke Seite, unten:
Frühjahr 1943, Ostfront: Nach dem nächtlichen Einsatz – in Erwartung eines neuen Starts – ein kleines Nickerchen in der Frühjahrssonne.

Sommer 1943, Rußland: Der Treibstoff für die Kuban-Front.

Frühjahr 1943, Ostfront: Diese Ju-Maschinen, deren Trümmer zu Dutzenden die Feldflugplätze markieren, flogen die winterlichen Versorgungs-Einsätze für die in verschiedenen Kesseln eingeschlossenen Truppen.

Ostfront, Frühjahr 1943: In einer Feldwerft werden die Triebwerke einer Ju 52/3m ausgetauscht. Vorn rechts das Triebwerk-Rohrgerüst für den linken Seiten-Motor mit dem auf einem Ringspant befestigten Abgassammelring.

124

Unter der aufgebockten NACA-Haube inspizieren die Warte den linken Seiten-Motor.

Rußland, 1943: Unermüdlich pendeln die Ju's 52/3m bei jedem Wetter zwischen den Absprungplätzen und der Frontlinie.

August 1943, Ostfront: Ein Schwarm Ju 52/3m-Maschinen im Tiefflug über der Kuban-Niederung mit dem Nachschub für die Truppen.

Linke Seite, oben:
Spätsommer 1943, südlicher Frontabschnitt: Generalmajor Kittel berät in den Tagen der Frontverkürzung an der Dnjepr-Linie mit seinen Offizieren die schwierige Lage.

Mitte: Herbst 1943, Rußland: Auf einen Behelfsflugplatz, dicht hinter der Frontlinie, brachte eine Ju 52/3m Munitions-Nachschub.

Unten:
Herbst 1943, Raum Pinsk: Weit hinter der deutschen Front haben sowjetische Partisanen diese Ju 52/3m (ZX + KY) abgeschossen.

Herbst 1943: Ein typischer Vergaserbrand beim Anlassen des linken Triebwerks einer Ju 52/3m.

127

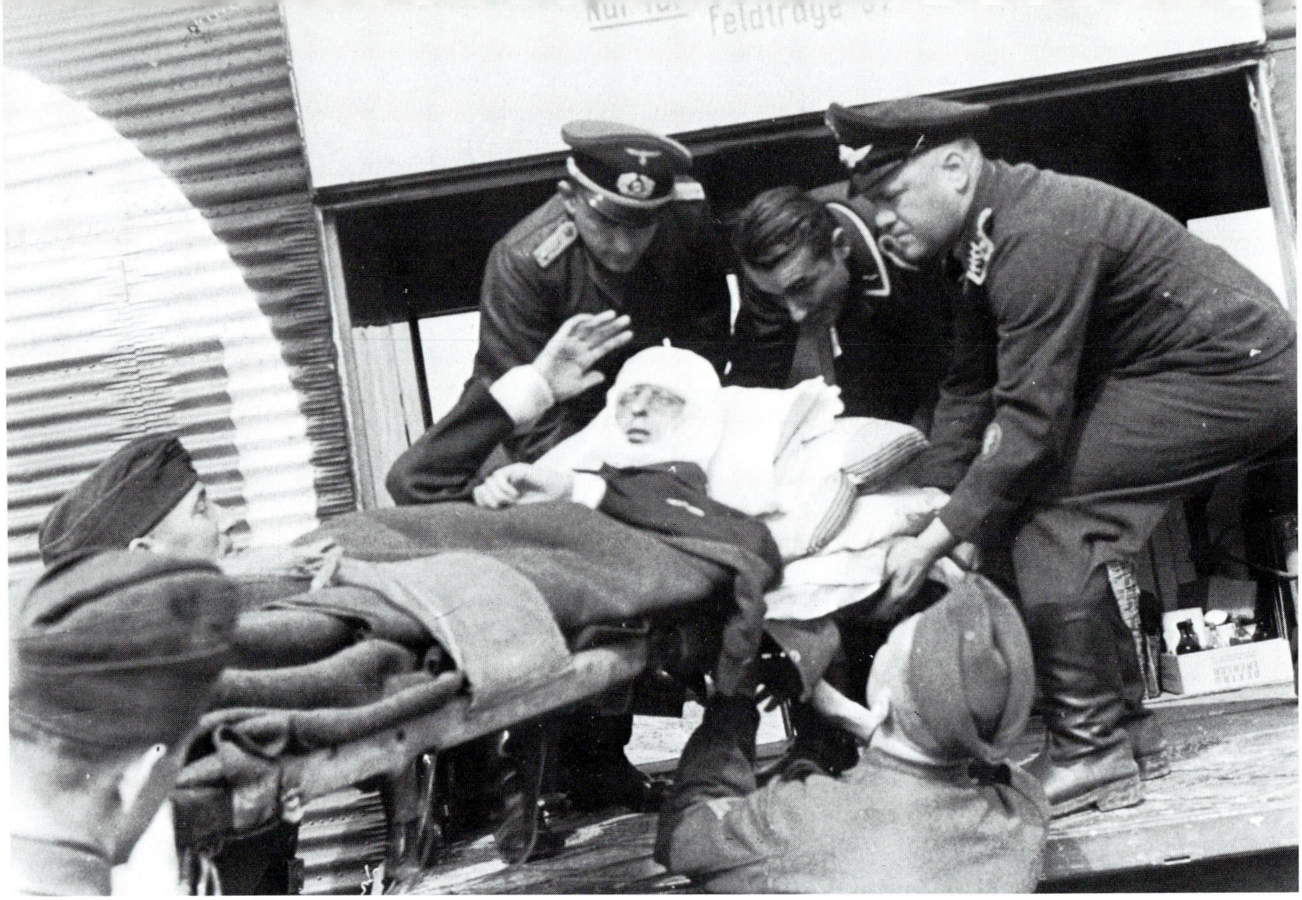

Herbst 1943: Eine Sani-Ju 52/3m-Maschine. Die Ladeluken mancher Baumuster waren viel zu niedrig und recht unpraktisch.

Rußland, Herbst 1943: Auf einem Absprungflugplatz im mittleren Frontabschnitt. Ein verwundeter Landser wird weitergeleitet.

März 1944, Ostfront: Nachschub für den wandernden Kessel von Tscher- ▲
kassy. Auf dem Landeplatz bei Proskurow ist soeben eine Ju 52/3m mit
Treibstoff-Behältern gelandet.

Herbst 1943, Ostfront: Ein italienischer Soldat mit der Ju 52/3m auf dem
Wege ins KG-Lager.

Mitte Februar 1944: Der Treibstoff-Nachschub für den Tscherkassy-Kes-
sel. Nachts, als der Boden hart friert, bringen die Ju's den Sprit für die
Panzertruppen und holen die Verwundeten nach Uman zurück, in zwei
Nächten über 2000 Mann.

Krakau, Januar 1944: Auch sie fliegen mit einer Ju 52/3m.

Februar 1944: Von dem Absprungflughafen Golta startet eine Ju 52/3m zur Versorgung des wandernden Kessels von Tscherkassy.

Februar 1944, Uman: Eine der Ju 52/3m-Besatzungen, die an der Versorgung des wandernden Tscherkassy-Kessels beteiligt sind.

Anfang Mai 1944, Ostfront: Noch bis kurz vor der überstürzten Räumung der Krim wurden immer neue Kampfverbände auf die Halbinsel gebracht, um dort geopfert zu werden.

132

März 1944, Ostfront: Im Tiefflug in Richtung Krim. Zu dieser Zeit wagt man es noch, die Halbinsel tagsüber mit dem Nachschub anzufliegen.

Linke Seite, oben:
Korsun, März 1944: Der aufkommende Frühling hat den Flugplatz in ein Morastfeld verwandelt. Trotzdem starten ununterbrochen die Ju's ihre Einsätze zur Versorgung des Kessels von Tscherkassy.

Linke Seite, unten:
Korsun, März 1944: Um in Korsun die Schäden an den Flugzeugen selbst reparieren zu können, werden Reparatur-Trupps in den Kessel eingeflogen.

8

Außer dieser Vielfalt an militärischen Einsätzen leistet die Ju 52/3m – beinahe bis zum Kriegsende – ihre Dienste dort, wofür sie überhaupt geschaffen ist: bei der Lufthansa. Zwar wird die binnendeutsche Fluglinie recht stiefmütterlich behandelt und die Hauspostille ›Der Lufthanseat‹ erklärt schon in den Heften 5/6 von 1941: »Flugverbindungen innerhalb des Reiches können und sollen gegenwärtig nur insoweit betrieben werden, als sie sich zwangsläufig aus der Linienführung des zwischenstaatlichen Flugdienstes ergeben«, aber desto regerer Verkehr herrscht fast den ganzen Krieg über auf »der wichtigsten Schnellverbindung zwischen dem Großdeutschen Reich, seinem Waffengefährten Italien und den nicht unmittelbar vom Kriegsablauf betroffenen Ländern unseres Erdteils.«

So sind laut dem Sommer-Flugplan vom 8. Juni 1941 etwa 70 Prozent der gesamten Flugleistung der Lufthansa jenseits der Reichsgrenzen zu verzeichnen. In zwölf europäischen Ländern werden vierundzwanzig Städte regulär angeflogen, teilweise durch ausländische Gesellschaften, wie z. B. die Linie 3: Berlin – Danzig – Königsberg – Bialystok – Minsk – Moskau mit der sowjetischen UMWL, ebenso wie die ›Luftachse‹, die Strecke 9: Berlin – München – Venedig – Rom, an der die ALA LITTORIA beteiligt ist. Die Route 117/1370

Berlin – Prag – Wien – Budapest – Bukarest fliegen neben der Lufthansa die rumänische LARES und die ungarische MALERT. Die Strecke K 22, mit rund 2700 Kilometern die längste von allen, führt von Berlin, Stuttgart über den »unbesetzten« Teil Frankreichs, mit Zwischenlandung ›aus betriebstechnischen Gründen‹ in Lyon und Marseille, bis nach Barcelona – Madrid – Lissabon. Von hier aus übernehmen die US-Clipper-Groß-Flugboote die Verbindungen mit Nord- und Südamerika. Die Strecke 4 über Drontheim – Kirkenes reicht sogar bis weit hinter den Polarkreis, und die Strecke 17, »nachdem die deutsche Wehrmacht in einem Siegeszug ohnegleichen die von den Gegnern entzündete Kriegsfackel in Serbien und Griechenland gelöscht hat« (›Der Lufthanseat‹), führt über Sofia – Saloniki – Athen bis Istanbul.

Die Tages-Leistung der Lufthansa-Maschinen liegt 1941 bei etwa 30 000 Kilometern, also fast 7 Millionen Flug-Kilometern im Jahr.

Mit dem Voranschreiten der alliierten Truppen wird der Luftverkehr zu einem recht unangenehmen Job. So z. B. schießen feindliche Jagd-Flugzeuge am 17. April 1944 auf der Strecke E 17: Wien – Athen das Ju 52-Flugzeug D-AOCA »Harry Rother« bei Belgrad in Brand. Von den vier Fluggästen verunglücken drei tödlich, der vierte stirbt zwei Tage später. Die

Besatzungsmitglieder erleiden zum Teil schwere Verletzungen, denen Flugkapitän Vogel am 23. April 1944 erliegt. Ebenfalls stürzt auf der Strecke E 17 Athen – Wien am 2. September 1944 das Flugzeug Ju 52 D-AUAW »Gerhard Amann«, etwa 28 km südöstlich des Flughafens Semlin/Belgrad von feindlichen Jagdflugzeugen angeschossen ab. Die Besatzung und die an Bord befindlichen Fluggäste kommen dabei ums Leben. Die Ladung der Maschine wird vernichtet. Der Pilot einer anderen Lufthansa-Maschine, der die Ju 52 D-AVAU »General von Höpfner« in gleicher Richtung fliegende *I. Flugzeugführer Merzenich* ist Augenzeuge dieses Ereignisses: »Bei dem Ort Ivanca, südöstlich des Avalaberges beobachtete ich, daß die ungefähr 8 km backbord vorausfliegende Ju 52 D-AUAW an der Steuerbord-Rumpfseite stichflammenartig brannte. Eine Rauchentwicklung war dabei nicht zu erkennen. Das Flugzeug flog in 400 Meter über Grund, ohne Kursänderung oder Abwehrbewegungen vorzunehmen. Unmittelbar darauf sah ich, wie drei feindliche Jagdflugzeuge die D-AUAW angriffen, weitere Stichflammen aus der Maschine schlugen und sich brennende Teile lösten. Ich nahm wegen der bestehenden Gefahr sofort Kurswechsel vor und ging zum Tiefstflug über, so konnte ich den Absturz des Flugzeuges D-AUAW nicht mehr sehen.«

Eine Anzahl Maschinen Ju 52/3m hilft wiederum das Nachwuchsproblem lösen. Bei den Flugschulen verwandelt sich die Ju 52/3m in einen »fliegenden Hörsaal«, mit einer ganzen Reihe Adepten an Bord, bei der theoretisch-praktischen Funk- und Navigations-Ausbildung oder in der Unterweisung des schwierigen Nacht- und Blindfluges.

Ein anderer Arbeitsbereich der Ju 52/3m: Die Flugerprobung neuer Triebwerke. Die Bayrischen Motorenwerke machen öfter Gebrauch davon. Dabei wird meistens der mittlere, reguläre BMW-132-Motor gegen das zu testende Triebwerk ausgewechselt. Auch den berühmten BMW-801-Doppelsternmotor für die Jäger Focke-Wulf FW 190 und das Sturzkampfflugzeug Dornier Do 217 erprobt man auf diese Weise. Der Innenraum der Ju wird bei solchen Einsätzen zum ›fliegenden Prüfstand‹, in dem die Ingenieure in ständig wechselnden Höhen und bei unterschiedlichen Flugbedingungen ermittelte Werte eingehend überwachen.

Ihre Zuverlässigkeit verdanken die Ju 52/3m nicht zuletzt den robusten BMW-Motoren, deren Vorteil erst recht bei den Kriegseinsätzen zutage tritt. Sie arbeiten selbst da noch ungestört weiter, wo andere Motoren bereits völlig versagt hätten. So stellt man eines Tages z. B. bei der routinemäßigen Überprüfung nach der Landung fest, daß der BMW-132-Motor einer Ju 52/3m einen Schuß in die Laufbuchse zwischen der untersten Rippe und dem Flansch von Zylinder 5 bekam. Der Schuß durchschlug die Laufbuchse und den Kolben auf der Höhe der Öltasche. Das Geschoß, das ein 20 bis 30 mm starkes Loch in Zylinder und Kolben hinterließ, wird nach der Montage des Zylinders im Kurbelgehäuse gefunden. Der Motor ist mit diesem Treffer ohne irgendeinen Leistungsabfall noch 3 ½ Stunden bis zur Landung einwandfrei gelaufen.

Eine andere Ju 52/3m wiederum erhält in den Motor am Gehäuse-Vorderteil einen Einschuß. Bei der Zerlegung des Motors zeigen sich an der Nockenscheibe Druck- und Schlagstellen. Das Geschoß kann aber nicht gefunden werden, man nimmt an, daß es während des Fluges von den umlaufenden Teilen aus dem Gehäuse herausgeschleudert wurde. Der Motor ist nach dem Einschuß ungestört weitergelaufen.

Auch was der I. Flugzeugführer, *Feldwebel Kurt Langenbach*, auf einem Flug nach Königsberg erlebte, beweist die enorme Toleranz der ›alten Tante Ju‹:

»Endlich kam auch Ludwig, unser Bordfunker, angekeucht, die Mappe mit dem geheimen Funkschlüssel unter dem Arm, ich trat auf den Gashebel und in wenigen Minuten hatten wir das Rollfeld erreicht. Unsere Ju 52 stand mit dröhnenden Motoren vor der Flugleitung. Ich gab Emil, dem Bordmechaniker, durch Kreuzen der Arme das Zeichen zum Abstellen. Er kam über die linke Tragfläche heruntergeklettert.«

»Die Motoren sind abgebremst, Drehzahl in Ordnung. Brennstoff und Öl sind aufgetankt und Preßluft ist aufgefüllt.«

Der Omnibus vom Armeestab war noch nicht eingetroffen, wir waren also noch zurecht gekommen. »Ich hole mir noch die Wetterberatung, ich bin gleich wieder da!«

Wir hatten Auftrag, mit zehn Offizieren des Stabes nach Königsberg zu fliegen. Das Wiegen der Gepäckstücke – um das Ladegewicht bei vier Mann Besatzung und zehn Fluggästen nicht zu überschreiten – wurde schon beim Stab besorgt. Wir konnten uns darauf verlassen, die Herren waren sehr auf Flugsicherheit bedacht.

Vor der Flugleitung überfielen mich mindestens zwanzig Urlauber, die noch in der Ju unterkommen und dadurch die Heimreise beträchtlich abkürzen wollten. Alle sprachen zugleich auf mich ein:

»Meine Frau liegt im Krankenhaus, ich möchte so gern zur Geburt unseres ersten Kindes bei ihr sein!«

»Ich habe kein Gepäck, nur eine Aktentasche!«

»Von mir bekommst du eine Flasche echten Kognak!«

»Meine Familie ist ausgebombt, Herr Feldwebel! Ich muß eilig heim, um das Notdürftigste aus den Trümmern zu retten!«

Es war immer sehr schwer, eine gerechte Entscheidung zu treffen, wenn wirklich Plätze frei waren. Alle wollten heim, jeder hatte wichtige Gründe, und wir hatten durchaus Verständnis für ihre Lage. Diesmal war es unmöglich, wir waren voll ausgelastet. Daß immer Enttäuschte zurückbleiben mußten, daran war die Flugleitung schuld, weil sie hinter unserem Rücken unwahre Gerüchte verbreitete.

»Alles herhören! Diesmal ist kein Platz frei, es geht wirklich nicht!« Wieder sprach alles zugleich auf mich ein. Heinz, der zweite Flugzeugführer, kam mir zur Hilfe, als mir eben ein Oberleutnant entrüstet Vorhaltungen machte:

»Ihr Flieger braucht uns so oft, ist das der Dank dafür? Auf drei Fluggäste mehr oder weniger kommt es doch bei der dicken Ju nicht an!« Ich drängte mich mühsam zur Flugleitung durch, um die fertigen Flugpapiere in Empfang zu nehmen. Dabei hörte ich noch, wie Heinz den resoluten Oberleutnant an den Chef des Stabes verwies, der eben mit dem Wagen der Armee eintraf. Den Leuten der Flugleitung flüsterte ich meine Meinung über ihre Unvernunft, aber das ließ sie offensichtlich kalt.

Als ich die Baracke verließ, verstaute die Besatzung gerade das Gepäck. Es war meine Pflicht, die richtige Gewichtsverteilung zu überwachen, und ich konnte mich um die Urlauber nicht mehr kümmern. Anschließend meldete ich dem Chef des Stabes die startklare Maschine, und wir nahmen unsere Plätze ein. Der Funker schloß hinter den Fluggästen die Kabinentür, sein Funkgerät befindet sich im Passagierraum. Keiner der Urlauber, auch nicht der resolute Oberleutnant, hatte den Chef des Stabes, einen Oberst, um Erlaubnis zum Mitfliegen anzugehen gewagt. Er hätte auch sicher abgelehnt, denn selbst im Fahrgastraum war der Mittelgang noch mit Gepäck vollgestellt. Wir ließen die Motoren anlaufen, und unser Emil warf aus der oberen Einstiegluke noch einen Blick über die Maschine, ob alles frei und die Einstiegleiter entfernt wäre. Plötzlich brüllte und tobte er los, aber wir verstanden im Motorenlärm kein Wort. Ich zog ihn am Ärmel herein.

»Was ist denn los?«

Er war außer sich: »Die sind total verrückt! Der ganze Haufen steht am Leitwerk und die Kerle von der Flugleitung dabei! Unglaublich! Durch die Bodenluke klettern welche in den hinteren Rumpf!«

Wir sahen uns betreten an und dachten alle dasselbe: Die alte Ju hat in Notfällen schon vierzig Personen geschleppt, aber wir wollten nicht die Probe aufs Exempel machen. Hinten beladen, wurde sie sofort schwanzlastig und verlor Flug- und Steuerfähigkeit. Sie war eben doch kein Lastauto! Das konnten die Soldaten vom Heer nicht wissen, aber das Flugleitungspersonal durfte es nicht zulassen! Es bedeutete höchste Gefahr! Aber die Kerle hatten sich mit Kognak und Zigaretten bestechen lassen. Wir überlegten zu lange, die Fluggäste wurden unruhig, und der Oberst wollte wissen, warum wir nicht starten. Mit dem schlechtesten Gewissen ordnete ich an:

»Vollgas! Wir starten! Sonst klettern immer mehr hinein! Wenn wir bis zur halben Strecke des eineinhalb Kilometer langen Platzes nicht hochkommen, sofort Gas raus! Dann gibt es eben einen gehörigen Skandal!«

Die Motoren heulten auf. Ich stellte die Trimmung vorsorglich bis zum Anschlag auf »kopflastig«. In den kurzen, folgenden Sekunden gingen mir tausend Gedanken durch den Kopf: Eine nochmalige Überprüfung der Maschine hätte den Stabschef aufmerksam gemacht und den Urlaubern statt des Heimfluges ein furchtbares Donnerwetter eingebracht; ganz zu schweigen von den Strafen für die Idioten der Flugleitung! Ich stellte mir vor, wie sie hinten auf dem schmalen Steg zwischen den Steuerseilen saßen. Was konnte da alles passieren! Vor Anstrengung durch das Vordrücken der beiden Steuersäulen und vor Aufregung begann ich zu schwitzen. Eben wollte ich aufgeben und die Gashebel zurückreißen, da – langsam hob sich die Maschine ab und stieg, ohne die horizontale Startlage erreicht zu haben.

Da hing sie nun. Aber wie. Sie war mit vollem Steuerausschlag nicht in waagrechte Lage zu bringen. Nur träge reagierte die »alte Tante« auf Quer- und Seitenruder. Also mußte ich den Gedanken an Umkehr verwerfen, jede Kurve war ein Wagnis. Langsam stieg die Maschine auf dreihundert Meter, höher war sie nicht zu bringen. Die Motoren hoch und das Leitwerk nach unten hing sie in der Luft, »wie eine reife Pflaume, die jeden Augenblick herunterfallen mußte«. Rechts neben mir stemmte Heinz wie ich beide Arme gegen das Steuer, der Schweiß stand auch ihm auf der Stirn. So konnten wir unmöglich vier Stunden bis Königsberg durchhalten! Der Mechaniker zwischen uns zeigte stumm auf den Fahrtmesser: statt zweihundertdreißig zeigte er nur hundertsiebzig Stundenkilometer. Dabei liefen die Motoren fast auf Vollgas. Da würde der Flug fünf Stunden dauern, und beim geringsten Gegenwind konnte zuletzt noch der Sprit knapp werden.

Zum Glück war das Gelände auf der ganzen Strecke topfeben, so daß wir mit dreihundert Meter Höhe auskommen konnten. Die Wolkendecke war hoch genug, das Wetter günstig und fast kein Wind; wir konnten also hoffen, den lahmen Vogel heil ans Ziel zu bringen. Aber unsere schnell dahinschwindenden Kräfte brachten ein neues Problem: Wir konnten das Höhensteuer nicht so lang bedienen. Unser braver Emil unterstützte uns, unsere Not erkennend, indem er beide Füße kräftig gegen die Steuersäulen stemmte. Es war eine augenblickliche Erleichterung, aber keine Dauerlösung. Also weihten wir Ludwig, den Funker, ein und lösten uns viertelstündlich auf den Führersitzen ab. Alles geschah natürlich ganz heimlich, um die Fluggäste nicht zu ängstigen. Nach vier Stunden keuchten wir wie die Holzarbeiter und hatten keinen trockenen Faden mehr am Leib.

Wir atmeten auf, als rechts von uns die Kurische Nehrung auftauchte: das Ziel war nahe! Der Funker holte – Begründung: Motorschaden – Erlaubnis zu sofortiger Landung ohne Platzrunde ein. Der Platz war frei, und wir schwebten flach, mit viel Gas, ein. Im letzten Augenblick Gas 'raus, das Spornrad ächzte und – Bumms! waren wir unten. Ziemlich unsanft zwar, aber ohne Schaden. Den ahnungslosen Fluggästen erklärten wir die lange Flugzeit mit starkem Gegenwind.

Bewußt abseits von der Flugleitung stellten wir die Maschine ab und streckten unsere lahmen Glieder. Als die Stabsoffiziere samt Gepäck außer Hörweite waren und kein unerwünschter Zuschauer mehr in der Nähe, sagte ich laut zu meiner Besatzung:

»Wir sind fertig! Hauen wir ab!«

Das sollte unsere blinden Passagiere in Sicherheit wiegen. Wir versteckten uns eilig hinter einem Tankwagen. Schon kam ein neugieriger Kopf aus der Bodenluke zum Vorschein und hielt Ausschau, ob die Luft rein sei. Und dann quoll es heraus: fünf, sieben, zehn – ja nimmt das noch kein Ende? – fünfzehn, achtzehn – unsere Gesichter wurden immer länger – da: der Neunzehnte, der Zwanzigste! Man sollte es nicht glauben: einundzwanzig blinde Passagiere! Sie waren alle mitgekommen, auch der resolute Oberleutnant!«

Erst im vierten Kriegsjahr, Mitte Mai 1943, werden endlich alle Transportfliegerverbände zusammengefaßt. Die Kampf-Gruppen zur besonderen Verwendung werden jetzt in Transportfliegergeschwader (T. G.) umbenannt. Jedes Geschwader zählt vier Gruppen, die wiederum – wie zuvor – auf die Bedürfnisse eines Fallschirmjägerbataillons zugeschnitten: vier Staffeln mit je zwölf Ju 52/3m-Maschinen, dazu der Stabsschwarm mit fünf Ju 52/3m, insgesamt also 53 Flugzeuge. Die Transportfliegerverbände sind nun nicht mehr dem Lufttransportführer beim General-Quartiermeister des Oberkommandos der Luftwaffe unterstellt, sondern dem neugeschaffenen XIV. Flieger-Korps.

Doch schon ein halbes Jahr später, Ende 1943, zeichnet sich die Auflösung von Transportfliegerverbänden ab. Die Schuld daran tragen die Treibstoffnot, der Personal-Mangel und die unzulängliche Ausstattung mit neuen Maschinen. Schließlich wird am 1. Oktober 1944 das XIV. Flieger-Korps mit allen Geschwadern aufgelöst. Seitdem unterstehen die Transportflieger einzelnen Kommandostellen wie Luftflotten oder Flieger-Korps.

Am 15. Januar 1945 bekommen die zu dieser Zeit stark angeschlagenen Transporteinheiten einen neuen Chef: Der kommandierende General der Lufttransportkräfte wird durch den

»Lufttransportchef« der Wehrmacht im Stab des Oberkommandos der Luftwaffe ersetzt. Diese neu geschaffene Funktion übernimmt Generalmajor Fritz Morzik. Damit liegt das gesamte Lufttransportwesen zum ersten Mal seit Kriegsbeginn in einer Hand. Doch diese Regelung kommt viel zu spät, er kann nicht viel gegen die Übermacht des Feindes und die eigene Bürokratie ausrichten.

Nach Aufgabe der deutschen Front entlang des Dnjepr und westlich Kiew ziehen sich die dort eingesetzten Armeen der Heeresgruppe Süd zwischen Januar und März 1944 in neue Abwehrstellungen östlich des Bug zurück. Am 4. März beginnt eine neue schwere russische Offensive der 1. und 2. Ukrainischen Front im Gesamt-Bereich der Heeresgruppe Süd. Die Angriffe richten sich gegen die 1. und 8. Panzerarmee im Raum Winniza und Uman. Nordwestlich Winniza erzielen die Sowjets schnell erhebliche Geländegewinne.

Der feindliche Vormarsch ist rascher als der Rückzug der 1. Panzerarmee. Die Russen erreichen noch vor den Deutschen die Ufer des Dnjestr. Am 23. März 1944 geben sich die 1. und 4. sowjetische Panzerarmee im Rücken der Deutschen südlich von Kamenez-Podolsk die Hände. Zehn Divisionen sind damit eingekreist. Ihr Oberbefehlshaber, General Hube, der das unwahrscheinliche Glück hatte, dem Kessel von Stalingrad entkommen zu sein, sitzt wieder in der Falle. Das Trauerspiel beginnt von neuem, und die Ju 52 sollen die Versorgung sichern.

Hube will direkt nach Süden durchbrechen, ungeachtet der Schwierigkeiten, die eine Überschreitung des Dnjestr mit sich bringen muß, doch Hitler untersagt ihm, seine vorgeschobenen Stellungen aufzugeben. Die 1. Panzerarmee soll den Durchbruch nicht nach Süden, wie Hube ursprünglich vorgeschlagen hat, sondern nach Westen erkämpfen, um sich mit der 4. Panzerarmee zu vereinigen und einen Vorstoß der Russen nach Ungarn verhindern.

Noch ist der russische Ring nur schwach, und die Lufttransporte werden kaum durch die gegnerische Abwehr behindert. Der vorhandene Nachschub reicht aber bei weitem nicht aus, um die 300 000 Mann kampffähig zu erhalten. Wieder bleibt nur die Versorgung aus der Luft, diesmal für einen »wandernden Kessel«. Der Auftrag geht an die Luftflotte 4, die von Landeplätzen im Raum Lemberg operiert. Eine bestimmte Tonnenzahl an Nachschubgütern wird nicht festgelegt. Es soll lediglich Munition, Treibstoff und Sanitätsmaterial eingeflogen werden, Panzerersatzteile nur in Ausnahmefällen und laut Befehl keine Verpflegung. Die Armee muß sich aus dem Land ernähren. Im Absprungraum bestehen zwar kaum Probleme und Schwierigkeiten, aber das Auffinden der Landeplätze für einen wandernden Kessel ist nicht einfach.

Mit einigen Ju 52/3m-Verbänden beginnt am 26. März 1944 die ersten Einsätze im Raum Winniza. Dem Transportfliegerführer stehen rund einhundertfünfzig Ju 52/3m und einhundert He 111-Bomber zur Verfügung. Die Ju's sind nur beschränkt einsatzfähig, da im Kessel ausschließlich mit gezielten Abwürfen von Versorgungsbomben operiert werden muß, die Maschinen aber keine entsprechende Vorrichtung dafür haben. Der Hauptabsprungplatz Krosno ist eine gut organisierte Außenstelle des Lemberger Luftparks und besitzt sogar eine Feldwerft für größere Reparaturen. Flugleitungen, Wetterdienststellen, Funkstellen, Peiler und Flugsicherung arbeiten bei diesem Unternehmen reibungslos. Dazu eignen sich die Flugplätze Lemberg und Krosno auch für Nacht- und Schlechtwetterlandungen. In Lemberg liegen zur Zeit zahlreiche Kampf-, Schlacht- und Jagdverbände der Luftwaffe. Während der Tau- und Schlammperiode müssen die Maschinen auf diesem Platz entlang der Startbahn abgestellt werden. Das führt zu erheblichen Massierungen, und beim Betanken der Transporter entstehen weitere Engpässe, da nicht genügend Zapfstellen vorhanden sind. Wieder greifen die Piloten der Ju 52/3m zu den Handpumpen und betanken ihre Maschinen selbst. Der ganze Erfolg dieses abenteuerlichen Unternehmens, der Versorgung eines »wandernden Kessels«, ist von einer reibungslosen Zusammenarbeit zwischen den fligenden Verbänden und den Versorgungsstellen des Heeres abhängig. Jedoch taucht ein neues Problem auf: Die Fracht muß so aufbereitet werden, daß sie sowohl abgeworfen wie auch gelandet werden kann, falls sich die Verhältnisse im Kessel ändern. Nur zu Beginn verfügt der »wandernde Kessel« über einen Landeplatz bei Proskurow.

Mit dem Verlust dieses Flugplatzes und einer Landemöglichkeit bei Kamenez-Podolsk wird die Versorgung nur mit Abwürfen durchgeführt. Da zu keiner Zeit fest steht, ob die Maschinen wieder mal landen können oder nicht, leitet die Armee auch gar nicht erst eine größere Organisation für den Abtransport von Verwundeten ein.

Die Zielplätze für den Abwurf wechseln beinahe stündlich, von einem Einsatz zum anderen. Außerdem greift die Rote Armee zu zahlreichen Täuschungsmanövern: Die Russen schalten sich auf die Frequenz der deutschen Funkpeiler ein und leiten die anfliegenden Maschinen fehl. Für die Markierung der Abwurfplätze legen die Truppen im Kessel Feuersignale an, die für jeden Tag festgelegt werden. Die Sowjets kommen schnell dahinter und bringen durch Störmanöver die Besatzung durcheinander. Vor dem Anflug der Versorgungsmaschinen wird ein verabredetes Leuchtsignal geschossen, doch dies bewährt sich nicht sonderlich, da auch die Russen in der Dunkelheit mit gleichen Signalen ihr Glück versuchen. Um allen möglichen Gefahren aus dem Wege zu gehen, müssen die Einflugschneisen nicht nur von Nacht zu Nacht, sondern sogar von Einsatz zu Einsatz geändert werden.

Mühsam bewegt sich der wandernde Kessel der 1. Panzerarmee am Dnjestr entlang nach Westen. Verspäteter Schnee verwandelt die Ebene in eine endlose Schlammfläche. Russische Flugzeuge werfen Flugblätter ab: »Ihr seid völlig eingeschlossen. Weiterer Widerstand ist sinnlos. Ich gebe euch für die Kapitulation eine Frist bis zum 2. April. Nach diesem Zeitpunkt wird jeder dritte Gefangene erschossen. Schukow, Marschall der Sowjetunion.« In Wirklichkeit aber ist der Einschließungsring ziemlich schwach, und die beteiligten russischen Kräfte werden ihrerseits im Rücken vom II. SS-Panzerkorps angegriffen, das die 1. Armee entsetzt.

Am 6. April 1944 gelingt bei Buczacz an der Styr die Vereinigung. General Hube wird nach Berchtesgaden beordert, um dort Eichenlaub mit Schwertern und Brillanten zum Ritterkreuz entgegenzunehmen. Als er zu seiner Armee zurückfliegt, findet er beim Absturz des Flugzeuges den Tod.

Die Ju 52/3m und Kampfflugzeuge He 111 unternahmen etwa 8000 Einsätze in den »wandernden Kessel« und schafften 3500 bis 4000 Tonnen Nachschub, was einer Tageskapazität von ungefähr 200 bis 250 Tonnen entspricht. Die Verluste sind dabei ziemlich gering. Am

10. April 1944 erreicht endlich die 1. Armee im Raum südlich von Lemberg den Anschluß an die deutsche Haupt-Frontlinie.

In der zweiten Hälfte des August 1944 spitzen sich in Rumänien die Ereignisse zu. Am 22. August erobern die sowjetischen Verbände Jassy, einen Tag später wird Marschall Antonescu gestürzt, und am nächsten Morgen greift die Luftwaffe auf Befehl Hitlers Bukarest an. Der Versuch der schwachen deutschen Kräfte, die Hauptstadt einzunehmen, scheitert. Unterdessen sind alle deutschen Dienststellen in Bukarest von rumänischen Truppen umstellt. Am Tage darauf, am 25. August 1944, erklärt Rumänien dem III. Reich den Krieg. In dem Chaos des Zusammenbruchs erleben ein paar Deutsche und eine Ju 52/3m ein seltsames Abenteuer: »Es waren ihrer vier, die da auf rumänisch ausstaffiert, mit Lammfellmützen, geflickten Zivilkleidern und weißem Halstuch, auf der Landstraße von Bukarest südwärts strebten, in der Hoffnung, sich der Gefangennahme durch die Russen zu entziehen. Genauer gesagt, es waren der Oberleutnant Clas vom Ln.-Regiment des K. G. 4, der Oberzahlmeister Erdmann von der Fliegerhorst-Kommandantur 224/17, der Obergefreite Rimka von der Panzerjäger-Abt. 1008 des Heeres und der Oberfeldwebel Geisel, Flugzeugführer der dritten Gruppe des Transportgeschwaders 3. Der politische Umsturz in Rumänien im August 1944 hatte sie in einem Bukarester Lazarett überrascht, das bald darauf von Russen besetzt wurde. Da saßen, beziehungsweise lagen sie nun, und der Gedanke, bei nächster Gelegenheit in ein Gefangenenlager transportiert zu werden, beunruhigte sie nicht wenig. Ein rumänischer Sanitäter hatte ihre Uhren versetzt und ihnen dafür Zivilkleidung verschafft. Jetzt hatten sie die freie Landstraße unter den Füßen

und einen nicht zu verachtenden Kohldampf im Bauch.

Ein deutschsprechender Müller fütterte sie nicht nur prächtig heraus, er schob ihnen auch noch 3000 Lei zu. Damit sollten sie die Polizisten bestechen, die ihnen möglicherweise an den Kragen wollten. Im übrigen riet er ihnen, sich mehr nordwärts zu halten.

Ein ermüdender Marschtag lag hinter ihnen. Sie lagerten in guter Deckung unter einer Eiche und sahen in den grauen, griesgrämigen Himmel. Der Obergefreite Rimka sah interessiert einem Adler zu, der ohne einen Flügelschlag ruhig seine Kreise über ihnen zog. Er richtete sich auf. »Herrschaften«, sagte er, »Dummköpfe sind wir alle miteinander. Da latschen wir wie die blöden Hammel durch die Gegend und haben einen Flugzeugführer unter uns. Alles, was wir noch brauchen, ist ein Flugzeug und dann . . .?« Er trällerte es lächelnd vor sich hin: »Vogel, du fliegst in die Heimat!«

Es war schon Abend geworden, als sie — nördlich von Bukarest — einen Flugplatz entdeckten. Trotz des Regens hielten sie es für gescheiter, die Nacht abzuwarten. Es wurde eine lange und ungemütliche Nacht. Weder der Regen, noch ihre abgespannten Nerven ließen sie Schlaf finden. Ihre Ausdauer aber wurde belohnt. Gegen Abend des folgenden Tages landete eine von den Russen erbeutete Ju 52 in den Platz hinein. »Die gute, alte Tante Ju« flötete der Flugzeugführer gerührt.

Um Mitternacht zogen sie los. Diese Maschine würden sie nicht verfehlen. Mit allen Sinnen hatten sie sich die Stelle eingeprägt, an der man sie – nahe der Startbahn – abgestellt hatte. Sie fanden sie auch, erbrachen die Tür und kletterten hinein. Die Maschine war vollgeladen mit Sanitätsmaterial. Geisel, der Flugzeugführer, vergewisserte sich, daß sie vollgetankt war.

»Damit kommen wir bis Debrecen«, versicherte er.

»Na, denn man los!« Rimka konnte die Zeit nicht abwarten.

»Wie stellst du dir das vor? – Bei Nacht? – Und ohne Platzbeleuchtung? – Und der Platz voller Bombentrichter? Ausgeschlossen! Legt euch ein paar Stunden auf's Ohr. Wir können's alle gebrauchen!« Nach der halbdurchwachten Nacht war ihnen Geisels Vorschlag nicht unwillkommen. Kaum auf den weichen, trockenen Ballen der Ladung ausgestreckt, schnarchten sie miteinander um die Wette.

Der Morgen dämmerte eben blaß herauf, als der Flugzeugführer dem verschlafenen Obergefreiten in die Seite stieß. »Los! – Raus! – Bremsklötze weg!«

Halb im Schlaf kletterte Rimka aus dem Flugzeug. Und dann war er auf einmal hellwach.

»Verdammt noch einmal! – Da kommt doch tatsächlich so ein Trottel von einem Russen angelaufen!«

Im Handumdrehen waren die Bremsklötze weg und Rimka zurück in der Maschine. »Vollgas, Mann!« brüllte er beinahe sachverständig. »Vollgas, sonst schnappen sie uns noch!« Der erste Motor sprang an, vorschriftsmäßig. Von außen wurde an der Tür gerüttelt. Gegen die Drei, die sie von innen zuhielten, kam der da draußen nicht an.

»Blupp – blupp – blupp!« Auch der zweite Motor tat seine Schuldigkeit. Kolbenstöße donnerten gegen die Tür. Da, da brummte auch der dritte Motor sein monotones Lied. Geisel gab Vollgas. Der russische Posten flog gegen das Leitwerk.

»Dem hilft alles Pyramidon in unserer Maschine nicht mehr«, grinste Rimka. Sie sausten die Startbahn entlang, an Bombentrichtern und geparkten Flugzeugen vorbei.

Geisel fühlte sich hinter seinem Steuerknüppel so wohl wie noch nie in seinem Leben. Fliegen können! – Wieder fliegen können! – Und in der alten, braven Tante Ju! Herr des Himmels, das war ein Gefühl! Eine Karte hatte er nicht gefunden. Mit dem Kompaß aber würde er es schon schaffen. Es würde schon hinhauen! – Die Karpaten aber! – Jetzt im Herbst und in diesen Höhen? Die dichte Wolkendecke, in die Geisel nun hineinstieß, würde sie vor Verfolgern schützen. Die Wolkendecke aber hatte ihre Tücken. Sie war so dick, daß sie erst in zweitausend Meter aus ihr heraus waren. In der Richtung auf das Gebirge zu schien sie sich noch zu heben. Nur einzelne schneebedeckte Gipfel ragten aus ihr heraus.

Auf dreitausend Meter war die Maschine bereits gestiegen. Und nun wollte sie dem Druck des Steuerknüppels nicht mehr gehorchen. Geisel wußte Bescheid. »Vereisung!«, dachte er, behielt es aber für sich. Warum die anderen beunruhigen? Er hatte schon mehr als eine vereiste Maschine heil nach Hause gebracht. Nur die Berge, sie kamen ihnen verdammt nahe. Und das Eis drückte die Maschine tiefer und tiefer.

»Schmeißt den Sanitätskram raus, oder wir schaffen's nicht«, rief Geisel den anderen zu.

»Daß ich in meinem Leben doch noch Karpatenwölfe mit Aspirin füttern muß, hätte ich mir nicht jedacht«, brummte Rimka und wuchtete einen Sack und einen Ballen nach dem anderen zur Tür.

Sie schafften es. Die Maschine stieg, und die Berge unter ihnen, diese drohenden Bergspitzen, die aus dem Wolkengewimmel ragten, wurden seltener. Dicht über dem Wolkengewoge brummelten sie dahin. Rimka, der Obergefreite, wischte den Schweiß von der Stirn, streckte sich auf den zurückgebliebenen Säkken aus und summte vergnügt »Vogel, du fliegst in die Heimat!«

Dem Flugzeugführer war wenig freudig zumute. Die Wolken hatten bisher ihren Dienst getan, hatten ihnen brav die Jäger vom Hals gehalten, die ihnen möglicherweise auf den Hacken waren. Jetzt aber könnten sie langsam aufreißen.

Blind landen, ohne eine Ahnung zu haben, wo sie sich eigentlich befanden, das war eine gewagte Sache. Ein Blick auf die Benzinuhr, und er wußte: Lange konnten sie nicht mehr obenbleiben. Ob sie Debrecen erreichen würden? Ob die Stadt noch in deutschen Händen war?

Die Wolken lichteten sich, wurden zu dünnen Schleiern, wurden durchsichtig, und von der Erde her blitzte etwas zu ihnen herauf. Ein Fluß! – Das mußte die Theiß sein. Also waren sie schon über Debrecen hinaus. In großem Bogen also zurück! Seit Minuten schon flackerte das rote Licht. Sie mußten herunter! Sie schafften es nicht!

Auf einem Acker mußten sie notlanden. Die Landser aber, die da auf sie zukamen, die Gewehre schußbereit, das waren deutsche Landser. Mit einem Satz waren die Vier aus der Maschine und winkten und schrien und konnten es gar nicht verstehen, daß die Kameraden ihnen offensichtlich nicht trauten. Den Sowjetstern an ihrer Maschine und ihre in keiner Weise der Kleiderordnung der deutschen Armee entsprechende Montierung hatten sie in ihrer Aufregung völlig vergessen.

Natürlich war es der Obergefreite Rimka, der als Erster begriff, was in solchem Fall zu tun sei. »Ihr Hammel!« brüllte er die verdutzten Landser an, »seht ihr denn nicht, daß wir Deutsche sind?« Ein so einwandfreies Deutsch war von Russen nicht zu erwarten. Also senkten die Landser ihre Kanonen und kamen neugierig näher.

»Na sagt mal, ihr komischen Figuren, wo kommt ihr denn eigentlich her?« fragten sie.

»Aus der Luft sozusagen, aus dem blauen Äther.« Rimka wurde geradezu poetisch.

»Na, dann will ich's euch mal ganz genau sagen«, mischte sich Geisel in die Konversation. »Hockte da – einsam und verlassen – eine alte Tante Ju auf einem Flughafen bei Bukarest und weinte. Es war ihr peinlich, man sah es ihr an, daß man ihr einen roten Stern auf den Bauch gepinselt hatte. Das war ja auch keine Art, mit alten Damen umzugehen. Und dann hatte sie natürlich auch Heimweh. Ihr hättet sie schluchzen hören müssen! – Es war zum Steinerweichen! Kurz und gut, da es uns im Grunde nicht viel anders ging, haben wir uns ihrer angenommen. Und nun seht sie euch an, wie sie sich freut! Aber davon versteht ihr natürlich nichts, ihr kümmerlichen Fußlatscher!«

»Wo wollt ihr denn hin?« wollte einer wissen.

»Nach Debrecen!«

»Da habt ihr aber Schwein gehabt! – Da hättet ihr dumm aus der Wäsche geguckt, wenn ihr da gelandet wärt. Da sitzt nämlich schon der Iwan!«

Frühjahr 1944, Rußland: Nach einem Partisanen-Überfall auf den Feldflugplatz bei Sarny.

Rechte Seite, oben:
Oslo, Winter 1941/42: Ein hoher Besuch fliegt ab.

Rechte Seite, unten:
September 1944, in der Nähe von Belgrad: Das war die ehemalige Lufthansa-Maschine Ju 52/3m, D-AUAW ›Gerhard Amann‹. Dieses Passagier-Flugzeug wurde auf der Strecke Athen–Wien am 2. September 1944 von englischen Jägern abgeschossen.

Reichsführer der SS, H. Himmler, begleitet Vidkun Quisling, der, aus Oslo mit der Reise-Maschine Ju 52/3m des Reichsführers kommend, auf einem Flughafen in der Nähe von Berlin gelandet ist.

◄

144

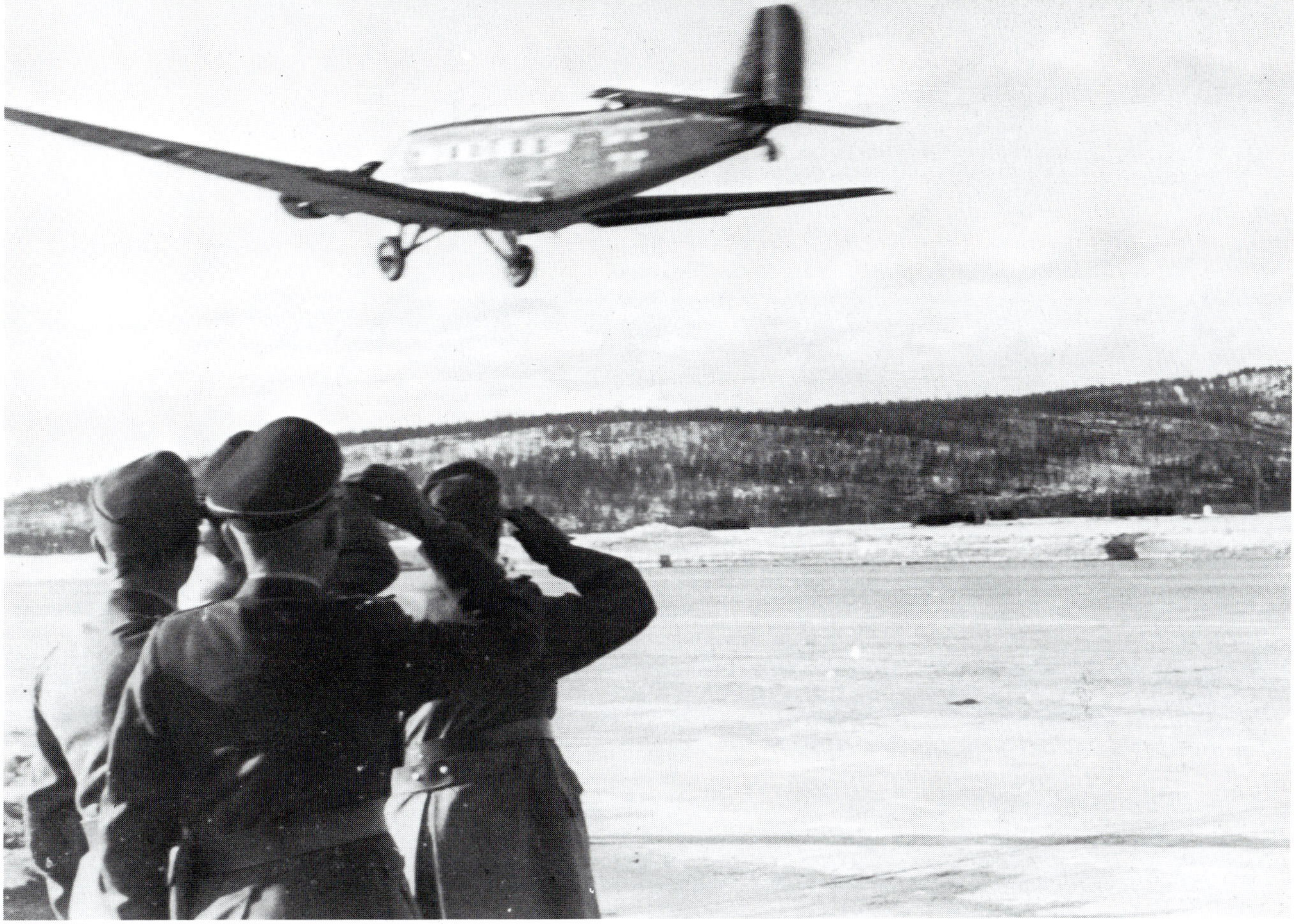

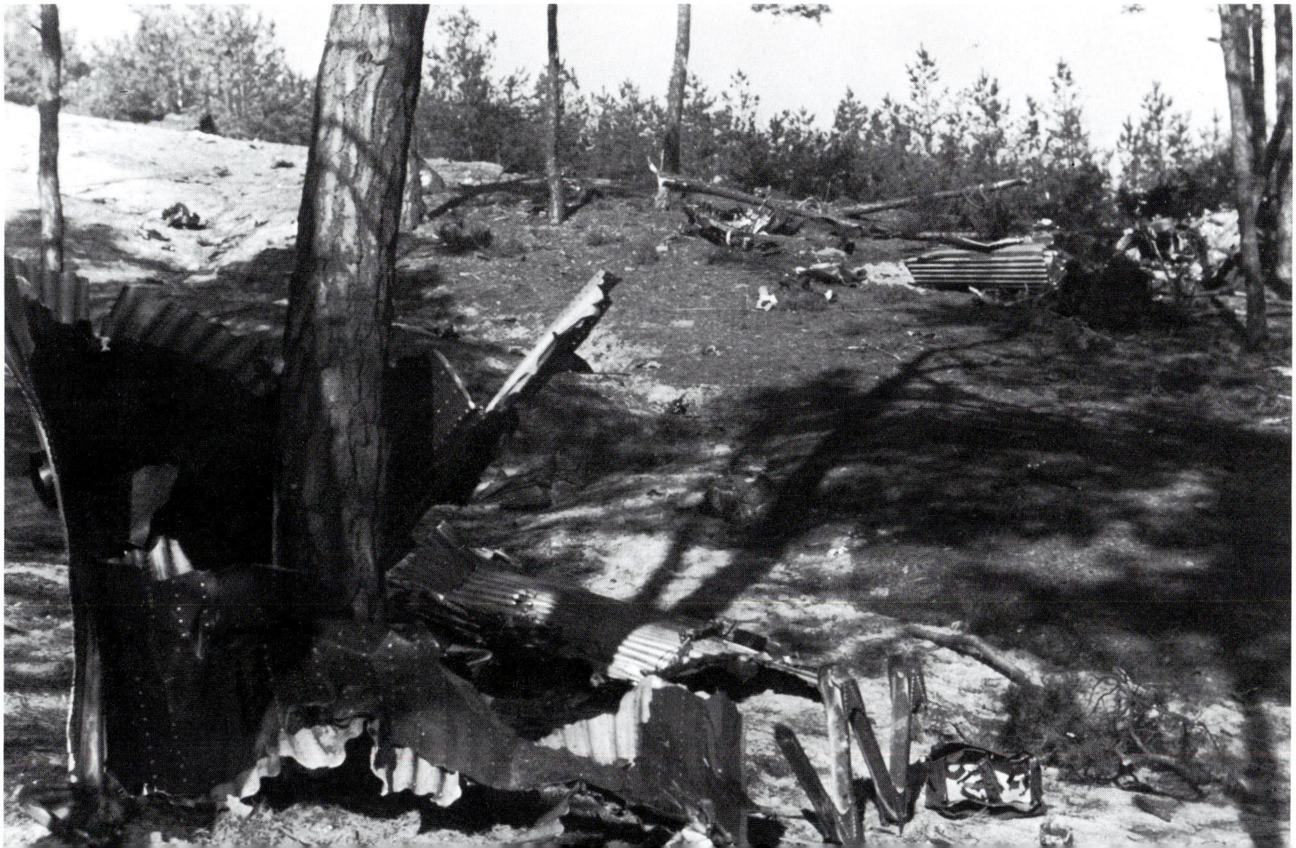

Sommer 1943, Dreux bei Paris: Der Augenblick nach dem Übungssprung aus einer Ju 52/3m. Die Reißleine sichert den Fallschirmjäger, bevor sich dieser öffnet.

Sommer 1943, Dreux bei Paris: Die Ausbildung der Fallschirmjäger wird im besetzten Frankreich mit Hilfe der Ju 52/3m besonders intensiv geführt.

Italien 1943: Eine Ju 52/3m mit einem Lastensegler vom Typ Go 242 im Schlepp.

Italien, Frühjahr 1943: Auch dafür war die ›Alte Tante Ju‹ gut. Die ersten Annäherungsversuche im Schatten der Ju 52/3m.

Italien, Sommer 1943: Die einheimischen Mechaniker arbeiten an der rechten Tragfläche einer Ju 52/3m. Entlang der Tragfläche das Querruder (die äußere Verstellklappe).

Frankreich, Sommer 1943: Eine Ju 52/3m wird general-überholt. Die beiden Waffenmeister reinigen die Standard-Bewaffnung, das MG 15, Kaliber 7,92 mm. Die Maschine gehört zum KGr. z.b.V. 1.

April 1943: Die Maschine der zweiten Staffel der Kampfgruppe z.b.V. (KGr. z.b.V.) 108 auf einem Flugplatz in Norwegen. Im Mai 1943 wird die ›108‹ dem Transport-Geschwader 20 einverleibt.

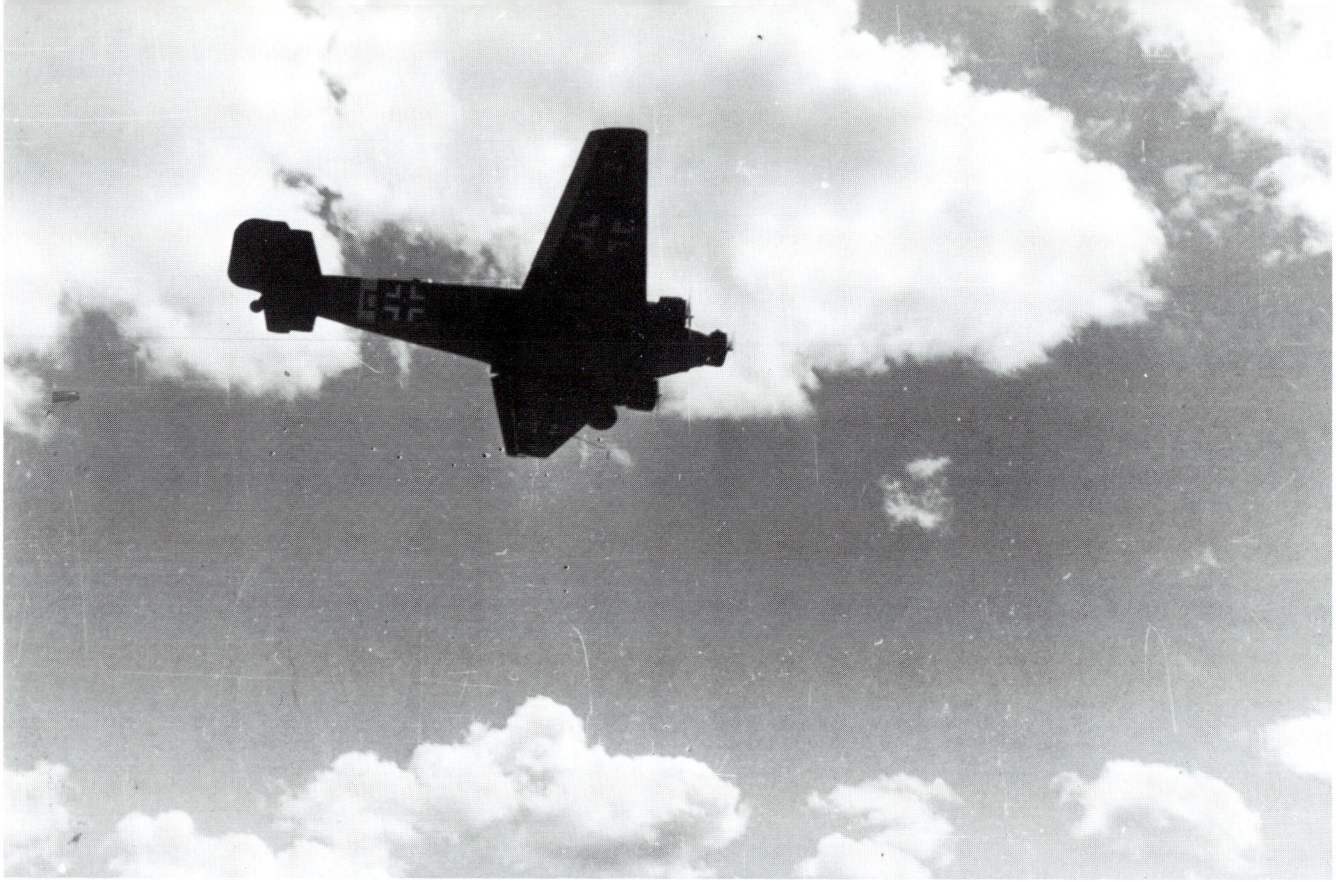

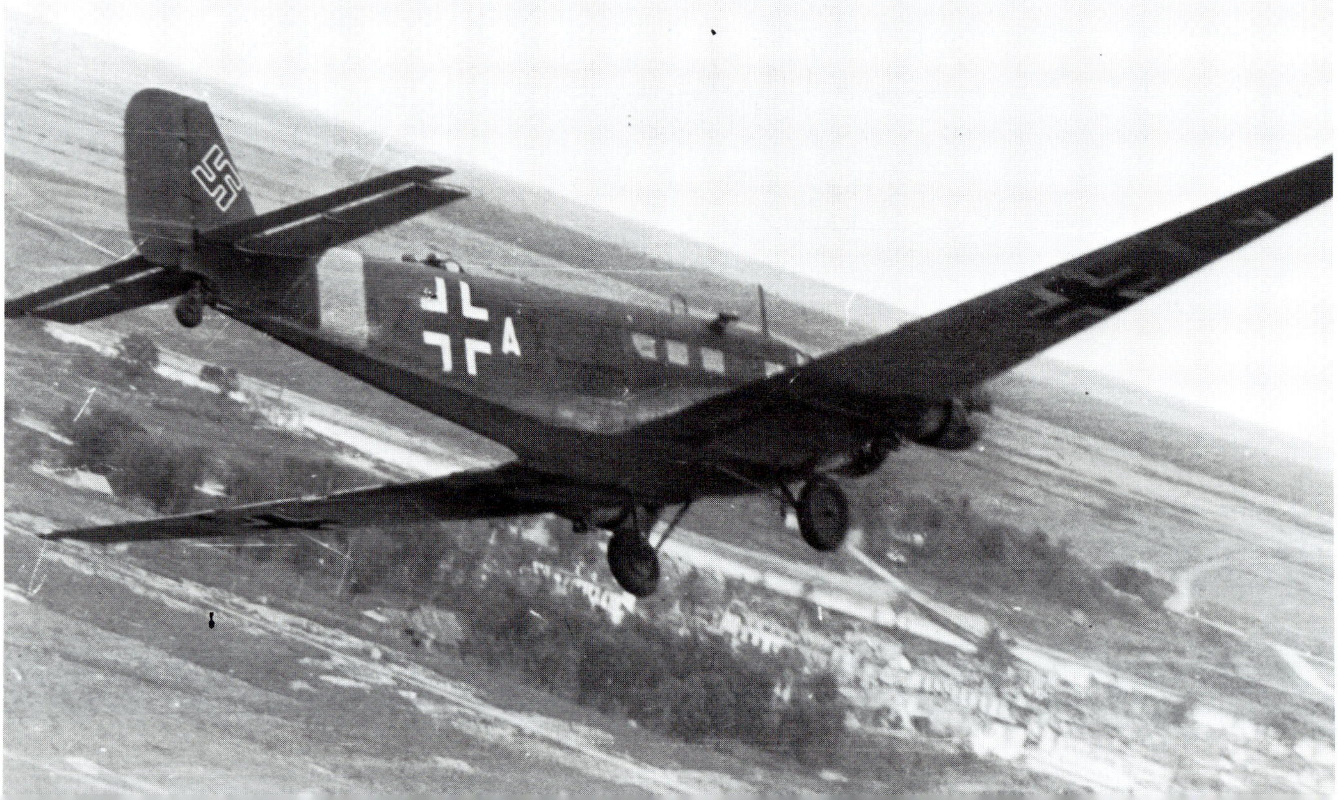

Herbst 1943: Die Ju 52/3m g6e (See)-Wasserflugzeuge der Seetransport-Staffel 1 über dem Mittelmeer auf dem Wege zur Ägäis. Oben im Bild eine Arado Ar 196 A-3 der Aufklärungs-Staffel.

Linke Seite, oben:
Die ›alte Tante Ju‹ bei einem richtigen Schönwetter-Flug. So sahen sie die Millionen Landser.

Linke Seite, unten:
Rußland, mittlerer Frontabschnitt; 1943: Eine Ju 52/3m g4e der 13. Kampfgruppe z.b.V. (KGr. z.b.V.) kurz vor der Landung.

Insel Kos, Herbst 1943: Eine Ju 52/3m (See) soll eine Handvoll Landser zum Festland fliegen.

151

Herbst 1943: Eine Ju 52/3m bei einem Sonder-Einsatz in der Nähe der französisch-spanischen Grenze bei Biarritz.

Über Bitterfontein, 1944: Eine Ju 52/3m der South African Air Force.

Brüssel, Winter 1943/44: Die Tante Ju wird betankt. 2400 Liter Treibstoff passen in die Behälter der beiden Tragflächen.

März 1944, Ostfront in der Nähe von Tarnopol: Nachdem die Landeplätze verlorengingen, wird die Versorgung des wandernden Kessels von General Hube durch Abwürfe weitergeführt.

153

154

Reifenschaden am linken Laufrad einer Ju 52/3m. Federbein, Stutz- und Achsstrebe mit Achsmuffe sind deutlich zu erkennen.

Mai 1944: Eine brennende Ju 52/3m – von einem Tiefflieger zusammengeschossen – auf dem Flugplatz von Wilna.

19. März 1944, Unternehmen ›Margarethe 1‹: Die Besetzung Ungarns durch deutsche Truppen. Eine Kurier-Maschine Ju 52/3m überfliegt eine in Richtung Budapest vorstoßende Operationsgruppe.

Budapest, März 1944: Der Winter ist zu Ende. Eine Ju 52/3m der 1. Gruppe des Transport-Geschwaders 1 wartet auf die Start-Erlaubnis.

Sommer 1944, Ostfront: Auf einem Feld bei Lemberg. Reste einer abgeschossenen, mit Schwerverwundeten beladenen Ju 52/3m. Links, das viereckige Gerüst, ein Teil der Doppelbahre aus dem Rüstsatz ›Sani-Noteinsatz‹.

Sommer 1944, Ostfront: Der beste Schutz gegen feindliche Tiefflieger ist immer noch eine gute Tarnung.

Oktober 1944, Ostfront: Ein behelfsmäßiger Landeplatz bei Danzig. Zwei mit Treibstoffbehältern beladene Ju's 52/3m stießen nach dem Start zusammen und stürzten am Rande des Flugplatzes ab.

Herbst 1944, in der Nähe von Paris: Die Ju 52/3m Maschinen der französischen Armée de l'Air, die bei Société Amiot gebaut wurden, laufen unter der Bezeichnung A.A.C. 1 ›Toucan‹.

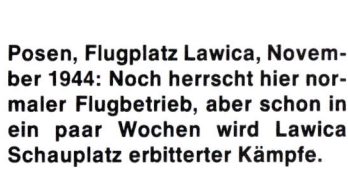

Posen, Flugplatz Lawica, November 1944: Noch herrscht hier normaler Flugbetrieb, aber schon in ein paar Wochen wird Lawica Schauplatz erbitterter Kämpfe.

Ende Dezember 1944: Steinemanger, der Absprungflugplatz für die Versorgung der in Budapest kämpfenden Truppen.

158

9

Im Westen versucht Hitler im Dezember 1944 mit der Ardennen-Offensive, die das Ziel hat, mit allen verfügbaren Reserven die Front der Alliierten aufzubrechen und bis Antwerpen durchzustoßen, noch einmal das Kriegsglück zu zwingen. Auch »von einem neuen Dünkirchen« spricht der Führer. Während der Monate Oktober und November werden die deutschen Armeen im Westen verstärkt und nach und nach neu gruppiert. Noch aber weiß keiner der höheren Generale, was Hitler eigentlich beabsichtigt. Die Offensive, die er vorbereitet, soll als »Rundstedtoffensive« in die Geschichte eingehen, doch hat der Generalfeldmarschall an ihrer Planung, Vorbereitung und Ausführung nur wenig Anteil. Hitler arbeitet auf eigene Faust in erbittertem Mißtrauen gegenüber seinen eigenen Soldaten. Nur Jodl zieht er heran. Die Offensive startet am 16. Dezember auf einer Breite von etwa 100 Kilometern zwischen Monschau und Echternach. Auch hier müssen die braven »Tanten Ju« mitmachen.

Von einer Front im strengen Sinne des Wortes kann hierbei allerdings nicht die Rede sein. Die amerikanischen Soldaten liegen zumeist nur in den Ortschaften. Die 106. amerikanische Division unter Generalmajor Jones, lebt fast völlig abgeschnitten in dem rauhen kleinen Berggebiet der Schnee-Eifel und ergeht sich dort beim Wintersport. Der einzige Umstand, der Erstau-nen weckt, sind die vielen deutschen Flugzeuge, die während der letzten Nächte ohne offensichtlichen Grund durch den Himmel kurven. Niemand macht sich klar, daß sie ihren kostbaren Treibstoff verbrauchen, um mit dem Geräusch ihrer Motoren den Lärm der Panzer und Artillerieschlepper zu übertönen, die in Stellung fahren.

Zur Sicherung der rechten Flanke, der aus der Schnee-Eifel angreifenden 6. Panzerarmee, erhält eine aus fünf Kompanien bestehende Fallschirmjäger-Kampftruppe unter Führung des Oberstleutnants und heutigen Rechtsprofessors Friedrich August von der Heydte den Auftrag, im Sprungeinsatz einen Raum südlich des Hohen Venns zu besetzen und die Straßen Eupen-Malmedy zu sperren, um einen Gegenstoß der Amerikaner aus dem Aachener Raum zu vereiteln. Der Plan sieht vor, daß die Gruppe nach neun bis zehn Stunden Kampf-Einsatz wieder Anschluß an die vorrückende deutsche Front bekommt.

Für diese Operation, die wegen der alliierten Luftüberlegenheit nur in der Nacht stattfinden kann, stehen siebenundsechzig Ju 52/3m-Maschinen bereit. Von den Absprungplätzen Paderborn, Lippspringe und Senne soll der Verband erst Bonn-Hangelar anfliegen und dann direkten Kurs ins Zielgebiet nehmen. Auf eigenem Gebiet macht es keine

159

Schwierigkeiten, einzelne Markierungspunkte aufzubauen. Aber schlimmer wird es nach Überfliegen der Frontlinie, die neun Kilometer vor dem Ziel liegt. Die äußerst dürftige Ausbildung der vorhandenen Ju 52/3m-Besatzungen, die Piloten waren noch nicht im Kriegseinsatz und haben noch keine Erfahrung im Verbandsflug bei Nacht, läßt lediglich den Einzelflug zu. Dabei würde aber der Verband von 67 Maschinen für das Absetzen aller Fallschirmjäger mindestens vierzig Minuten benötigen. Deshalb soll das Unternehmen in einem Kettenflug in einer mondhellen Nacht mit dem Absetzen im Morgengrauen durchgeführt werden.

Die beiden Ju 52/3m-Gruppen werden dem II. Jagdkorps unterstellt, das auch eine Leuchtstraße für die Anflugroute aufbaut. Über Bonn wird ein »Scheinwerferdom« errichtet, der zusammen mit Leuchtgranaten der Flak einen weithin sichtbaren Markierungspunkt darstellt. In dem Abschnitt, an dem die Maschinen die Front überqueren sollen, steht eine Flakbatterie, die in bestimmten Abständen verschiedenfarbige Leuchtmunition abfeuert. Dazu wird noch eine »Beleuchtergruppe« beim Eintreffen der ersten Transporter über dem Ziel neben dem Absetzplatz Brandbomben legen, und über dem Feld werden Leuchtkugeln gesetzt. Ferner ist geplant, daß die He 111-Bomber in einem Täuschungsmanöver Strohpuppen abwerfen, um damit den Feind zu verwirren.

Für einen reibungslosen und schnellen Start werden die Flugzeuge in Paderborn und Lippspringe dicht eingereiht. Um einen Zusammenstoß in der Luft zu vermeiden, tragen die in dicken Pelzen eingemummten Heckschützen in den Ju 52/3m Taschenlampen, mit denen sie sich mit ihren Nachbarmaschinen durch Blinkzeichen verständigen. Jede Transportmaschine nimmt dreizehn bis vierzehn Fallschirmjäger mit. Ihre Bewaffnung: nagelneue MG 42, Maschinenpistolen, Sturmgewehre, Panzerfäuste und Sprengstoffe in Abwurfbehältern verpackt. Die Ju 52/3m bekommen zusätzlich eine neuartige Abwurfvorrichtung für die Waffenbehälter und im Heckstand ein MG-131. Der allgemeine Zustand der Maschinen ist schlecht, und man bestimmt deshalb eine Marschgeschwindigkeit von höchstens 170 bis 180 Kilometern.

In der mondlosen Nacht vom 8. auf den 9. Dezember werden sämtliche Ju 52/3m auf die Plätze Paderborn, Lippspringe, Senne I und II verlegt und hier so sorgfältig getarnt, daß die feindlichen Aufklärer, die diese Plätze mehrmals überfliegen, nichts bemerken. Zur äußersten Geheimhaltung wir die Verbindung zwischen den Führungsstellen ausschließlich durch Krad-Melder aufrecht erhalten. Der Einsatz wird zwar für den 16. Dezember befohlen, doch kann der Termin nicht eingehalten werden, weil die LKW-Fahrer, die die Fallschirmjäger transportieren sollen, entweder deren Unterkünfte oder den Weg zu den Flugplätzen in der Nacht nicht finden können.

Erst kurz vor dem Start erhalten die Gruppen sogenannte Kampfbeobachter, die für das Unternehmen verantwortlich sein sollen. Um ihnen in der Kanzel Platz zu machen, müssen die Bordmechaniker am Boden bleiben. Damit fällt auch eine wichtige Unterstützung für die Piloten aus. Am 17. Dezember, mit vierundzwanzigstündiger Verspätung, starten die Verbände. Jetzt kommt es zu einer neuen Überraschung: Die Fallschirmjäger schmuggeln, um möglichst mit vielen und starken Waffen abzuspringen, heimlich organisierte Ausrüstungen an Bord, so daß die zugelassene Belastungsgrenze der Ju 52/3m weit überschritten wird.

Erst als eine Maschine unmittelbar nach dem Abheben aus ca. zehn Metern Höhe wegen Überladung abstürzt und die anderen Schwierigkeiten beim Start haben, merken die verblüfften Piloten, was los ist. Die unvorhergesehene Gewichtsüberschreitung wirkt sich auch entsprechend auf die Geschwindigkeit aus.

Die letzten Kilometer des Fluges über dem Feindgebiet bereiten einiges Kopfzerbrechen: Einerseits muß die Flughöhe so niedrig wie möglich gehalten werden, um sowohl dem Radar wie auch den mittleren und schweren Waffen der Amerikaner zu entgehen, andererseits steigt das Gelände gleich hinter Monschau ziemlich stark an, und am Hang ist mit Fallwinden zu rechnen, so daß beim Absprung die Sicherheitshöhe nicht weniger als 120 Meter betragen darf. Die befohlene Marschgeschwindigkeit kann nicht von allen Flugzeugen eingehalten werden, so daß einige das Ziel erst erreichen, als die Brandbombenmarkierungen schon längst erloschen sind.

Eine Maschine setzt sogar ihre Fallschirmjäger über Bonn-Hangelar ab, weil der Kampfbeobachter schwört, daß dies bereits der beleuchtete Absetzplatz ist, und er gibt auf eigene Faust ohne Wissen der Besatzung das Zeichen zum Absprung. Ein anderer Kampfbeobachter wiederum befiehlt den vorzeitigen Absprung, weil er die Gefechte und die Brände auf der Erde für das Ziel hält. Die jungen, unerfahrenen Besatzungen werden durch den Ausfall eines als Markierungszeichen aufgestellten Scheinwerferpaares mitten auf der Strecke verwirrt. Noch dazu halten sie die Feuersbrünste eines schweren alliierten Bombenangriffs auf Köln für die Markierungen von Bonn-Hangelar. Sie donnern wider jede Kursberechnung schnurstracks nach Norden. Von dieser Gruppe verfliegen sich acht Maschinen und kommen im Raum Aachen und Düren in schwerstes Flakfeuer. Nur ein Teil der Fallschirmjäger kann sich durch Absprung aus den brennenden Maschinen retten.·

Die nächste Überraschung: Entgegen allen Berechnungen beträgt die Windstärke rund 60 Stundenkilometer. Gleich nach der Landung im Zielgebiet, einem Karree von 300 × 300 Metern, sind einhundert Fallschirmjäger schwer verletzt und müssen den Amerikanern überlassen werden. Die meisten Männer werden abgetrieben. Statt 870 mit der Ju 52/3m gestarteten Fallschirmjäger, stehen von der Heydte nur 450 Mann letztlich zur Verfügung. Um das Debakel zu vervollständigen, werden auf dem Rückflug zwei weitere Ju 52/3m-Maschinen über deutschem Gebiet von alliierten Nachtjägern abgeschossen.

Drei Tage lang halten in hoffnungsloser Lage von der Heydte und seine dezimierte Truppe die Straße nach Eupen-Malmedy. Als sie keinen Anschluß an die anderen deutschen Truppen finden, da die Offensive steckenbleibt, befiehlt von der Heydte den Beteiligten, sich einzeln nach Osten durchzuschlagen. Im Forsthaus Monschau muß sich von der Heydte, der beim Absprung einem russischen Beute-Fallschirm vertraute, verletzt und an einer Lungenentzündung erkrankt, in amerikanische Gefangenschaft begeben. So endet der letzte Einsatz deutscher Fallschirmjäger im Zweiten Weltkrieg.

162

Das letzte Aufgebot. Solche Jungs, wie diese beiden Flieger, mußten den halsbrecherischen Einsatz während der Ardennen-Offensive in der Nacht vom 17. November 1944 miterleben.

Aus allen Ecken und Enden des III. Reiches werden die Ju 52/3m-Maschinen für die Ardennen-Offensive zusammengekratzt.

Luxemburg: Über Asselborn abgeschossene Maschine der 6. Staffel des Transport-Geschwaders (TG) 3, in der ersten Nacht der Ardennen-Offensive. Diese Ju 52/3m trägt die Tarnfarbe und das Zulassungszeichen für die Ostfront.

10

Während im Westen die Vorbereitungen für die Ardennen-Offensive auf Hochtouren laufen, gelingt es der deutschen Heeresgruppe Süd Anfang Dezember noch einmal, die sowjetische 2. und 3. Ukrainische Front in Ungarn zwischen Budapest und Plattensee zum Stillstand zu bringen.

Doch die 2. Ukrainische Front drängt die 8. Armee zurück und erreicht bei Komorn und Gran die Donau. Budapest ist eingeschlossen. Der Führer ernennt am 25. Dezember SS-Obergruppenführer Karl Pfeffer von Wildenbruch zum Festungskommandanten, ordnet die Verteidigung der Stadt an und ruft die Bevölkerung gegen den Bolchewismus zu den Waffen. Aber die Ungarn haben die Nase voll: Einzelne Kompanien laufen zum Feind über; die Arbeiter von Miskolc kämpfen nicht gegen die Russen sondern mit ihnen, und in Budapest herrscht der Entschluß, den Krieg zu ignorieren. Am 23. Dezember, dem Tage der Einschließung, lebt die schöne Stadt fast wie in Friedenszeiten. Die Straßenbahnen verkehren, die Läden sind geöffnet, und die Bewohner tätigen ihre Weihnachtseinkäufe.

Bereits am 27. Dezember 1944 fordert die deutsche Heeresgruppe Süd die Luftversorgung der Stadt: sechzig Tonnen täglich durch Landung und zwanzig Tonnen durch Abwurf. Und wie kann es anders sein: Die Ju 52/3m werden wiederum zu Hilfe gerufen. Als Absprungplätze der Verbände dienen Papa und Steinamanger. Der Treibstoff in der unbedingt erforderlichen Menge kommt aus der sogenannten »Führerreserve«.

In der Nacht vom 28. auf den 29. Januar 1945 treffen im Eiltransport Stapel von Versorgungsbehältern als »Spende des Reichsführers Himmler« unter strenger Bewachung ein. Am folgenden Tag werden sie über dem Kessel als Liebesgabe zum »Jahrestag der Machtergreifung« abgeworfen. Die Soldaten in der belagerten Stadt staunen nicht schlecht, als sie den Inhalt sehen: Bonbons, Zigaretten und Büchsen mit Pferdefleisch, dazu Mengen an NS-Literatur. Der Kommandeur eines Flakregiments protestiert im Namen der Truppe gegen den Inhalt der Behälter, da gerade an Pferden in Budapest kein Mangel bestehe: Unter den eingeschlossenen Verbänden befinden sich zwei vollständige SS-Kavalleriedivisionen mit ihren Rossen.

Die russischen Flieger lassen sich im Raum Budapest sehr selten blicken, dagegen setzen die westlichen Alliierten in diesem Gebiet ihre Luftwaffe immer intensiver ein. Deshalb können die Versorgungsflüge bald nur noch in der Nacht stattfinden. An der Kesselfront steht eine besonders starke Flak- und Scheinwerferabwehr der Roten Armee, die den Versorgungseinsatz wirksam stört.

Schon seit Beginn des Unternehmens steht der einzige Landeplatz im Kessel von Budapest unter direktem Artillerie- und Granatwerferfeuer. Bis zum 9. Februar bringen die Transporter 1515 Tonnen Nachschub in den Kessel, 36 Junkers-Maschinen und einige andere Flugzeuge gehen dabei verloren. Nach den wiederholten starken Angriffen der Sowjets muß die Frontlinie teilweise zurückgenommen werden. Am 9. Januar ist auch dieser Flugplatz in den Händen der Roten Armee. Von nun an gibt es nur noch Versorgung durch Abwurf.

Am 12. Februar, um 16.53 Uhr, reißt die Verbindung zum Kessel ab. Die Reste der Verteidiger sind ausgebrochen, und am nächsten Tag macht ein Nahaufklärer eine Handvoll deutscher Landser im Wald von Nagykovacsi aus, die in den darauffolgenden Nächten durch Ju 52/3m und He 111-Maschinen versorgt werden. Von den 33 000 deutschen und 37 000 ungarischen Soldaten erreichen am 18. Februar 785 zu Tode erschöpfte Männer unter Oberstleutnant Helmut Wolff die deutsche Hauptkampf-Linie bei Zambek.

Die Verluste der bei der Operation Budapest eingesetzten Ju 52/3m-Verbände sind besonders schwer. Zu Beginn der Versorgungsflüge verfügten die beiden Gruppen noch über vierundsechzig einsatzklare Ju 52/3m, in etwa sechs Wochen haben sie weniger als die Hälfte.

Mit der Niederlage an der Ardennen-Front Ende Dezember 1944 und dem Beginn der sowjetischen Winteroffensive an der Weichsel Mitte Januar 1945 nähern sich die Kämpfe um Deutschland der letzten entscheidenden Phase. Die Versorgungseinsätze der noch verbliebenen, stark dezimierten Transportverbände stehen jetzt im Zeichen der alliierten Luftherrschaft. Die wenigen noch vorhandenen Flugplätze sind durch Jabos regelrecht rund um die Uhr überwacht, so daß irgendwelche Unternehmen praktisch nur in der Dämmerung, bei Nacht oder bei Schlechtwetterlage möglich sind.

Anfang Januar 1945 überstürzen sich die Ereignisse im Osten: Die am 12. Januar aus den Weichsel-Brückenköpfen antretenden Armeen der 1. Ukrainischen und 1. Weißrussischen Front zerschlagen in wenigen Tagen die zwischen Warschau und Kielce eingesetzte 9. Armee und die 4. Panzerarmee der Heeresgruppe A des Generalobersten Harpe.

Das als Heeresgruppen-Reserve viel zu nah hinter der Front zum Gegenstoß bereitgestellte XXIV. Panzerkorps kommt sehr bald in eine schwierige Lage und muß sich, auf beiden Flanken bedroht, in den Raum Petrikau zurückkämpfen. Am 21. Januar 1945 ist die Stadt erreicht. Inzwischen kommt auch das am 14. Januar von Ostpreußen zur Heeresgruppe beorderte Panzerkorps »Großdeutschland« heran und versucht verzweifelt, dem XXIV. Panzerkorps den Weg nach Westen frei zu schlagen. Am 31. Januar nehmen die beiden Panzerkorps Verbindung auf, und zwei Tage später gelingt die Vereinigung beider Verbände südlich von Kalisch.

Am 26. Januar bringen die Versorgungsmaschinen Treibstoff und Munition für das zweite Panzerkorps. Trotz des schlechten Wetters starten in der darauffolgenden Nacht vierzehn Ju 52/3m-Maschinen, um die Einheiten weiter zu versorgen. Eine Ju stürzt ab, fünf müssen notlanden, sechs Maschinen erfüllen ihren Auftrag und schaffen 11,8 Kubikmeter Treibstoff sowie Sanitätsmaterial herbei und transportieren 114 Schwerverletzte ab. Am 27. Januar schließen die Einheiten der 1. Weißrussischen Front die Stadt Posen ein. Um das wieder eingedeutschte Posen zu verteidigen, hat Generalmajor Ernst Gonell 2000 Offiziersanwärter und ein paar Bataillone von Reaktivierten, insgesamt kaum mehr als 10 000 Mann, zur Verfügung. Der Gauleiter Greiser flieht von seinem Posten. Die Belagerung beginnt am letzten Januartag.

Wieder bleibt kein anderer Ausweg als die Luftversorgung. Gleich am ersten Tag landen neun Ju 52/3m mit 17 Tonnen Munition und nehmen 115 Verwundete und überflüssiges wertvolles Kriegsmaterial mit zurück. An den folgenden Tagen bis zum 5. Februar gelingt es einzelnen Besatzungen der Ju's, eine Handvoll Verwundeter, Frauen und Kinder auszufliegen. Am 8. Februar erobern die Russen den einzigen zur Verfügung stehenden Landeplatz. Aber in den nächsten Nächten geht der Abwurf aus der Luft unter größten Schwierigkeiten weiter, jedoch nur ein kleiner Teil der Abwurfbehälter kann von den Deutschen geborgen werden. Trotz ständiger weiterer Versorgung aus der Luft meldet der Festungskommandant, der Nachschub reiche nicht aus und die auf engstem Raum zusammengedrängten Verteidiger leideten an Munitions-, Lebensmittel- und Wassermangel. Der aussichtslose Kampf geht am 23. Februar 1945 zu Ende, General Gonell begeht Selbstmord.

Fast 10 000 Soldaten und Volkssturmmänner verteidigen sich seit dem 1. Februar 1945 im eingeschlossenen Schneidemühl verzweifelt gegen die Überlegenheit des Gegners. Auch hier hilft einzig und allein Versorgung aus der Luft. Glücklicherweise können die Ju 52/3m-Maschinen in der Nähe der Vorstädte bis zum letzten Tage landen und 1164 Verwundete, zahlreiche Frauen und Kinder, in Sicherheit bringen. Auf dem Luftweg gelangen 139 Tonnen Versorgungsgüter in das belagerte

Schneidemühl, aber nach zwei Wochen ist die Kraft der Verteidiger erschöpft. Die Stadt fällt am 13. Februar. Von rund 1000 Soldaten, die den Ausbruch versuchen, erreichen nur 184 die deutschen Linien. Am 9. Februar schließt die 61. sowjetische Armee den Ring um Arnswalde. Sofort läuft die Luftversorgung an. An sechs Tagen bringen die Transporter 57 Tonnen Versorgungsgut. Damit können sich die Verteidiger so lange behaupten, bis eine Woche später, am 16. Februar, mehrere SS-Einheiten die Stadt entsetzen.

In Schlesien wird am 12. Februar die Stadt Glogau durch die 3. Sowjetische Garde-Armee und die 13. Armee eingekesselt. Von den ursprünglich 34 000 Einwohnern der Stadt sind 3000 geblieben, dazu noch etwa 500 alliierte Kriegsgefangene. Die Besatzung unter dem Kommando von Oberst Graf zu Eulenburg zählt am 21. Februar noch 9000 Mann, davon 1200 Verwundete. Auch hier erfordert die unzureichende Vorratslage sofortige Versorgung aus der Luft. Bis zum 24. März schaffen die Ju's 288 Tonnen Nachschub, hauptsächlich Munition und Sanitätsmaterial in die Festung Glogau.

Während des ganzen Monats März schafft es die Besatzung von Glogau immer wieder, die heftigen sowjetischen Angriffe abzuwehren, dann aber erweist sich die Lage als unhaltbar, und die Verteidiger bekommen am 1. April den Befehl zum Ausbruch. Nur 19 Soldaten bringen es fertig, sich zu den deutschen Linien durchzuschlagen.

Aber selbst in diesen schweren Stunden gelingt es den Ju's noch einmal zu einem geglückten Unternehmen beizutragen: Kurz nach der Spaltung der Heeresgruppe Weichsel in Pommern, Ende Februar 1945, kämpft sich die 3. deutsche Panzerarmee auf einen Brückenkopf bei Stettin zurücn. Am 9. März treten

Verbände der 1. Weißrussischen Front erneut zum Angriff gegen die Panzerarmee an, um sie schließlich restlos zu vernichten. Das schafft sie zwar in wenigen Tagen, aber ein starker Verband, die Kampfgruppe Tettau unter der Führung des Generalleutnants Hans von Tettau, kann sich auf eigene Faust bis zur Ostseeküste westlich von Kolberg durchschlagen.

Um die Gruppe Tettau kampffähig zu erhalten, werfen bereits in der Nacht zum 8. März sechzehn Ju 52/3m Behälter mit Munition und Sprit in der Gegend von Greifenberg ab, 24 Stunden später gelingt es vier Ju's, die Gruppe mit fast sieben Tonnen Munition und Treibstoff zu versorgen. In der Nacht zum 10. März bringen zwölf Maschinen 20 Tonnen Nachschubgut in dreizehn Einsätzen heran, die Nacht darauf werfen zum letzten Mal dreizehn Flugzeuge fast 14 Tonnen Material ab. Durch diesen Nachschub verstärkt, schafft die Kampfgruppe Tettau den Durchbruch, und nicht weniger als 10 700 Soldaten erreichen bis zum 13. März die deutschen Linien westlich der Odermündung.

Frühjahr 1945: Eine Reise-Maschine Ju 52/3m der Royal Air Force, im Besitz des britischen Air Ministry.

Frankreich, Flugzeugwerke Société Amiot, Frühjahr 1945: Die Rümpfe der Ju 52/3m (A.A.C. 1 Toucan) vor der Endmontage.

Stuttgart, Mai 1945: Die Ju 52/3m (A.A.C. 1 Toucan) der französischen Armée de l'Air bringen die befreiten Insassen der NS-KZ-Lager heim.

11

Mitte Februar 1945 beginnt ein neues verlustreiches Unternehmen: Die Luftversorgung der Festung Breslau. Durch die Kriegsumstände ist Breslau zu einer Millionenstadt angewachsen. Zunächst ordnet Gauleiter Hanke an, daß niemand die Stadt verlassen dürfe. Als sie Hitler zur »Festung« erklärt, ändert Hanke seine Politik und befiehlt die Evakuierung der Zivilisten. Lautsprecherwagen fahren in der Stadt umher und verkünden, daß Frauen und Kinder sofort Breslau zu Fuß auf der Straße nach Liegnitz zu verlassen haben. Das Thermometer zeigt 25 Grad unter Null, und überall liegt ein Viertelmeter Schnee.

In der Nacht vom 15. auf den 16. Februar landen zwölf Ju 52/3m-Maschinen mit Artilleriemunition auf dem Breslauer Flugplatz Gandau und nehmen auf dem Rückflug 255 Verwundete, vierzehn Soldaten und Flüchtlinge mit. In der von der 1. Ukrainischen Front eingekesselten schlesischen Metropole befinden sich noch rund 80 000 Zivilpersonen und etwa 45 000 bis 50 000 Soldaten des Heeres, der Luftwaffe, der Waffen-SS, einige Volkssturmbataillone und sogenannte Fremdvölkische Verbände. Munition ist besonders knapp, da sich die 17. Armee bei ihren vorangegangenen Kämpfen in Schlesien aus den Breslauer Depots bedient hat.

Die Ju 52/3m-Verbände starten mit ihrem Nachschub von den Fliegerhorsten Jüterbog und Dresden-Klotzsche, während die He 111-Gruppen den Flughafen Königgrätz benutzen. Flüge sind grundsätzlich nur noch nachts möglich, und das launische Wetter stellt wegen der plötzlich auftretenden Nebeleinbrüche die höchsten Anforderungen an die Besatzungen.

Um den Flugplatz Gandau massiert die 6. Sowjetische Armee, die den Ring um Breslau schließt, unzählige Flak- und Scheinwerfer-Batterien. Jede einzelne Maschine wird schon von weitem aus allen Richtungen von mehr als dreißig Scheinwerfern erfaßt und sofort unter heftigen Flakbeschuß genommen. Da helfen auch die Versuche einiger Piloten nicht viel, aus großer Höhe mit abgestellten Motoren an der holprigen Landebahn herunterzukommen. Das Rollfeld liegt unter ständigem direkten Artilleriefeuer, die sowjetische Hauptkampflinie verläuft nur 800 m von dem Flugplatz entfernt. Selbst wenn Schwerverwundete in die Maschinen gelangen werden, darf keinerlei Licht brennen.

Als einzige Ausweichmöglichkeit steht den Transportfliegern die Friesenwiese Scheiting in der Nähe der berühmten Jahrhunderthalle zur Verfügung. Aber diese Landebahn, 800 m lang und 40 m breit, ist mit Hindernissen gespickt und kann nur im äußersten Notfall von den erfahrendsten Piloten angeflogen werden.

Weil man mit dem Verlust des einzig brauchbaren Flugplatzes Gandau rechnet, wird eine der Breslauer Prachtalleen, die Kaiserstraße, samt dem angrenzenden Stadtviertel und der Kaiserbrücke abgerissen und zu einer Landebahn einplaniert. Diese Verwüstung ist aber völlig sinnlos, denn die während des permanenten Artilleriebeschusses unter zahlreichen Menschenopfern gebaute Landebahn ist für den Nachteinsatz ungeeignet. So haben die Ju 52/3m diese Notlandebahn auch nie benutzt. Schon am 3. März muß die Luftflotte melden, daß sie nicht mehr genügend Treibstoff hat, um die Festungen Breslau, Glogau und Graudenz planmäßig zu versorgen. Dazu befiehlt Hitler, noch ein ganzes Bataillon Fallschirmjäger nach Breslau einzufliegen. Das gelingt unter größten Schwierigkeiten zwischen dem 23. und 26. Februar. Da sich aber Gauleiter Hanke an höchster Stelle über angeblich unzureichende Bewaffnung und Ausbildung der Männer beschwert, beordert Hitler ein weiteres Bataillon mit leichten und schweren Waffen als Himmelfahrtskommando in die Festung Breslau. Diese Jäger treffen über mehrere Nächte hinweg in der ersten Märzwoche in der Festung Breslau ein. Jedoch an Entsatz ist nicht mehr zu denken. Generalfeldmarschall Schörner, der die Heeresgruppe führt und dem damit auch die »Festung Breslau« untersteht, kann seinen Plan, mit drei Divisionen den Einschließungsring aufzubrechen, nicht wahr machen.

In der Nacht zum 7. April landen zum letzten Mal drei Ju 52/3m-Maschinen in dem Breslauer Kessel und nehmen auf dem Rückflug 52 Verwundete und zwei Mann des fliegenden Personals mit.

Die Opfer an Menschen und Material – bis zum 24. März gehen allein vierundsechzig U 52/3m verloren – tragen lediglich dazu bei, den Fall Breslaus um wenige Tage hinauszuschieben. Als auch der Raum südlich von Berlin verlorengeht, kommt die Versorgung Breslaus immer mehr ins Stocken. Noch in der Nacht zum 15. April bringen aber fünfundfünfzig Transporter 76 Tonnen Munition. Zum letzten Mal erscheinen in den Nachtstunden des 1. Mai sieben Transporter mit Nachschub, den sie mit Fallschirmen abwerfen. Dann fliegen nur noch vereinzelt deutsche Jagdmaschinen über die Stadt und lassen im Tiefflug Versorgungsbomben fallen.

In den 76 Tagen Luftversorgung werden rund 1800 Tonnen Nachschubgüter, meist Munition, hereingebracht. Vom 15. Februar bis zum 14. März und am 7. April, als letztmals Transporter im Kessel landen, werden Verwundete und 512 Soldaten, Zivilisten und Kuriere herausgeholt. Insgesamt sollen 6600 Menschen die Festung auf dem Luftweg verlassen haben.

Auch zwei Verbindungsflugzeuge vom Typ Fieseler Storch wagen eine Landung in der belagerten Festung, um Lastensegler-Piloten abzuholen. Breslau kämpft bis zum 6. Mai weiter, dann kapituliert sein Kommandant, General Niehoff, vor der Übermacht der Sowjets.

12

Auch im Westen müssen die Ju-Transportverbände noch einmal eingreifen. In den letzten Märztagen 1945 treten die 9. US-Armee unter General-Leutnant Simpson im Norden und die 1. US-Armee unter General-Leutnant Nodges im Süden, nach der Überquerung des Rheins bei Remagen und nördlich von Duisburg, zum Angriff an. Ihr Ziel: die Heeresgruppe B zu vernichten und das Ruhrgebiet zu erobern. Schon am Nachmittag des 1. April treffen sich die Panzerspitzen der beiden amerikanischen Armeen bei Lippstadt. Damit ist die deutsche Heeresgruppe B im Gebiet zwischen Rhein, Ruhr und Sieg eingekesselt.

Die Versorgungslage der Eingeschlossenen ist äußerst kritisch, vor allem fehlt es an Munition, die teilweise in einigen noch nicht zerstörten Werken produziert werden soll. Der dazu benötigte Maschinenpark wird nach Anlaufen der Luftversorgung vom 8. zum 9. April eingeflogen. Bereits in der Nacht vorher starten Ju 52/3m mit Nachschub, können aber auf dem vereinbarten Flugplatz Deilinghofen nicht niedergehen, weil man dort keine Vorbereitungen getroffen hat. In der Nacht zum 10. April landen vier Ju-Maschinen in dem Ruhrkessel und sechs weitere werfen ihre Last ab. In der darauffolgenden Nacht werden dreizehn Maschinen, in der Nacht zum 12. April siebzehn Ju 52/3m eingesetzt.

Die erste Aprilhälfte geht vorbei. Die Alliierten gewinnen immer neue Gebiete: Kassel, Osnabrück, Minden, Würzburg, Bayreuth, Nürnberg, Hannover und Braunschweig fallen in rascher Folge. Obgleich die »Ruhrfestung« doppelt so viele Soldaten hat wie seinerzeit Stalingrad, leistet sie so gut wie keinen Widerstand.

Doch wirkliche Hilfe können die wenigen zur Verfügung stehenden Ju's nicht bringen, und die Situation der eingeschlossenen Heeresgruppe B verschlechtert sich von Stunde zu Stunde. Bald werden auch einzelne zur Verfügung stehende Flugplätze durch die amerikanische Armee erobert. In der Nacht zum 14. April werfen noch acht Ju 52/3m ihr Versorgungsmaterial einfach ab. Drei Tage später stellt die Heeresgruppe B östlich von Düsseldorf ihren aussichtslosen Widerstand ein. Feldmarschall Model zieht sich in die Wälder bei Duisburg zurück, wählt die Eiche, unter der er begraben werden will und erschießt sich.

Inzwischen entsteht an der Weser eine neue 11. Armee, um den amerikanischen Vormarsch zu stoppen. Die »Armee«, ein zusammengewürfelter Haufen von Ersatzeinheiten, Versprengten und unausgebildeten Rekruten, hat kaum Kampfkraft. Die Amerikaner zwingen sie schnell zum Ausweichen und drängen sie in den Harz ab. Am 18. April läuft die Luftversorgung für diese Verbände an, und eine Reihe von Ju 52/3m-Verbänden landet mit dem Nachschub auf dem Flugplatz Quedlinburg, der noch in deutscher Hand ist. Doch drei Tage später stellt die 11. Armee ihren Kampf ein. Zuletzt wird auch noch die Reichshauptstadt aus der Luft versorgt. In einer Besprechung beim ersten Festungskommandanten, am 17. März, fordert man für eine mögliche Luftversorgung Berlins 500 Tonnen Nachschub pro Tag. Die Offiziere des Lufttransportwesens bezeichnen diese Zahl als völlig utopisch. Um diese Forderung zu erfüllen, müßten täglich 250 Ju 52/3m-Maschinen in Berlin landen. Doch zu diesem Zeitpunkt verfügt das Dritte Reich noch etwa über einhundertdreißig einsatzklare Ju 52/3m. Bereits am 20. April stehen sowjetische Truppen vor der deutschen Hauptstadt und ihre Artillerie nimmt das Stadtzentrum unter Feuer. In den Mittagsstunden des 25. April treffen sich bei Ketzin Angriffsspitzen der Sowjets von Norden und Süden und schließen die Stadt Berlin endgültig ein. An ausreichende Luftversorgung ist nicht zu denken. Die meisten Flugzeuge der Luftflotte »Reich« ziehen sich nach Böhmen zurück, wohin der Chef des Generalstabes der Luftwaffe, General Koller, kaum noch Verbindung herstellen kann. Deutschlands Hauptstadt widerfährt nun zum Schluß ein ähnliches Schicksal, wie vordem Stalingrad, Warschau oder Budapest.

Ehe der Flugplatz Gatow jenseits der Havel ganz verlorengeht, landet dort von Rechlin aus noch eine Kompanie Marineinfanterie, die über die Havelbrücke in die Stadt gelangt und im Garten des Auswärtigen Amtes zunächst eine völlig sinnlose Stellung bezieht. Später teilt man sie der Division »Nordland« zu. In Wahrheit aber sind diese Marineinfanteristen ehemalige Teilnehmer eines Funkmeßlehrgangs auf der Insel Fehmarn, also angehende Inge-

nieure und hochspezialisierte Fachleute, die noch nie eine Waffe bedient haben und in Rostock in graue Uniformen gesteckt wurden. Mit Handgranaten und Panzerfäusten wissen diese Radartechniker nicht umzugehen. Ihre Gewehre stammen aus Italien, Baujahr 1917.

Am 25. April 1945 besetzt die Rote Armee den Flughafen Tempelhof, den Ort, wo ein Dutzend Jahre zuvor die erfolgreiche Karriere der Ju 52/3m als Verkehrsmaschine begann. Über dem Stadtzentrum versuchen Ju's noch Versorgungsbomben abzuwerfen: nur ein Fünftel der Behälter kann in dem weiten Trümmerfeld geborgen werden. Weil es an Munition für die wenigen noch vorhandenen Panzer und die 8,8-Flak fehlt, sollen die Transportmaschinen auf der Berliner Ost-West-Achse heruntergehen und Nachschub bringen.

Als am 26. April der Luftraum über Berlin von feindlichen Maschinen so gut wie leer ist, können etliche deutsche Maschinen einfliegen. Als erste landen gegen zehn Uhr zwei Ju 52 auf der Ost-West-Achse in der Nähe der Siegessäule. Tiergartenbäume, um die sich Hitler so sehr gesorgt hat, und die Bronze-Kandelaber müssen verschwinden, um eine genügend breite Landeschneise zu schaffen. Die Flugzeuge kommen heil auf den Boden. Sie bringen panzerbrechende Munition, die im Streufeuer der Sowjets ausgeladen wird. Aus einem Lazarett werden Verwundete herbeigefahren und, zum Teil auf Bahren, in die Laderäume geschoben. Nur einer Maschine gelingt der Start. Die andere streift, kaum vom Boden abgekommen, mit der linken Flügelspitze ein Haus und stürzt ab.

Von der Flugzeugerprobungsstelle im mecklenburgischen Rechlin starten nochmals in der darauffolgenden Nacht mehrere Transportflugzeuge mit Waffen an Bord in Richtung

Reichshauptstadt. Die Ju 52/3m müssen jedoch umkehren, es gibt jetzt keine Landemöglichkeiten mehr. Selbst der allerletzte Bericht des OKW kann nicht umhin, den Einsatz der Ju's zu erwähnen: »Am 9. Mai 1945, 0.00 Uhr, sind auf allen Kriegsschauplätzen von allen Wehrmachtsteilen und von allen bewaffneten Organisationen oder Einzelpersonen die Feindseligkeiten gegen alle bisherigen Gegner einzustellen . . . Als vorgeschobenes Bollwerk fesselten unsere Armeen in Kurland monatelang überlegene sowjetische Schützen- und Panzer-Verbände und erwarben sich in sechs großen Schlachten unvergänglichen Ruhm. Sie haben jede vorzeitige Übergabe abgelehnt. In voller Ordnung wurden mit den nach Westen noch ausfliegenden Flugzeugen nur Versehrte und Väter vieler Kinder abtransportiert.«

Was jedoch der OKW-Bericht so nebenbei streift, ist eine Tragödie der Ju 52/3m-Verbände – die letzte am letzten Tag des Zweiten Weltkriegs in Europa: Fünfunddreißig Maschinen Ju 52/3m sollen vom Flugplatz Grobin im abgeschnittenen Kurland, Verwundete und kinderreiche Väter nach Deutschland fliegen. Die Transporter kommen im Direktflug aus Norwegen. Im Eiltempo werden sie mit der menschlichen Fracht beladen, und bald donnern die Motoren über der Landebahn. Sehnsüchtig blicken die Männer vom Bodenpersonal, Sanitäter und Verwundete, die keinen Platz an Bord finden können, den davonbrausenden Maschinen nach. Die Ju 52/3m sind noch nicht außer Sehweite, als ein Rudel russischer Jäger auftaucht. Kurz danach fallen 32 Maschinen brennend zu Boden, nur zwei Ju's entkommen dem Gemetzel.

Das Ende des Krieges bedeutet keinesfalls das Ende der Ju 52/3m: Wie ein »Phönix aus der Asche« der Brandstätte, die Hitler hinterließ, entstehen die Ju's weiterhin in den Flugzeugwerken selbst der einstigen Gegner.

Mai 1945: Mit einer weißgetünchten Ju 52/3m-Maschine ohne Hoheitsabzeichen landet eine Gruppe deutscher Offiziere der Luftflotte 5 (Norwegen) auf einem britischen Luftstützpunkt zu Kapitulations-Verhandlungen.

Mai 1945: Das Ende. Dieses Wrack war einst eine Ju 52/3m des Kampf-Geschwaders z.b.V. (KGr. z.b.V.) 1.

Algerien 1948: Ein französischer General kurz vor dem Start mit einer Ju 52/3m (A.A.C. 1 Foucan) nach dem Besuch einer der Wüstenkönige.

Algerien 1954: Die französischen Fallschirmjäger gehen an Bord einer Ju 52/3m (A.A.C. 1 Toucan) zum Einsatz gegen einheimische Rebellen.

Indochina-Krieg, Dezember 1950: Die Ju 52/3m (A.A.C. 1 Toucan) der französischen Armée de l'Air über dem Delta des Roten Flusses im Raum von Hanoi.

Indochina-Krieg, Sommer 1950: Die Verwundeten der Kampfgruppe ›Groupment Mobile‹ werden aus der ersten Frontlinie mit Ju 52/3m (A.A.C. 1 Toucan) nach Bach-Mai (Hanoi) gebracht. ►

Indochina-Krieg, Frühjahr 1950, Bach-Mai (Hanoi): Das Ju 52/3m Bomben-Geschwader G.B. 1/64 (A.A.C. 1 Toucan) kurz vor dem Start zum Einsatz gegen den Viet-Minh. Die Maschinen tragen 16 Bomben von je 50 kg (acht Bomben unter dem Rumpf und je vier unter den Tragflächen).

176

DATEN UND FAKTEN

DIE WEITERENTWICKLUNG DER JU 52/3m

Ju 52/3m g4e ist eine 1935 gebaute Weiterent-
wicklung der g3e mit den technischen Daten:
Länge 18,90 m
Höhe 6,10 m
Spannweite 29,25 m
Flügelfläche 110,50 qm
Flügelstreckung 7,74 m.

Es ist ein Land-Transporter mit sieben Umbau-
möglichkeiten, ein Behelfs-Kampfflugzeug
und Nachtbomber, ohne C-Stand.
Ausrüstung: FuG 3a, Peil G5 und Fu Bl 1. Das
Startgewicht beträgt maximal 9500 kg, das
Leergewicht 5720 kg.
Die Ju 52/3m g4e wird primär als Fallschirmjäger-Transporter eingesetzt.
Flügel: Freitragender Tiefdecker. Kurzes Flü-
gelmittelteil fest am Rumpf. Anschluß der beiden Außenteile über Rohrverschlüsse. Aufbau
der Ganzmetall-Außenteile mit einem aufgelösten Holm aus 8 Leichtmetallrohren, die diago-
nal untereinander ausgekreuzt sind. Formge-

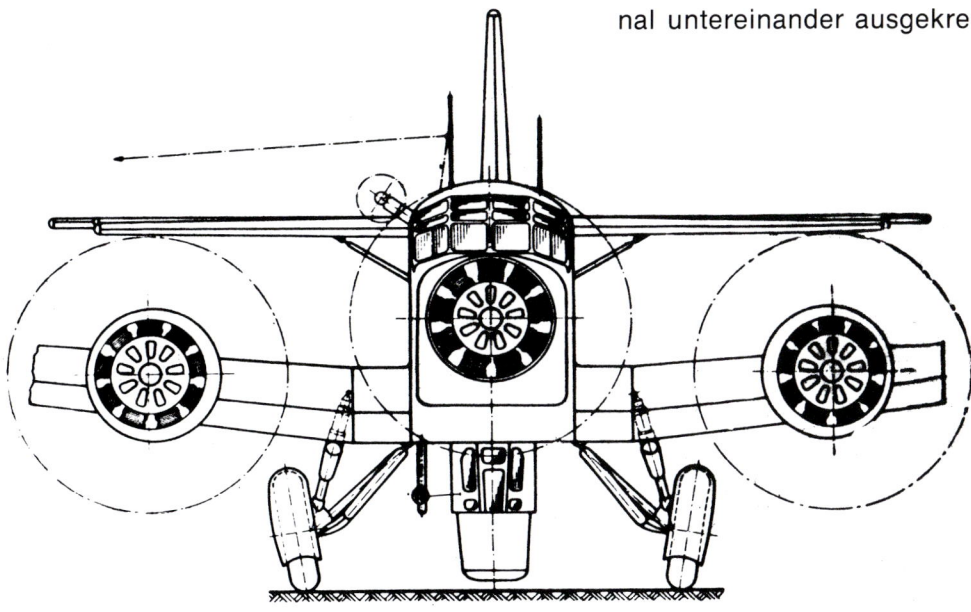

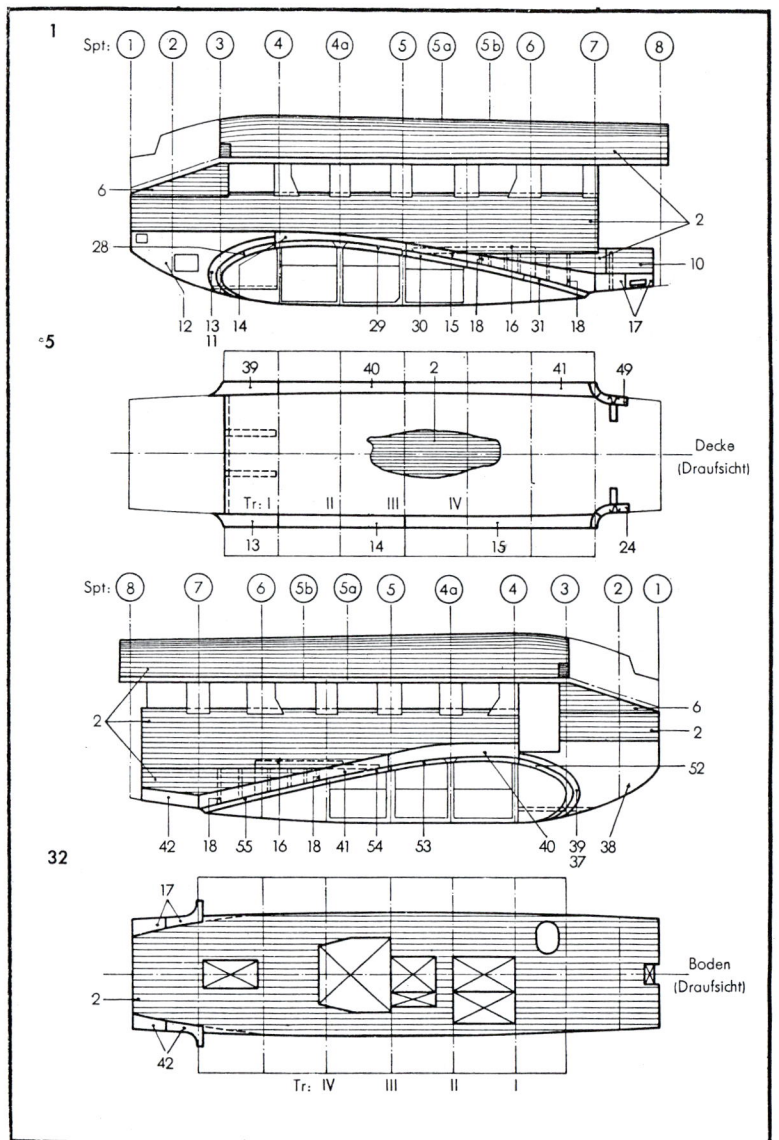

bende und tragende Beplankung aus Leichtmetall-Wellblech, versteift durch Pfetten. Über die gesamte Hinterkante der Außenflügel verlaufende Junkers-Doppelflügel, zweiteilig, innen als Landehilfe, außen mit Hornausgleich als Querruder.

Rumpf: Ganzmetallrumpf mit nahezu rechteckigem Querschnitt, aufgebaut aus 4 Längsgurten, Spantsegmenten und tragender Leichtmetall-Wellblechbeplankung.

Leitwerk: Abgestrebtes Normalleitwerk. Durchgehende Höhenflosse, zu den Rumpfseiten hin durch je einen kurzen I-Stiel abgefangen, Anstellwinkel im Fluge verstellbar. Alle Ruder mit Hornausgleich. Aufbau aller Flächen aus Leichtmetall mit tragender Wellblechbeplankung.

178

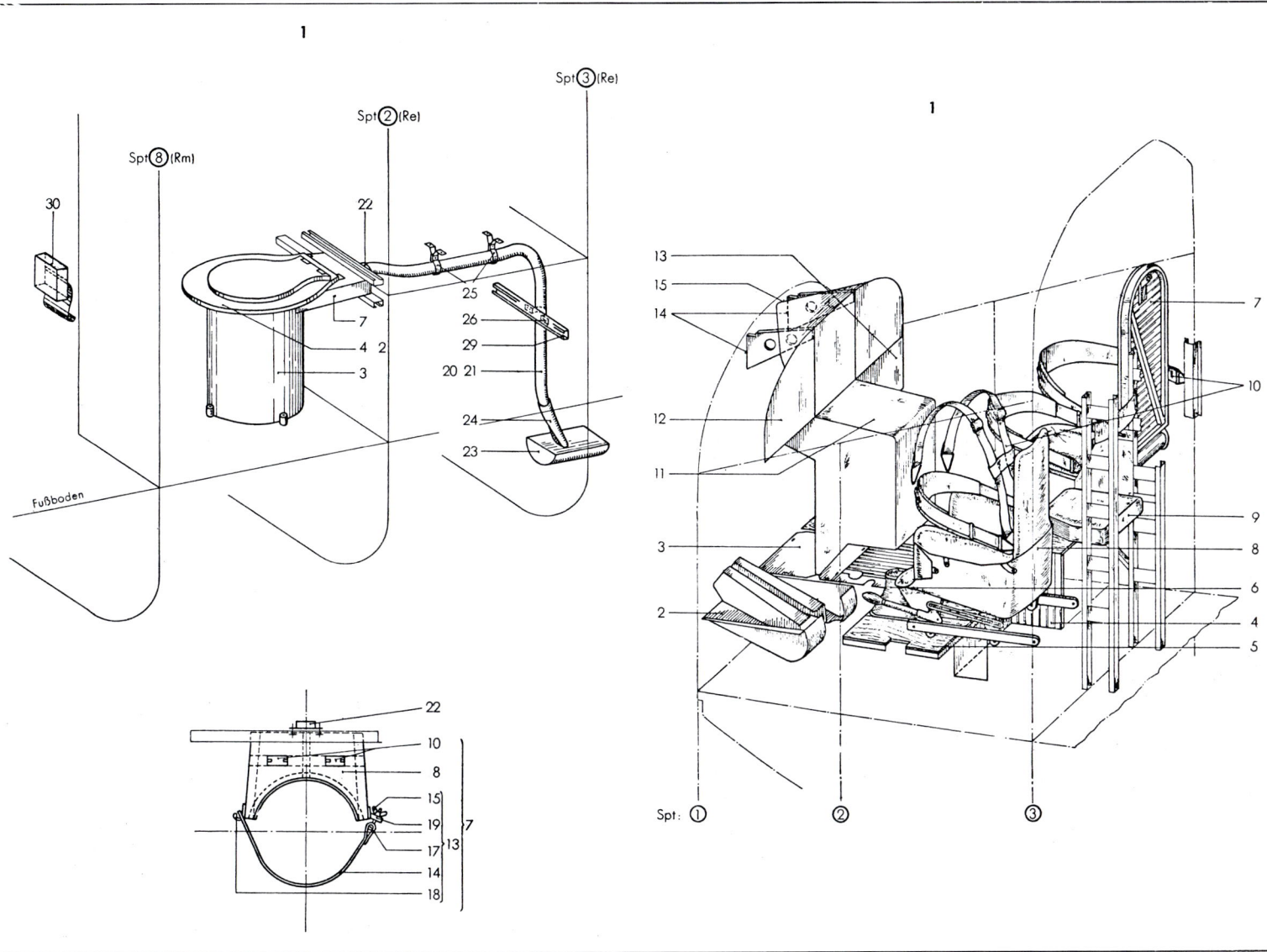

1

Spt ③(Re)

Spt ②(Re)

Spt ⑧(Rm)

30

22

7

4 2

3

25

26

29

20 21

24

23

Fußboden

22

10

8

15

19

17

14

18

7

13

1

13

15

14

12

11

3

2

7

10

9

8

6

4

5

Spt: ①   ②   ③

179

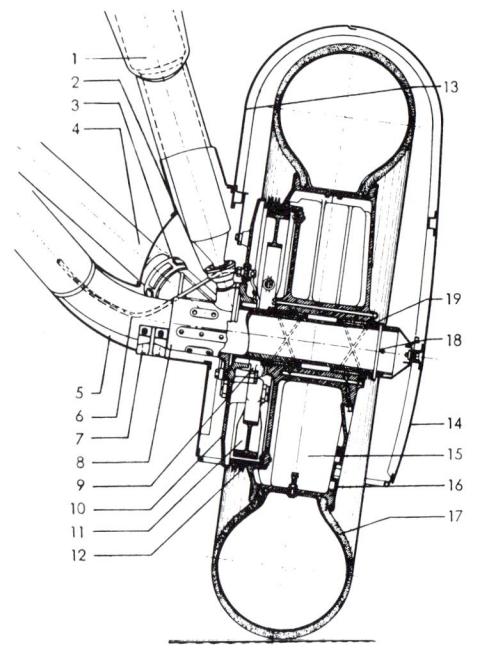

Laufrad links (in Fluglage)

1 Federbein
2 Kugelpfannen-Anschluß
3 Stützstreben-Anschluß
4 Stützstrebe
5 Achsstrebe
6 Bremsluftleitung
7 Aufbocklager
8 Achsmuffe
9 Bremszylinder
10 Bremsschild
11 Bremsbacke
12 Bremstrommel
13 Verkleidung
14 Verkleidungskappe
15 Radkörper
16 Deckel
17 Gummibereifung
18 Schraubenbolzen
19 Achsring

Triebwerk: Drei BMW 132 A-Motoren mit Ansaugvorwärmung und je 660 PS. Bisherige 3 bzw. 5 Zylinder-Anlaßeinspritzanlage mit 3 Literbehälter ersetzt durch 9 Zylinder-Anlaßeinspritzanlage mit 7 ½ Liter Behälter Azetylen-Anlaßanlage. Außenmotoren mit NACA-Haube, Mittelmotor mit Townend-Ring. Junkers Zweiblatt-Einstell-Luftschrauben aus Metall mit 2,90 m Durchmesser. Brennstoffkapazität 2450 Liter.

Bedientisch

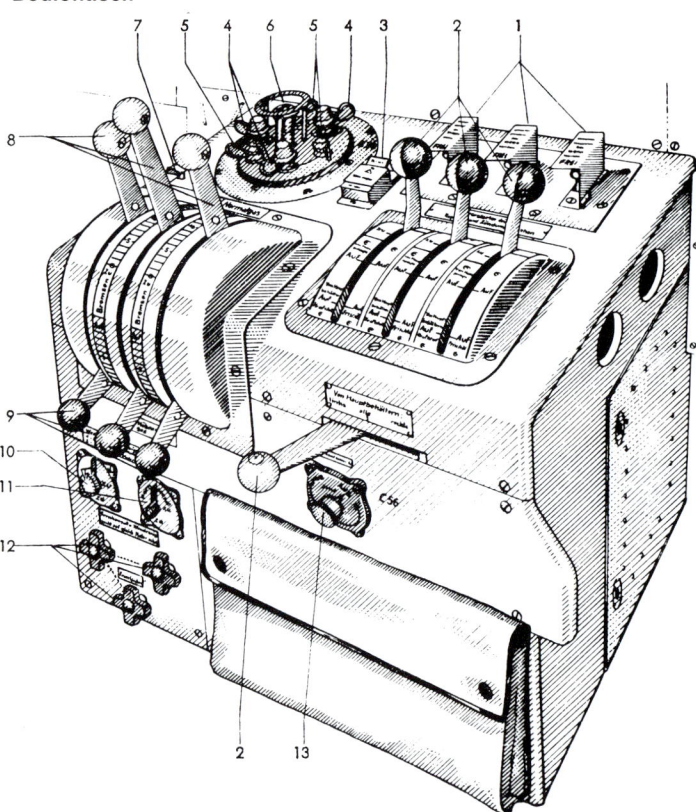

1 Anlaßschalter
2 Hebel für Ventil-Batterie
3 Netzausschalter
4 Magnetschalter ⎫ Zünd-
5 Verstellschalter ⎬ schalter
6 Zündschalter ⎭
7 Anschlaghebel für Normalgas
8 Hebel für Normalgasregelung
9 Hebel für Höhengasregelung
10 Umschalter für Wendezeiger
11 Umschalter für Fernkompaß
12 Feuerlöschhähne
13 Verdunkler für Leuchtrahmen

Fahrwerk: Starres Normalfahrgestell mit einer Spurweite von 4,00 m. Pneumatisch bremsbare Haupträder an kräftigen ölpneumatischen Dreibein-Federstreben, verkleidet oder unverkleidet, Spornrad.

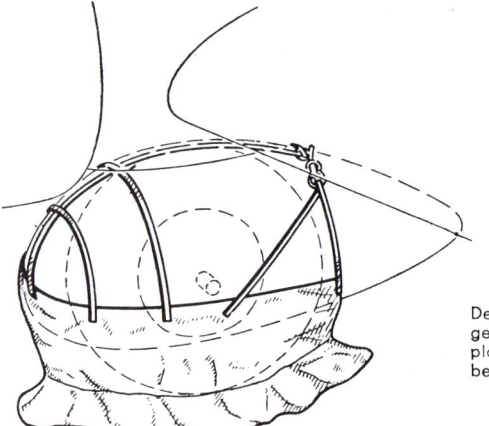

Der auf dem Boden liegende Teile der Abdeckplane ist mit Sand zu bedecken

Motoransicht BMW 132 Dc von Hilfsgeräteseite

Motorschnitt des BMW 132 N

Zylinder des BMW 132 A. Motors

Flugmotor BMW 132 K

Der Flugmotor BMW 132 K ist ein luftgekühlter 9-Zylinder-Sternmotor mit unmittelbarer Druckeinspritzung des Kraftstoffes in die Zylinder. Er ist ein Bodenladermotor, bei dem zum Abflug die volle Motorleistung auch in Meereshöhe und die volle 60 v H Reiseleistung noch in 2900 m Höhe zur Verfügung steht.

Der Motor besitzt ein Stirnradumlauf-Untersetzungsgetriebe mit Flanschanschluß für die Verwendung einer druckölgesteuerten Verstell-Luftschraube. Der allgemeine Aufbau des Motors ist, abgesehen vom Hilfsgeräteteil, wie bei den bekannten BMW-Vergaser-Flugmotoren. Durch Wegfall des Vergasers konnte die Ansaugleitung mit ihren Eintrittsöffnungen zwischen den Zylindern in den Stauraum vor den Motor geführt werden, so daß ein Ansaugschacht entfällt und außerdem Staudruckgewinn erzielt wird. An Stelle des Vergasers ist eine Einspritzpumpe vorhanden, die in Verbindung mit einem selbsttätigen Regler für jeweils richtige Gemischbildung Sorge trägt. Für die Begrenzung des höchstzulässigen Ladedruckes ist ein Ladedruckregler vorgesehen.

Leistungen und Vollgashöhen

Belastung	Dauer in Min.	U/min.	Leistung in 0 m Höhe PS	Volleistung PS	Volleistung m Höhe
Abflugleistung	1	2550	1000	1000	0
Kurzleistung	5	2250	810	830	850
Steigleistung	30	2200	715	750	1500
Dauerleistung	dauernd	2100	650	690	1800
Reiseleistung	dauernd	1900	480	535	2900

Beschreibung der Bauteile

Das Motorgehäuse besteht aus 7 Leichtmetall-Bauteilen, dem gepreßten zweiteiligen Kurbelgehäuse, dem Gemischladergehäuse, dem Leitschaufelträger, dem Hilfsgeräteträger, dem Steuergehäuse und dem Lagerschild für die vordere Kurbelwellenlagerung ● Die einfach gekröpfte, zweiteilige Kurbel-

182

welle ist sorgfältig ausgewuchtet, in drei Rollenlagern gelagert. ● Die ungeteilte Hauptpleuelstange hat für den Lauf auf dem Hubzapfen Bleibronzelager und für den Kolbenbolzen eine eingepreßte Bronzebüchse. Die acht Nebenpleuel sind mit Gelenkbolzen, in Bronzebüchsen gelagert, an die Hauptpleuel angeschlossen. ● Die Kolben sind als Topfkolben aus einer Leichtmetall-Legierung gepreßt und haben 3 Kolbenringe sowie 2 Ölabstreifringe. Die Kolbenbolzen sind, gegen seitliche Verschiebung gesichert, schwimmend gelagert. ● Die Zylinder bestehen aus je einer Stahllaufbüchse mit warm aufgeschraubtem Leichtmetall-Zylinderkopf. Sie besitzen je ein hängendes Auslaß- und Einlaßventil. Die Auslaßventile sind zur besseren Wärmeabfuhr mit

Natrium gefüllt und haben zum Schutze gegen Korrosion bzw. Abnützung am Ventiltellerkegel und am Schaftende eine Hartmetallauflage. ● Die Steuerung der Ventile erfolgt über Schwinghebel, Stoßstangen und Ventilstößel durch eine Nockentrommel mit je 4 Ein- und Auslaßnocken. Alle Steuerungsteile sind druckölgeschmiert und öldicht gekapselt. ● Der Lader ist als Kreiselgebläse ausgebildet. Er wird über eine federnde Kupplung durch eine doppelte Stirnradübersetzung mit 7 facher Motordrehzahl von der Kurbelwelle angetrieben. Ein Ladedruckregler verhindert, daß der höchstzulässige Ladedruck überschritten wird. Die Regelung des Ladedruckes wird durch ein Handgestänge betätigt. ● Der Kraftstoff des Motors wird von der Kraftstoff-Förderpumpe aus dem Behälter angesaugt, in einem Luftabscheider von vorhandener Luft befreit und der Einspritzpumpe zugeführt. Die aus 9 Einzelpumpen bestehende Einspritzpumpe drückt den Kraftstoff, durch Einspritzdüsen feinstens zerstäubt, in die Motorzylinder. ● Für die Zündung des Kraftstoff-Luftgemisches sind je Zylinder 2 Zündkerzen vorgesehen, die von einem Zwillingszündmagnet unabhängig voneinander gespeist werden. ● Die Schmierung des Motors ist als Umlaufschmierung mit Trockensumpf ausgebildet.

BMW FLUGMOTORENBAU GESELLSCHAFT M.B.H., MÜNCHEN 13
AUSLANDSVERTRIEB: AERO MOTOR EXPORT G.M.B.H., BERLIN W 35

1940: Eine Werkbeschreibung des Flugmotors MMW 132 K.

1 = Re-Spant 8a
2 = Auge mit Kugel-
    buchse für Hö-
    henflosse
3 = Re-Spont 9
4 = Kugelverschrau-
    bung der Seiten-
    flosse
5 = Stoßstange der
    Verstellspindel
    für
    Höhenflosse
6 = Stoßstange für
    Seitenruder
7 = Bolzen für
    Seiten-
    ruderlagerung
8 = Gabel für Abstre-
    bung
    der Höhenflosse
9 = Re-Spont 8
10 = Klappe mit
    Schnell-
    verschluß
11 = Klappe mit
    Scharnier
    und Nadel
12 = Anschlag für
    Seitenruder

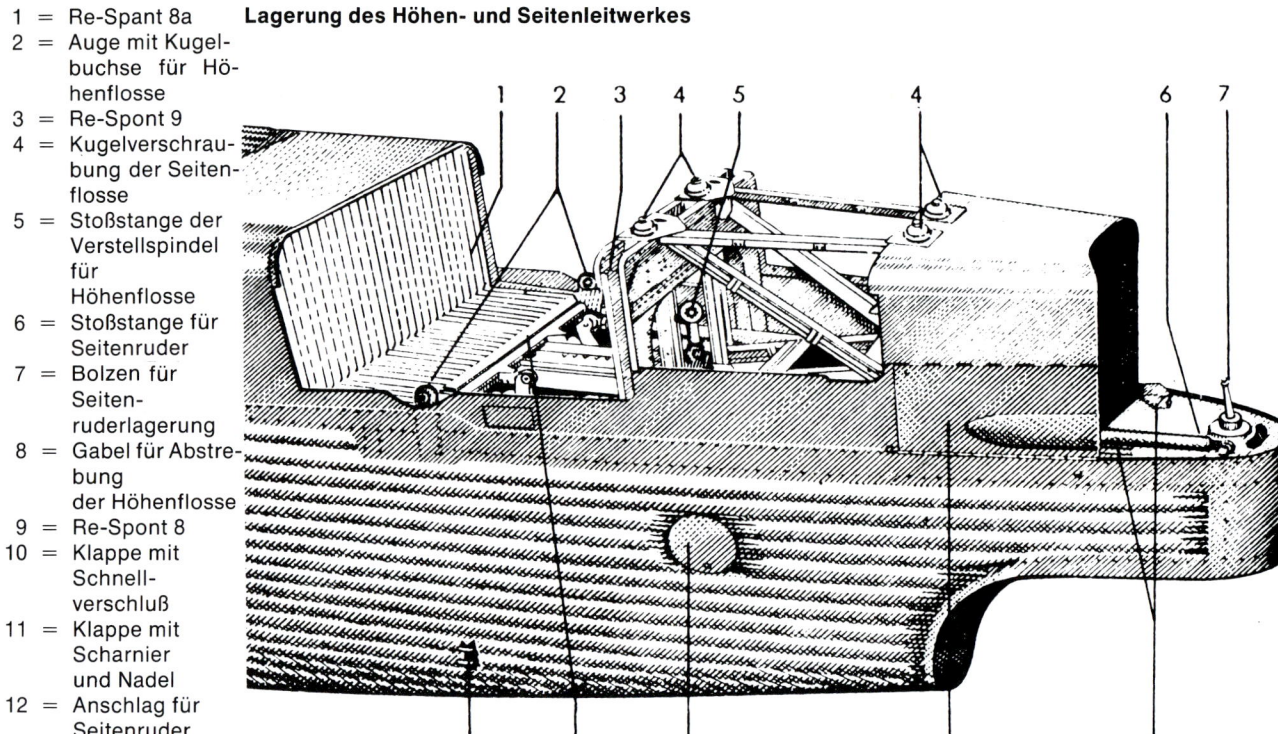

Flugleistungen: max. 265 km/h in Bodennähe
max. 277 km/h in 915 m Höhe
Reisegeschwindigkeit 200 km/h in 915 m
Landegeschwindigkeit 110 km/h
Steiggeschwindigkeit 3 m/sek.
Flughöhe max. 5900 m, Steigzeit auf 3000 m
ca. 17 Min.
Reichweite 1500 km.

Besatzung: 3 Mann in geschlossenem Führersitz, Pilot und Copilot nebeneinander mit Dop-
pelsteuer, Funker dahinter/dazwischen auf
Klappstuhl. Passagierkabine für 17 Sitze maximal in zwei Sitzreihen mit dazwischenliegen-
dem Gang, Toilette.

Anstrich: Allseitig hellgrau, als Nachtbomber
dunkelgrau. Der schwarze Zieranstrich in den
Triebwerksbereichen ist von der Zivilausführ-
rung übernommen und wird bis zur Einführung
der Standard-Sichtschutzbemalung beibehalten.

See- oder Land-Transporter g5e: Verbesserte
Ausführung der g4e mit stärkeren BMW 132 T-
oder Z-Motoren mit 3 × 830 PS Startleistung,
schneller laufendem Generator und Wasser-
vorwärmung. Zusätzlich Enteisungsanlagen
für Tragflügel, Leitwerk und Luftschraube. Ru-
der-Feststell-Vorrichtung im Rumpf. Neue
Eberspächer-Ansaugluft-Vorwärmung. See-
ausrüstung mit zwei einstufigen Schwimmern
von 9500, später 11 000 l Inhalt. Größtes Fluggewicht: Land-Transporter 10 500 kg, See-
Transporter 11 000 kg bzw. 11 500 kg.

Bewaffnung: Drei MG-15, davon zwei Seitenstände. Funkausrüstung FuG 5a, später
FuG 10 mit TZG 10, Peil G 5, Fu Bl 1, FuG 25.
Patin-Fernkompaß-Anlage serienmäßig. Serie
1941.

g6e: Nur Land-Transporter. Eine Weiterent-
wicklung der g5e mit verbesserter Funkanlage
und teilweise mit Kurssteuerung K4ü, mit ei-

nem Minensuchring und Abwehrständen aus-gerüstet. Später auf Seeeinsatz erweitert mit 11 000 I-Schwimmern und eingeschränkter Seeausrüstung.

g7e: Standardtransportausführung. Weiterent-wicklung der g5e mit automatischem Piloten, zusätzlicher Kurssteuerung K4ü, verlängerter und verbreiteter Ladetüren an den Rumpfsei-tenwänden und auf dem Rumpfrücken sowie zahlreicher Verbesserungen der Zelle: acht Klappsitze im Nutzraum und zwei am Spant 8, ausgebaute Fenster zwischen Spt. 5a und 6, verminderte Fensterzahl.

Größtes Fluggewicht: Land-Transporter 11 000 kg, See-Transporter 11 500 kg.

Triebwerke: wie g5e.

Besatzung: 3 Mann, bestehend aus Pilot und Funker/Schütze/Copilot in der Besatzungs-kanzel und einem Schützen im Rumpf. Als Truppentransporter Raum für 16 bis 18 voll ausgerüstete Soldaten, als Sanitätsflugzeug Platz für 12 Bahren.

Bewaffnung: Standardbewaffnung bestehend aus 1 × 13 mm MG 131 in offenem B-Stand auf dem Rumpfrücken und 2 × 7,9 mm MG 15 in den beiden Rumpffenstern der Seitenwände, A-Stand im Führerraumdach mit MG 15 und Condorhaube als Nachrüstsatz, später serien-mäßig eingebaut. See-Einsatz geplant, aber nicht durchgeführt.

g8e: Nur Land-Transporter. Weiterentwicklung der g6e ausschließlich als Truppentransporter mit kompletter Fensterausstattung, an Stelle der Fahrwerkverkleidung Achsknotenpunkt-verkleidung, und mit auf der Oberseite durch-gezogener Verkleidung des Mitteltriebwerkes. Ausrüstung und Fluggewichte wie g7e. Neuere Flugzeuge ohne Verladeklappe in Rumpfober-seite, zusätzlich Dachluke.
Teilweise als See-Transporter ausgerüstet mit:

Klappsitzen, Fensterlafetten, Condorhaube, Sani-Noteinsatz, Schleppsporn, Lufterhitzer, Kälteschutz.
Anfangs BMW 132 T-Triebwerke, dann BMW 132 Z.

Funkausrüstung: FuG 10 mit TZG 10, Peil G 6, Fu Bl 2H, FuG 101, FuG 25. Abwehrwaffen im B-Stand ab Werk-Nr. 7730 auf MG 131 umge-stellt. Teilweise auf eingeschränkten See-Ein-satz eingerichtet.

g9e: Wie g4e, jedoch in Tropenausführung (daher auch die Bezeichnung g4e trop), Land-transporter mit 3 Triebwerken BMW 132 Z, ver-

Schleppantennenschacht unter dem Rumpf des Flugzeuges

Festantenne

Festantennenmast mit Bakenstab

Schleppantenne

Dipolantenne

Stabantenne für FuG 25

185

EBl 1

EBl 2

U 8

Funkgeräte unter dem Funkertisch

stärkter Bewaffnung serienmäßig, normaler Ladeluke in der rechten Rumpfseite, Schleppkupplung für Lastensegler serienmäßig. Sonst wie g7e und g8e. Serie 1942.

g10e: Nur Land-Transporter wie g8e, jedoch ohne Enteisungsanlage für Tragflügel, Leitwerk und Luftschrauben und ohne Verladeklappe in Rumpfoberseite, dafür Verladeklappe in Rumpfseitenwand vergrößert und 3-teilig, ohne Fahrwerkverkleidung, dafür Achsknotenpunktverkleidung. Behälterlagerungen und Rohrleitungen im Tragflügel eingebaut für Vergrößerung der Kraftstoffanlage (4 × 135 Liter = 540 Liter). Triebwerke wie g9e, Bewaffnung auf B-Stand und zwei Seitenstände reduziert. Größtes Fluggewicht 11 000 kg.

g12e: Land-Transporter für Mannschaftstransport mit 3 BMW L-Triebwerken. An DLH als Ju 52/3m-12 geliefert. Geringe Stückzahl.

g14e: Land- und See-Transporter. Zelle, Triebwerk und Ausrüstung wie g8e mit verstärkter Panzerung für Flugzeugführer gegen Jäger-Angriffe serienmäßig und verstärkter Bewaffnung. Eingeschränkte See-Ausrüstung mit Schwimmer von 11 000 Litern.

Ju 52/3m-MS: Umgebaute Version der Baureihen g4e und g6e mit BMW 132 T-Motoren und großem Minensuchring zum Sprengen von Magnetminen.

Flugklarmeldung für Ju 52/3m Land-Transporter: (aus: Bedienungsvorschrift-FL der Ju 52/3m g3e – g11e, vom Februar 1943, Ausgabe September 1943)

»Der verantwortliche Wart führt die Flugklarprüfung zweckmäßigerweise in der folgenden
Reihenfolge durch und meldet dem Komman-
danten das Flugzeug an Hand der Flugklarmel-
detafel für Land- oder See-Transporter flugklar. Die volle Flugklarprüfung erfolgt täglich
vor dem Flugdienst und bei Wechsel des
Wartungspersonals vor jedem Flug; Punkt 32
bis 37 bei Land-Transportern alle 2 Tage.« . . .

1. Feststellvorrichtungen, Seile, Abdeckplanen alle entfernt. – (Bei Tropeneinsatz:
Dichtkappen von den Schmierstoffkühlern
der Seitenmotoren abgenommen.)
2. Schiebeklappe der Führerraum-Überda-
chung fest verriegelt.
3. Ladeluken einwandfrei verschlossen.
4. Abwurfeinrichtung der Einsteigtür ver-
plombt.
5. Luftdruck auf den Laufrädern je nach Fluggewicht 4,0 bzw. 4,2 oder 4,5 atü, auf dem
Spornrad 3,25 bzw. 3,5 atü, kein Rutsch
(rote Marken).
6. Anzeigegerät für Fahrwerks-Preßluft zeigt
150 (mindestens 120) atü.
7. Fahrwerksbremsen mit dem Gashebel des
Mittelmotors geprüft, beide Seitenmotoren
n = 1600 U/min.
8. Federbeine in Ordnung.
9. Seiten, Höhen, Querruder leicht gängig und
sinngemäßer Ausschlag.
10. Landeklappen einschließlich Landeklap-
pensicherung betriebsklar.
11. Querruder bei ausgefahrenen Klappen
gängig.
12. Höhenflossen-Verstellung betriebsklar.
13. Sämtliche Deckel und Klappen an Triebwerk und Zelle fest.
14. Kraftstoff- und Schmierstoffleitungen
dicht.
15. Preßluftleitungen dicht.

16. Schmierstoffbehälter gefüllt, je 65 Liter
Kaltstartmischung durchgeführt.
17. Kraftstoffbehälter gefüllt, 2400 Liter. g4e
trop: Fallbehälter gefüllt, 50 Liter.
18. Anlaßkraftstoff vorhanden.
19. Kraftstoffpumpe fördert.
20. Gashebel voll gängig.
21. Ventilbatterien in Ordnung.
22. Bei Abbremsen auf Anschlag Drehzahl der
Motoren:
bei 19,5° Grundeinstellung
n = etwa 1.800 U/min.
bei 17° Grundeinstellung
n = etwa 1950 U/min.
23. Gummienteiser geprüft (soweit eingebaut).
24. Druckmesser der Feuerschutzanlage zeigt
6 atü, 2 Handfeuerlöscher vorhanden und
plombiert.
25. Leuchtpistole mit Munition im B-Stand vorhanden, bei neueren Flugzeugen im Führerraum.
26. Sammler bei eingeschaltetem Verbraucher
(Scheinwerfer) 24 Volt.
27. Generator arbeitet, Regler regelt und
schaltet bei den jeweiligen Umdrehungen
ein bzw. aus.
28. Prüfung der Nachrichtengeräte durch
Funkwart erfolgt.
29. Schuß- und Abwurfwaffen sind durch Waf-
fenwart geprüft.
30. Bordwerkzeug vorhanden.
31. Zuladung nach entsprechendem Ladeplan
verstaut und ordnungsgemäß verzurrt.
32. Rumpfende: Höhenflosse, Höhenruder,
Seitenflosse, Seitenruder, Steuerseile,
Stoßstangen, Kabel und Trimmwelle ohne
Beschädigung.
33. Lager der gesamten Leitwerksorgane alle
gesichert, Gegenmuttern fest.
34. 12 Motoranschlüsse fest und gesichert.

35. Flugzeug-Notausrüstung für 4 Mann Besatzung in 4 Rucksäcken im Durchstieg zwischen Träger III und IV verstaut.
36. Lose Teile der Notausrüstung (Kurbelnotsender, Wasserkanister, Karabiner usw.) vorhanden und richtig verzurrt.
37. Winter-Notausrüstung, falls erforderlich, vorhanden.« . . .

Gewichtsaufteilung:
»Vor dem Einstieg hat sich der Flugzeugführer von der richtigen Gewichtsverteilung an Hand des Ladeplans für den betreffenden Verwendungszweck zu überzeugen. Es muß unter allen Umständen darauf geachtet werden, daß die Flugzeuge so beladen werden, daß der normale Trimmbereich zum Ausgleich der Ruderkräfte ausreicht. Überbügeln der Höhenruder bei überladenem Flugzeug ist nicht zulässig.« . . .

Besatzung:
»Die Besatzung besteht beim Land- und beim See-Transporter bei allen Verwendungszwecken (mit einer Ausnahme) aus drei Mann:
1. Flugzeugführer   linker Führersitz
2. Bordwart   rechter Führersitz oder B-Stand
3. Bordfunker   Klappsitz im Führerraum oder Funkersitz oder Fensterlaffettenstand

Beim Verwendungszweck F »Fallschirmschützen- und Luftlandetrupp-Flugzeug« der Land-Transporter kommt ein weiterer Mann hinzu:
4. Beobachter (Absetzer) oder Fliegerschütze auf Sitz am Spant 8. Bei Abflug und Landung hat in allen Fällen der Bordfunker den Klappsitz im Führerraum einzunehmen.
Der 1. Flugzeugführer und 2. Flugzeugführer (Bordwart) tragen Sitzkissenfallschirme. Der Funker trägt Brustfallschirm.« . . .

Ladeplan Ju 53/3m g5e

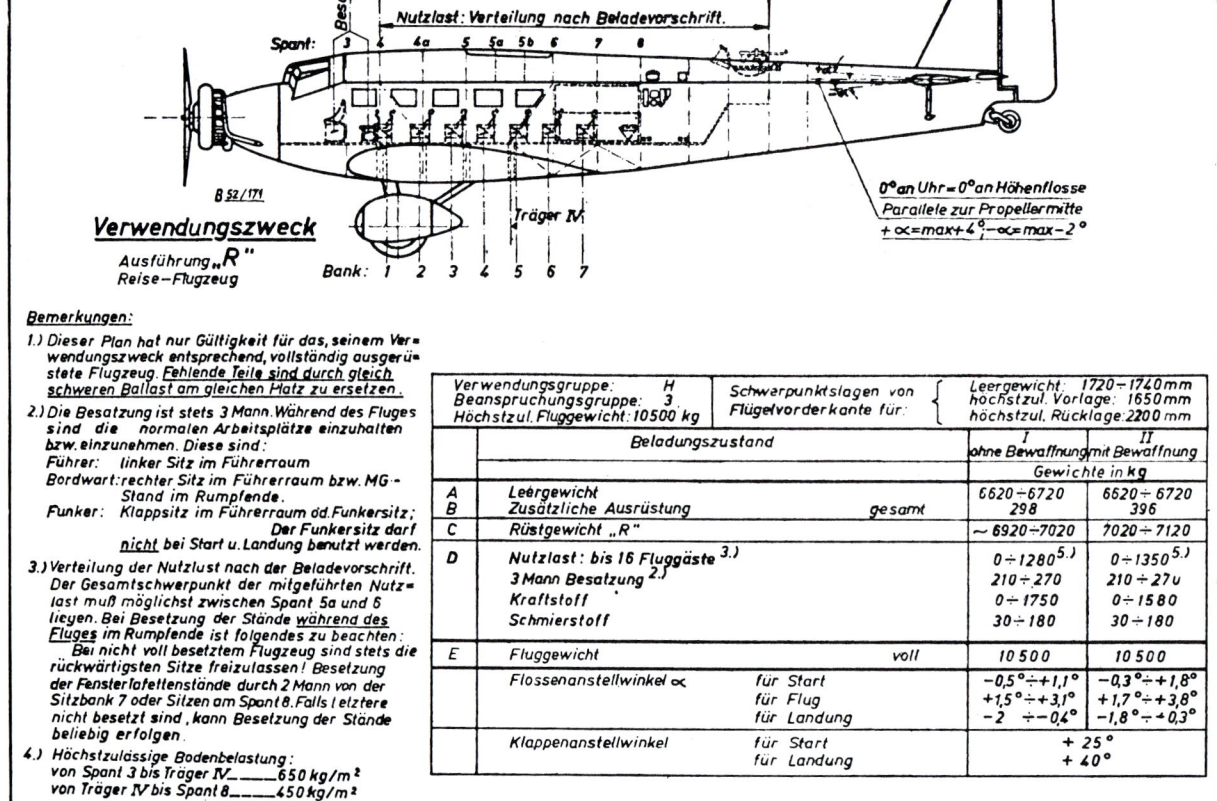

188

Verwendungsgruppe:	H	Schwerpunktslagen von		Leergewicht: 1720–1740 mm
Beanspruchungsgruppe:	3	Flügelvorderkante für:		höchstzul. Vorlage: 1650 mm
Höchstzul. Fluggewicht: 10500 kg				höchstzul. Rücklage: 2200 mm

	Beladungszustand			I ohne Bewaffnung	II mit Bewaffnung
				Gewichte in kg	
A	Leergewicht			6620–6720	6620–6720
B	Zusätzliche Ausrüstung	gesamt		298	396
C	Rüstgewicht „R"			~ 6920–7020	7020–7120
D	Nutzlast: bis 16 Fluggäste [3.]			0÷1280 [5.]	0÷1350 [5.]
	3 Mann Besatzung [2.]			210÷270	210÷270
	Kraftstoff			0÷1750	0÷1580
	Schmierstoff			30÷180	30÷180
E	Fluggewicht	voll		10500	10500
	Flossenanstellwinkel ∝	für Start		−0,5°÷+1,1°	−0,3°÷+1,8°
		für Flug		+1,5°÷+3,1°	+1,7°÷+3,8°
		für Landung		−2 ÷−0,4°	−1,8°÷−0,3°
	Klappenanstellwinkel	für Start		+ 25°	
		für Landung		+ 40°	

Hierzu gehört Beladevorschrift: 274 207

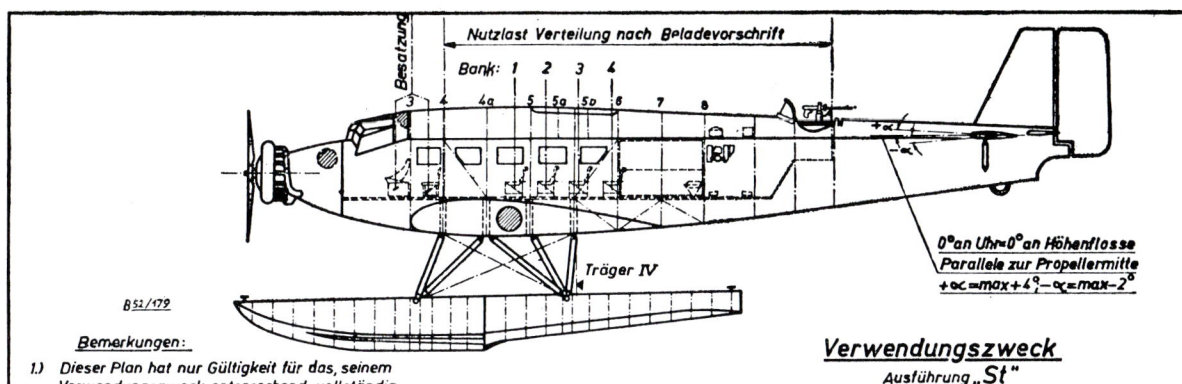

B 52/179

Verwendungszweck
Ausführung „St"
Staffeltrupptransport – Flugzeug

Bemerkungen:

1.) Dieser Plan hat nur Gültigkeit für das, seinem Verwendungszweck entsprechend, vollständig ausgerüstete Flugzeug. Fehlende Teile sind durch gleich schweren Ballast am gleichen Platz zu ersetzen.

2.) Die Besatzung ist stets 3 Mann. Während des Fluges sind die normalen Arbeitsplätze ein= zuhalten. Diese sind:
   Führer: linker Sitz im Führerraum
   Bordwart: rechter Sitz im Führerraum oder MG-Stand im Rumpfende.
   Funker: Klappsitz im Führerraum oder Funkersitz bzw. Lafettenstand. Funkersitz darf nicht bei Start u. Landung benutzt werden.

3.) Verteilung der Nutzlast nach der Beladevorschrift. Der Gesamtschwerpunkt der mitgeführten Nutz= last muß möglichst zwischen Spant 5 u. 5a liegen. Besetzung der Fensterlafettenstände durch den Funker und 1 Mann vom Staffeltrupp.

4.) Höchstzulässige Bodenbelastung:
   von Spant 3 bis Träger IV _____ 650 kg/m²
   von Träger IV bis Spant 8 _____ 450 kg/m²

5.) Das an der höchstzulässigen Nutzlast fehlende Gewicht kann durch zusätzlichen Kraftstoff ersetzt werden.

				I	II
Verwendungsgruppe: H					
Beanspruchungsgruppe: 3			Schwerpunktslagen von Flügelvorderkante für	Leergewicht: 1660 ÷ 1680 mm	
Höchstzul. Fluggewicht: 11 000 kg (Grp. I)				höchstzul. Vorlage: 1550 mm	
				höchstzul. Rücklage: 2130 mm	
	Beladungszustand			I	II
				Gewichte in kg	
A	Leergewicht			7210 ÷ 7310	7210 ÷ 7310
B	Zusätzliche Ausrüstung	gesamt		520	520
C	Rüstgewicht „St"			7730 ÷ 7830	7730 ÷ 7830
D	Nutzlast [3]	gesamt		0 ÷ 1690 [5]	0 ÷ 1590 [5]
	3 Mann Besatzung [2]			210 ÷ 270	210 ÷ 270
	Kraftstoff			0 ÷ 1030	0 ÷ 1130
	Schmierstoff			30 ÷ 180	30 ÷ 180
E	Fluggewicht	voll		11000	11000
	Flossenanstellwinkel α	für Start		$-1,7° ÷ +0,1°$	
		für Flug		$+1,8° ÷ +3,6°$	
		für Landung		$-1,7° ÷ +0,1°$	
	Klappenanstellwinkel	für Start		$+40°$	
		für Landung		$+40°$	

Hierzu gehört Beladevorschrift: 214.209

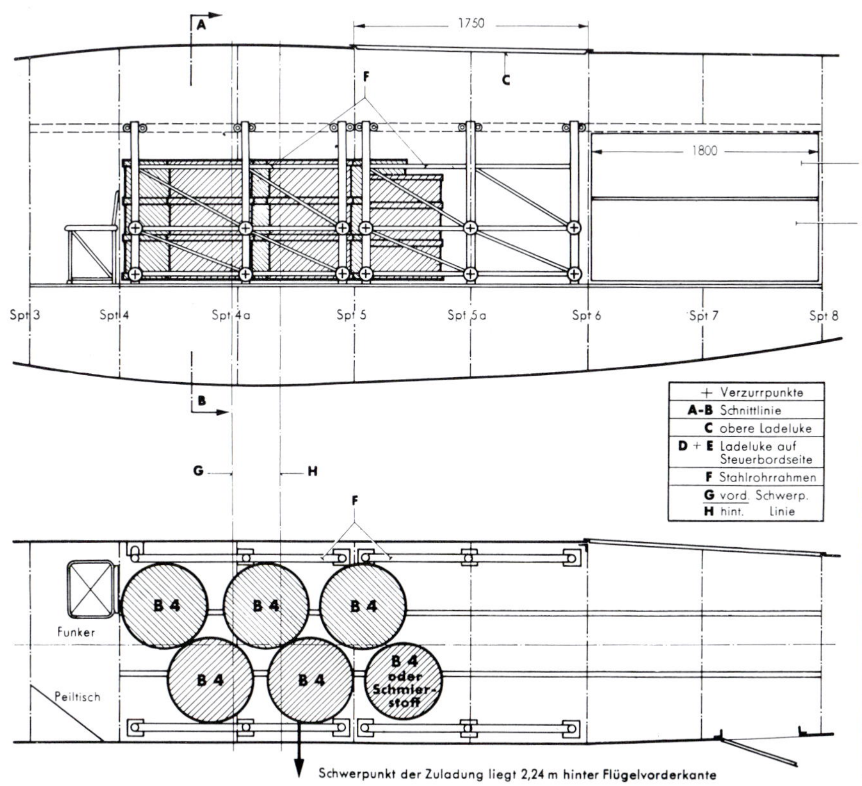

Legende:
- **+** Verzurrpunkte
- **A-B** Schnittlinie
- **C** obere Ladeluke
- **D + E** Ladeluke auf Steuerbordseite
- **F** Stahlrohrrahmen
- **G** vord. Schwerp.
- **H** hint. Linie

Schnitt A-B

189

Ladeplan einer Ju 52/3 m g4e Nachschubtransportflugzeug

Mit 5 Fässern Kraftstoff zu 300 Ltr. = 5 × 300 kg = 1500 kg und 1 Faß 200 kg Schmierstoff = 1700 kg

Die Bodenbelastung beträgt hier 455 kg/m².

Kraftstoffzuladung .... 924 kg
Schmierstoffzuladung .... 150 kg
Flugstrecke .... ca. 800 km

Luftgaustab z.b.V.16. Q2, o.v.d. 22.2.40.

Schwerpunkt der Zuladung liegt 2,24 m hinter Flügelvorderkante

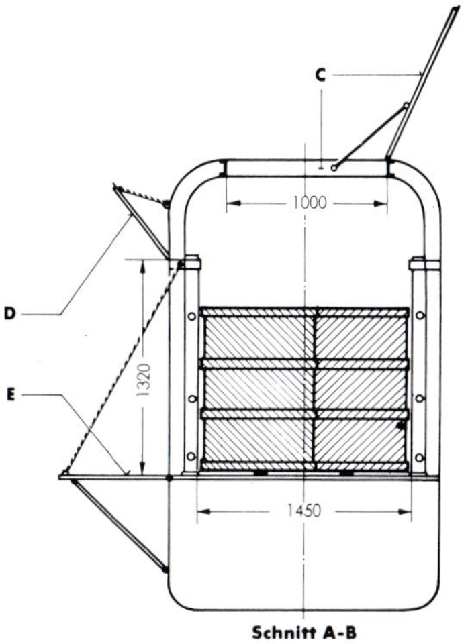

Staffeltrupptransporter Ju 52/3 m g₄e Beladung für Stabstransport 1.Flug

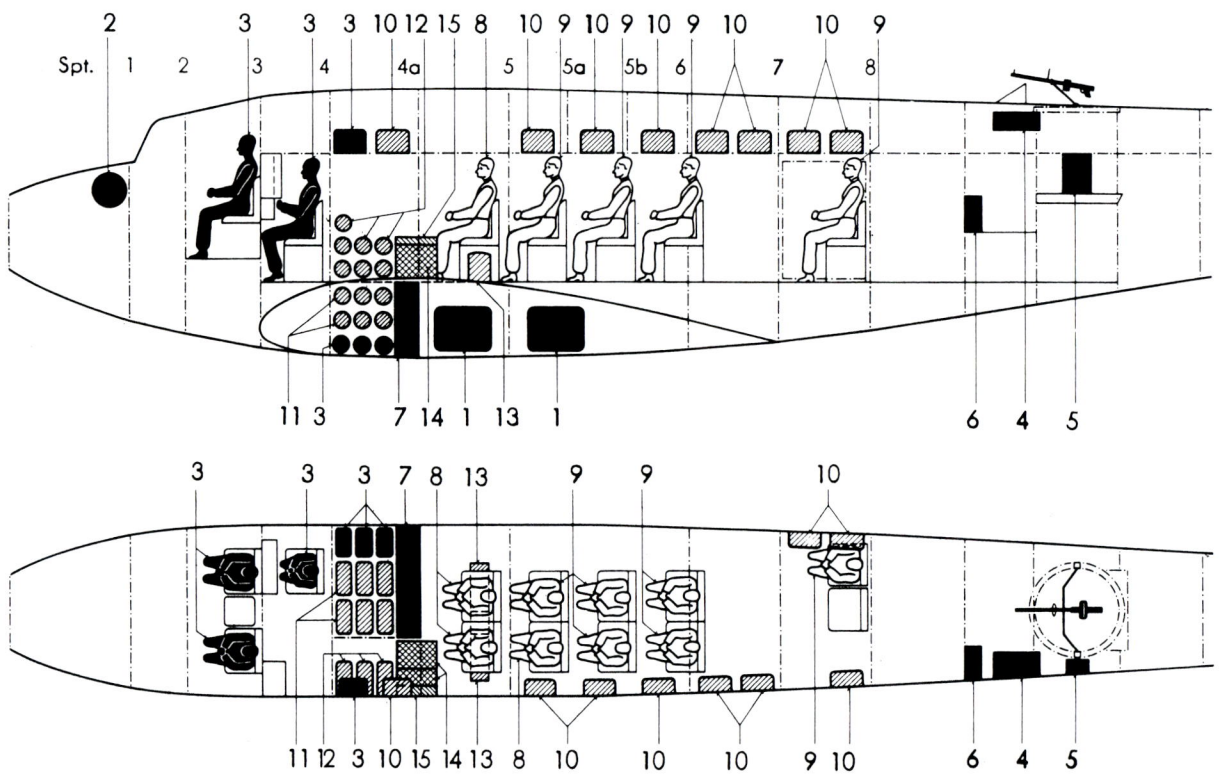

		Beladung für Stabstransport 1. Flug:		
8	3 Offiz.	1 Major beim Stabe, 1 Adjutant, 1 TO mit Gasmaske.....	110,0	330
9	6 Mann	mit Bekleidung und Gasmaske	110,0	660
10	9 Stck.	Fallschirme ⎰ im Gewicht der 3 Offiziere	10,5	—
11	9 Stck.	Kleidersäcke ⎱ und 6 Mann enthalten..................	15,0	—
12	7 Stck.	Kleidersäcke für Offiziere	15,0	105
13	3 Stck.	Flimokästen	16,0	48
14	2 Stck.	Aktenkisten für Ofw.	40,0	80
15	1 Satz	Navigationsgerät (im Gewicht des Mannes enthalten).....	—	—
		Gesamt-Zuladung	—	2976
		Fluggewicht		**9439**

Wichtig! Bei jeder Beladung ist besonders zu beachten, daß über Spant 6 hinaus keine weitere Zuladung untergebracht werden darf. Alle Lasten müssen verzurrt sein! Der Heckstand darf bei Start und Landung nicht besetzt werden.

TÄGLICHE ARBEITEN:

Flugwerk: »Das Rumpfinnere sowie die Außenhaut müssen sich immer in sauberem Zustand befinden. Insbesondere sind mit Seewasser bespritzte Stellen sorgfältig zu reinigen.

Rumpfwerk auf abgerissene Nieten und eingebeulte Stellen der Außenhaut untersuchen. Beschädigte Stellen sofort beheben an Hand der »Ausbesserungsanleitung für Junkers Metall-Flugzeuge«.

Spaltverkleidungen, Deckel und Klappen auf einwandfreien Sitz und Verschluß überprüfen. Das Schiebedach vom Führerraum auf Gängigkeit überprüfen.

Die Schlösser der Ladeluken müssen in gutem Zustand sein. Von Zeit zu Zeit Verschlußriegel mit »Flugzeugfett blau« fetten.

Belastbaren Fußboden und darunter liegende Verbindungen auf Beschädigungen, Risse oder Bruchstellen untersuchen.

Der Plombendraht an der Auslösevorrichtung der abwerfbaren Türen im Nutzraum muß in Ordnung sein. Ist dies nicht der Fall, dann erst den Betriebszustand der Auslösung prüfen, bevor mit besonders dünnem Plombendraht (verzinnter Eisendraht mit 4 kg Zerreißfestigkeit) neu gesichert wird.

Prüfe, ob die Grundausrüstung vollständig und die notwendigen Einbauteile zum Einsatz des Transportflugzeuges für einen der 7 Verwendungszwecke alle vorhanden sind.« . . .

4. Schmierpläne

Luftschrauben

▼ Nach je 10, 40 und 100 Flugstunden äußere Prüfung vornehmen.

Nach je 200 bis 300 Flugstunden bzw. jeder Überholung ist eine Hauptprüfung

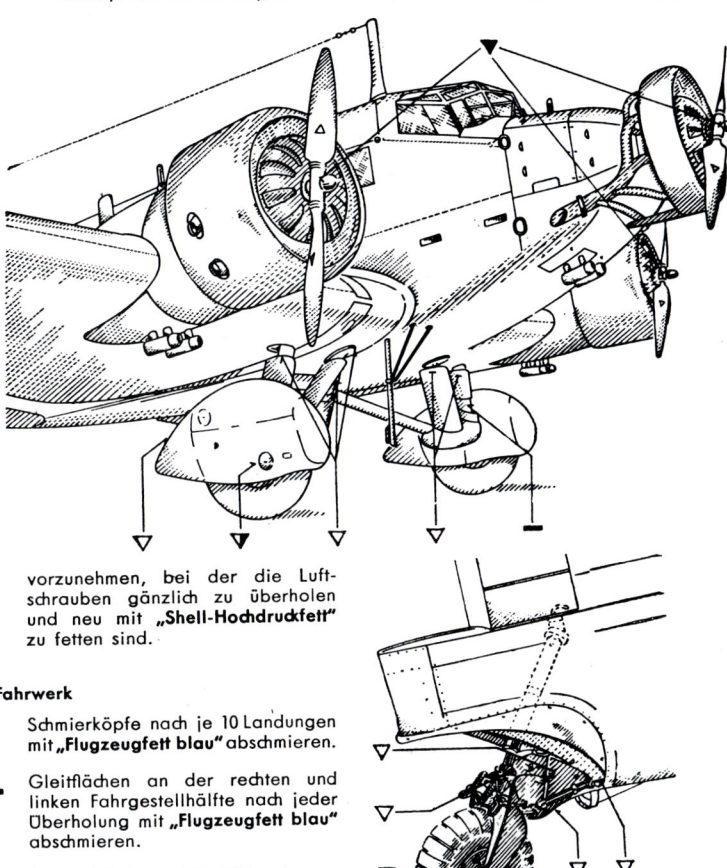

vorzunehmen, bei der die Luftschrauben gänzlich zu überholen und neu mit „Shell-Hochdruckfett" zu fetten sind.

Fahrwerk

Schmierköpfe nach je 10 Landungen mit „Flugzeugfett blau" abschmieren.

Gleitflächen an der rechten und linken Fahrgestellhälfte nach jeder Überholung mit „Flugzeugfett blau" abschmieren.

Schmierköpfe nach je 10 Landungen mit „Fl. Achslagerfett" abschmieren.

Schmierplan für Junkers Metall-Luftschrauben und Fahrwerk

JUNKERS Ju 52/3m g3e

Behelfs-Kampfflugzeug

Stand: Januar 1935

Besatzung vier Mann. Spannweite 29,25 m, Länge 18,90 m, Höhe 5,55 m, Spurweite 4,00 m, Flügelfläche 110,50 m². Leergewicht 5720 kg, Startgewicht 9500 kg, Flächenbelastung 86 kg/m². Triebwerk: 3 × BMW 132 A-3, Startleistung 725 PS, Kampfleistung (5 min) 660 PS, Dauerleistung 550 PS. Kraftstoffvorrat 2480 Liter. Bewaffnung: 1 × MG 15 im B-Stand, 1050 Schuß, 1 × MG 15 im C-Stand, 750 Schuß. Bombenlast: 1500 kg in 3 DSAC/250 (maximal 30 SC 50 oder 6 SC 250). Flugleistungen: v/max. 265 km/h in Bodennähe, 277 km/h in 915 m, v/Reise 247 km/h in 915 m, v/Lande 101 km/h. Gipfelhöhe 5900 m, Steigzeit auf 3000 m 17,5 min. Reichweite 1000 km.
Anstrich: Allseitig hellgrau, als Nachtbomber dunkelgrau. Der schwarze Zieranstrich in den Triebwerksbereichen wurde von der Zivilausführung übernommen und bis zur Einführung der Standard-Sichtschutzbemalung beibehalten.

3 m

G·W·HEUMANN

Fieseler
Fi 156 »Storch«

Der bizarr verstrebte Schulterdecker Fi 156 mit seiner an ein Gewächshaus erinnernden Kabine und stelzigen Beinen war immer an den vordersten Frontlinien der deutschen Wehrmacht zu finden. Der Storch – dieser Name paßte zu ihm wie kein anderer – verkörperte am Ende der dreißiger Jahre den idealen Typ eines Allzweck-, Verbindungs- und Beobachtungsflugzeuges. Gewöhnlich brauchte er für die Landung nur eine Strecke, die nicht länger war, als die Spannweite seiner Tragflächen. Und der Fieseler Storch konnte sich sogar rühmen, jahrelang den Fortschritt der Luftfahrt in Deutschland gebremst zu haben: Seiner flugtechnischen Eigenschaften wegen, die so überzeugend und einmalig waren, verzichtete nämlich das damals im Hubschrauber-Bau führende Deutschland auf eine Weiterentwicklung der Drehflügelflugzeuge.

Der Storch gewann schnell die Zuneigung der Befehlshaber und wurde bei Freund und Feind gleichermaßen populär. Selbst Churchill, Eisenhower und Montgomery diente er brav bei ihren Inspektionsflügen und ermöglichte dem Duce die Flucht aus dem zerklüfteten Gran Sasso.

Mit kaum einer anderen Maschine erlebten die Flieger im Zweiten Weltkrieg so viel Tragisches und auch Amüsantes. Man konnte sich schwerlich einen deutschen Heeresführer ohne sein Statussymbol, den ›Fliegenden Feldherrnhügel‹ vorstellen. Der Storch verschaffte ihm den erforderlichen Überblick auf dem Schlachtfeld, sorgte für schnelle Nachrichtenübermittlung und bot noch so manchem, als sich das Blatt wendete, die allerletzte Chance, dem Feind zu entwischen.

Dieser zerbrechliche, aus Stoff und Sperrholz bestehende Vogel hatte ebenfalls seine großen Tage: Mit dem damals streng geheimen und heute noch kaum bekannten Massensondereinsatz eröffnete der Fieseler Storch 1940 den Frankreich-Feldzug. Die Fi 156 sah auch die stille Heldentat eines Hauptmann Kroseberg, Staffelkapitän der 1. Wüstennotstaffel, der im Mai 1941 über dem Mittelmeerraum nach den Besatzungen abgeschossener Transportmaschinen suchte und einem Kameraden seine eigene Schwimmweste zuwarf. Diesen Samariterdienst bezahlte Kroseberg mit dem Leben. Er blieb ohne Rettungsmöglichkeit über der Wasserwüste verschollen.

Selbst die Russen und Japaner haben während des Krieges versucht, den Storch nachzubauen. Und der Untergang des Dritten Reiches bedeutete keineswegs das Ende des Fieseler

Storchs: Noch Jahre danach wurde er von der Armée de l'Air in den französischen Kolonialkriegen in Afrika und im Fernen Osten eingesetzt. Woanders wiederum unterstützte er die Förster und Landwirte bei der Schädlingsbekämpfung, schleppte Segelflugzeuge und wurde als Luft-Taxi oder Rettungsflugzeug in den Alpen benutzt.

Und noch heute ist er die Zierde mancher Luftschau.

(Janusz Piekalkiewicz)

1

»Fliegende étagère, ... die ulkigste Maschine, die man jemals sah ... ein Flugzeug, das keinen Flugplatz mehr braucht«, – notiert belustigt die Fachpresse zum ersten großen Auftritt der Kurzstart- und Langsamflug-Maschine Fieseler Fi 156 während des 4. Internationalen Flug-Meetings in Zürich-Dübendorf, Ende Juli 1937. Das Publikum und vor allem die aus der ganzen Welt herbeieilenden Experten sind begeistert von den erstaunlichen Eigenschaften der neuesten Schöpfung des berühmten deutschen Konstrukteurs und Kunstfliegers Gerhard Fieseler. Das Naturtalent Fieseler ist auch der geistige Vater des ersten einsatzfähigen, unbemannten Flugzeuges Fi 103, das unter dem Namen V 1 Geschichte machte.

Gerhard Fieseler, am 15. April 1896 in Glesch bei Köln geboren, beschäftigte sich schon als Zwölfjähriger mit Flugzeugmodellen. Sein Vater, ein Buchdruckereibesitzer, zeigte wenig Verständnis für das Hobby des Sohnes und hätte ihn lieber als seinen Nachfolger gesehen. Der Erste Weltkrieg aber gab dem damals Achtzehnjährigen die Gelegenheit, sich zu der in den Anfängen befindlichen kaiserlichen Fliegertruppe zu melden.

Ab Mitte 1916 bis Kriegsende war er Frontflieger. Fieseler wurde auf dem mazedonischen Kriegsschauplatz bald zu einem Begriff bei Freund und Gegner. Als einziger Jagdflieger des Ersten Weltkrieges führte er seine Luftkämpfe nach einer Taktik durch, die er selbst »erfand«. Sie ermöglichte es Fieseler, sich gegen die zigfache gegnerische Überlegenheit zu behaupten und dabei 21 Luftsiege zu erringen, ohne selbst auch nur einen einzigen MG-Treffer in seine Maschine zu erhalten: Er montierte als Führer der in Hudowa liegenden Jagdstaffel 38 ein Lewis-MG mit Trommel aus einer von ihm abgeschossenen Bréguet in die Ausbuchtung der oberen Fläche vor dem Führersitz seiner Fokker D VII so ein, daß er damit starr schräg nach oben schießen konnte. Mit der so ausgerüsteten Maschine flog der pfiffige Jäger beim Angriff jedesmal unter die feindliche Maschine und verfehlte mit dem schräg eingestellten MG selten sein Ziel.

»Fieselieren« nennen es seine Kameraden, »Schräge Musik« heißt es später im Zweiten Weltkrieg bei den deutschen Nachtjägern für ähnliche Verfahren.

Gerhard Fieseler wurde auch einer der seltensten Tapferkeitsorden des Ersten Weltkrieges, der sogenannte Unteroffiziers-pour-le-mérite, verliehen. Wegen »Tapferkeit vor dem Feind« beförderte man ihn zum Offizier, eine im damaligen Kaiserreich außerordentliche Auszeichnung. 1920 schuf er sich mit einer Buchdruckerei eine neue Existenz. 1926 begann seine zweite Erfolgslinie in der Luftfahrt: Als er Udet und Bäumer bei einer Flugschau sah, packte ihn die Fliegerei von neuem.

Als »Attraktion« auf Flugtagen erdachte er den Schlepp von Segelflugzeugen durch Motorflugzeuge, entwickelte die notwendigen technischen Vorrichtungen und führte selbst im Januar 1927 in Kassel den ersten Schleppflug in der Fluggeschichte durch. Der Flugzeugschlepp gab dem Segelflug völlig neue Impulse und wurde im Zweiten Weltkrieg auf beiden Seiten in großem Ausmaß angewandt.

Dann begann seine Laufbahn als Kunstflieger. Fieseler wurde mit der Schaffung neuer Kunstflugfiguren und mit der mathematischen Genauigkeit eines neuartigen Flugstils zum Schöpfer des modernen Kunstfluges. Er flog als erster u. a. den Looping nach vorn, die gesteuerte Rolle, den Fächerturn, die Rollenacht, die »Fieselerkehre« und den Messerflug. 1927 startete er als einziger Deutscher auf dem Internationalen Flug-Meeting in Zürich und blieb nach Auslegung der Jury nur $^3/_4$ Punkte hinter dem Sieger Fronval, Frankreich. Bei den ersten deutschen Kunstflugmeisterschaften im Jahre 1928 siegt Fieseler vor Ernst Udet. Bis 1934 holte er sich fünfmal den deutschen Meistertitel, gewann 1930 und 1933 die Europameisterschaft und siegte 1932 im Internationalen Meeting in Zürich und gewinnt 1934 in Vincennes bei Paris den Weltmeistertitel im Kunstflug. In den Jahren 1928 bis 1934 war Fieseler der höchstbezahlte Flieger der Welt überhaupt. Auf dem Gipfel seiner Erfolge trat er ungeschlagen ab.

Bereits am 1. April 1930 hatte Fieseler die Firma »Segelflugzeugbau Kassel« erworben. Hier baute er seinen »Tiger«, mit dem er Weltmeister wurde. Die Gerhard Fieseler-Flugzeugbau GmbH in Kassel wurde zum dritten großen Lebensabschnitt des bekannten Fliegers.

Das erste Flugzeug, das den Namen Fieseler trägt, ist die 1932 gebaute Fieseler F 2 Tiger, ein Kunstflug-Doppeldecker mit einem tschechischen Walter-Pollux-II-400-PS-Motor. Den nächsten Schritt auf dem Wege zum Fieseler Storch bildet die zweite Generation Flugzeuge aus dem Werk der Fieseler-Flugzeugbau GmbH in Kassel-Bettenhausen: die Fieseler 5 (F 5), ein zweisitziges Leichtflugzeug mit einem 80-PS-Hirth-HM-60-Reihenmotor.

Die Fieseler F 5 ist ein Tiefdecker mit modernen Konstruktionsmerkmalen, wie Ölfederbeinen und Wölbungsspaltklappen, deren äußere Teile als Querruder verdoppelt werden können. Sie stellt ein ideales wendiges Flugzeug dar, geeignet für Kunstflüge, und findet während der dreißiger Jahre auf mehreren Zivil- und auch Militärflugplätzen ihre Verwendung. Ihre Popularität nimmt zu und viele Flugschüler, vom Deutschen Luftsportverband e. V. (D.L.V.) zu jener Zeit ausgesucht und trainiert, fliegen sie als ersten Schritt für den Aufbau der immer noch geheimen Luftwaffe. Als die F 5 R im Herbst des Jahres 1933 in Produktion geht, beschließt Fieseler, sie für den 4. Europa-Rundflug des nächsten Jahres einzusetzen. Das neueingerichtete Technische Amt des Reichsluftfahrtministeriums (RLM) unterstützt dieses Vorhaben. Die weiterentwickelte Ausführung der F 5, die Fieseler Fi 97, ist ein mit einem luftgekühlten Argus-As-17-A-Motor ausgerüsteter Eindecker mit einer Spitzengeschwindigkeit von 225 km/h.

Beim Europa-Rundflug 1934 zeichnet sich die Fi 97 besonders gegenüber ihren Gegnern durch die langsamere Start- und Landegeschwindigkeit und ihre neuartige Flügelkonstruktion aus, die es dem Piloten ermöglicht, die Vergrößerung der Flügelfläche um 18 % zu erreichen. Hinzu kommen die von Handley-

Page-Lachmann konstruierten automatischen Vorflügel, die eine noch bessere Handhabung der Fieseler Fi 97 bei extrem niedrigen Geschwindigkeiten zuläßt. Die im Wettflug von Hauptmann Hans Seidemann gesteuerte Fi 97 belegt 1934 den dritten Platz.

Im Frühjahr 1935 schreibt das Technische Amt des RLM einen Entwicklungswettbewerb für einen neuartigen Flugzeugtyp aus, der durch die Anwendung von Hochauftriebshilfen über extreme Kurzstart- und Langsamflugeigenschaften verfügen und vielseitig einsetzbar sein soll. Als Triebwerk wird die Verwendung des Argus-As-10-C-Motors vorgeschrieben. In erster Linie will man diesen neuen Typ in der Artilleriebeobachtung, Nahaufklärung und im Verbindungsdienst zwischen den Truppenstäben bei Operationen in einem Gelände einsetzen, das normalerweise für herkömmliche Flugzeuge ungeeignet ist.

Die Ausschreibung wird an vier Flugzeugwerke gerichtet: Siebel, Messerschmitt (damals Bayrische Flugzeugwerke), Fieseler und Focke-Wulf. Einige Monate später beginnt im Sommer 1935 die Entwicklung, und die ersten vorgelegten Projekte bekommen die Typenbezeichnungen: Si 201, Bf 163, Fi 156 und FW 186. Fieseler führt Konstruktion und Bau der Fi 156 in Kassel-Bettenhausen durch. Die Kasseler Firma arbeitet mit viel mehr Druck als ihre beiden Konkurrenten, und drei Fi 156-Prototypen stehen gegen Ende 1936 kurz vor der Fertigstellung.

Die Entscheidung des Technischen Amtes fällt auf die Fi 156, Messerschmitt wird die Produktion von Jagdflugzeugen zugesprochen, und die Siebel- und Focke-Wulf-Entwürfe werden für ungeeignet befunden. Fieseler erhält den Auftrag zum Serienbau seines Flugzeuges, das unter dem treffenden Namen »Storch« berühmt

werden soll. Der speziell als Langsamflugzeug ausgelegte Entwurf entstammt der Initiative von Professor Dr.-Ing. Hermann Winter, der zwischen 1936 und 1938 das Konstruktionsbüro Fieselers leitet. Das Flugzeug wird gemeinsam von Ing. Reinhold Mewes und Dipl.-Ing. Viktor Maugsch entwickelt, Gerhard Fieseler selbst koordiniert das Programm. Vor dem Anlaufen der eigentlichen Produktion führt Fieseler ausgedehnte Versuche mit einem Fi 156 Storch durch. Der Prototyp der Fi 156 V 1 (D-IKVN), der gleichzeitig auch schon mit Schneekufen erprobt wird, fliegt 1936 zum ersten Mal. Er hat einen 240-PS-Argus-10-C-Motor und ist bereits vollkommen als Reiseflugzeug ausgerüstet.

Die drei Prototypen der A-Serie sind bis zum Herbst des Jahres 1936 fertiggestellt: die Fieseler Fi 156 V 1 (D-IKVN) mit einem verstellbaren Metallpropeller, die Fi 156 V 2 (D-IDVS) mit einer normalen Holzluftschraube und zuletzt die Fi 156 V 3 (D-IGLT), eine Militärversion des Storchs.

Zu Beginn des Jahres 1937 gesellen sich zu den ersten drei Prototypen weitere zwei Maschinen: die mit Schneekufen ausgerüstete Fi 156 V 4 (D-IFMR), sie wird in den Wintermonaten getestet, und die Fi 156 V 5 (D-IYZQ). Im Februar/März 1937 werden erneut zehn Maschinen unter der Bezeichnung Fi 156 A-OS gebaut, die bei diversen Test- und Vorführungszwecken im In- und Ausland Verwendung finden, ausgestattet mit Argus-10-C-Motoren, Zentral-Antennenmast und Normalfahrwerk, sonst in Aufbau und Ausrüstung wie die Fi 156 V 3.

So sorgt eine dieser Maschinen, die D-IJFN, bei dem 4. Internationalen Flugtreffen in Zürich-Dübendorf vom 23. Juli bis 1. August 1937 für ein Debüt des Storchs im Ausland. Von dem populären General der Flieger Milch und Gerhard Fieseler selbst geflogen, wird sie zum Mittelpunkt der Flugschau, obwohl die Deutschen zusätzlich mit nicht minder interessanten Flugzeugtypen, wie der Bf 109 oder Do-17, vertreten sind. »Da er in Zürich von zwei brillanten Piloten vorgeführt wurde – erschien der Storch noch besser als er in Wirklichkeit ist«, schreibt am 1. Februar 1938 die englische »Aircraft Engineering«.

Zu dieser Zeit läuft gerade die Produktion der A-Serie, die Fi 156 A-1, an, eine Allzweck-Maschine, sowohl für zivile als auch militärische Aufgaben gleichermaßen geeignet.

Der Erfolg der Fi 156 ist so überzeugend, daß das RLM seine Unterstützung für die schon recht weit fortgeschrittene Entwicklung des Hubschraubers Focke-Achgelis FW 61 zurückzieht.

Im Sommer 1937 sind auch die Testflüge der Luftwaffe mit der Fieseler Fi 156 A-O abgeschlossen. Die Ergebnisse: Die Maschine kann mit dem Startgewicht von 1320 kg und Flächenbelastung von 50,9 kg/m^2 unter voller Kontrolle mit Mindestgeschwindigkeit von 51 km/h bei Windstille und bei leichtem Gegenwind praktisch in der Luft »hängend« geflogen werden. Die Startstrecke über Hindernis bei Windstille beträgt 75 Meter und die Landestrecke über Hindernis bei Windstille 125 Meter. Bei den Testlandungen auf einem umgepflügten Feld und mittlerer Windstärke braucht der Storch zur Landung lediglich fünf Meter, also etwa nur ein Drittel seiner Spannweite (14,8 m). Diese Eigenschaften machen die Fieseler Fi 156 zu einem idealen Artilleriebeobachtungs-, Nahaufklärungs- oder Verbindungsflugzeug.

»Noch vielfältiger fast sind die zivilen Verwendungsmöglichkeiten« – berichtet Anfang Oktober 1937 die Zeitschrift ›Die Umschau‹ – »und zwar als Kleinreiseflugzeug für denjenigen, welcher bei noch guter Reisegeschwindigkeit unbedingt sicher fliegen will, also insbesondere für selbstfliegende Geschäftsleute, Ärzte und andere Privatflieger, die über keine große fliegerische Übung verfügen und diese auch niemals erlangen werden. Sie werden sich in dem Fieseler Storch sofort sicher und heimisch fühlen, da mit ihm Schlechtwetterflüge und Notlandungen in jedem Gelände ohne Übung möglich sind.

Der Storch wird ferner überall dort als Reiseflugzeug Verwendung finden, wo keine ausreichenden Flugplätze zur Verfügung stehen. Mit ihm kann der Gutsbesitzer von einer kleinen Wiese aus zur Großstadt fliegen oder der Arzt aufs Land. Der Forschungsreisende bedient sich des Storchs, um in Stunden zu Gebieten zu gelangen, zu deren Erreichung er sonst Monate oder Jahre brauchte und die mit einem normalen Flugzeug niemals erreichbar sind. Der Rundflugunternehmer veranstaltet mit dem Storch von kleinsten Plätzen aus Rundflüge, bei denen die Teilnehmer aus bequemer, geschlossener Kabine eine ungehinderte Sicht nach allen Seiten und nach unten genießen.

Ganz besonders geeignet ist der Fieseler Storch infolge seiner Lande- und Flugeigenschaften sowie der hervorragenden Sicht für Sonderzwecke, wie z. B. für Fotoflüge, Wetterflüge, Polizeiflüge, Berg- und Seehilfe sowie Forst- und Streuflüge. Schließlich auch noch für die Beförderung kleiner Frachten durch Abwurf oder Anfliegen von Flugplätzen und Notlandeplätzen, die für normale Flugzeuge ungeeignet sind. Seine Tragflügel sind für den Straßentransport und zur Platzersparnis innerhalb weniger Minuten zurückklappbar.«

Man testet mit dem Storch auch den Abwurf

von unter beiden Tragflächen angebrachten Rauch-Abwurfbehältern und Versorgungsbehältern. Angesichts der so gut verlaufenen Erprobung weist das RLM Gerhard Fieseler an, die Kapazität seines Werkes zu erweitern, um den Bedarf des Heeres und der Luftwaffe zu decken.

Vom 20. bis 26. September 1937 beteiligt sich die offiziell zwei Jahre zuvor entstandene Luftwaffe erstmals an dem Herbstmanöver aller drei Wehrmachtsteile. In dieser Großübung, die sich über die Reichshauptstadt und beinahe ganz Nord- und Ostdeutschland erstreckt, werden praktisch – unter Zugrundelegung der kurz zuvor im spanischen Bürgerkrieg gewonnenen Erfahrungen und Erkenntnisse – alle Situationen durchgespielt, denen die junge Luftwaffe im Ernstfall gegenüberstehen könnte. General der Flieger Erhard Milch und Generalmajor Ernst Udet benutzen bei dieser Gelegenheit den Storch.

Die Tatsache, daß die beiden einflußreichsten Offiziere der deutschen Flugzeugbeschaffung nun persönlich die verbesserte Fi 156 fliegen, während die Konkurrenten noch nicht einmal ihre ersten Flugzeuge bauen, ist ein Beweis für die Anstrengungen, die Gerhard Fieseler und seine Mannschaft bei der Entwicklung der Fi 156 unternommen haben.

Die Lieferungen der Fieseler Fi 156 A-1 an die Wehrmacht beginnen im Winter 1937/38. Einige der ersten Störche werden sofort nach Spanien verschifft und nehmen am spanischen Bürgerkrieg in den Reihen der Legion Condor teil: Göring versäumte es nämlich nicht, auch diese Maschinen auf den »größten Übungsplatz aller Zeiten« zu beordern. Als Kurier-, Verbindungs- oder Aufklärungsflugzeug werden sie als »Cigüeña« – spanisch für Storch – bei den Franco-Truppen eingesetzt.

Zu Beginn des Jahres 1938 fliegt Flugkapitän Hans-Dietrich Knoetzsch, Fieselers Chefpilot, begleitet von dem Mechaniker Emil Schmidt, eine Demonstrationstour mit der D-IKVN (Werk-Nr. 625), der Fi 156 V 1, in den Balkan-Staaten und der Türkei. Sie starten am 9. Februar in Bettenhausen und kommen während dieser zweimonatigen Reise über Polen nach Bukarest, Belgrad, Istanbul, Ankara, Sofia und Budapest. Die von ihnen besuchten Fluggesellschaften zeigen großes Interesse an dem Storch.

Inzwischen richtet der deutsche Aero-Club im Januar 1938 – anschließend an die ersten Versuche mit Schneekufen – die Fi 156 V 4, D-IFMR, für eine Expedition als Transportmaschine her. Nach befriedigenden Flugversuchen durch Fritz Utech wird der Storch im Mai abgetakelt und auf einem Robbenfänger in das Packeisgebiet nördlich Spitzbergen verschifft. Dort wieder aufgebaut, unternimmt er intensive Flugversuche im Eisgebiet und liefert so wertvolle Daten über die Vereisung der Tragflächen, Motoren und Propeller. Funkversuche und Fernflüge mit außen angebrachten Zusatztanks stehen ebenfalls auf dem Testprogramm.

Eine der ersten Nationen, die einen Storch nach der Freigabe durch das RLM für den Export erhält, ist das neutrale Schweden. Im Jahre 1938 sucht die schwedische Luftwaffe gerade einen Nachfolger für den überholten Fokker-C-V-Aufklärungs-Doppeldecker.

Die bisher gezeigten Leistungen der Fi 156 lassen dieses Flugzeug als besonders geeignet erscheinen für das Auskundschaften von Artilleriefeuer, die Funkverbindung mit den Truppen und für allgemeine Aufklärungsaufgaben. Zwei Mustermaschinen dieses unbewaffneten Zweisitzers Fi 156 werden für Versuche in Auftrag gegeben und im Sommer 1938 unter dem

Namen Storkar dem schwedischen Geschwader Provflygplan 4 (P 4) zugeteilt. Aufgrund der hervorragenden Testergebnisse erreicht die Fieseler Flugzeugbau GmbH im Jahre 1939 ein Auftrag über weitere sechs Maschinen.

1938 plant Fieseler unter der Bezeichnung Fi 156 B die Produktion einer zivilen Version des Storchs, die zur Verbesserung der Geschwindigkeitsleistung bewegliche Vorflügel und nach Fortfall der militärischen Ausrüstung eine weniger spartanisch ausgestattete Kabine für drei bis vier Personen erhalten soll. Zum Bau dieses Flugzeugs kommt es nicht mehr, da Fieseler mittlerweile die Leistungskapazität seines Werks für Lizenzbauten anderer Flugzeugtypen, wie z. B. der Bf 109 in Anspruch nehmen muß.

Die Produktionsrate steigert sich 1938 ständig und erreicht gegen Ende des Jahres mit der verbesserten C-Serie drei Maschinen pro Woche. Die Fi 156 C mit dem neuen Argus-As-10-C-3-Motor erhält – dank der Erfahrungen mit der Fi 156 A – kleine Änderungen in der Ausstattung und als leichte Verteidigungsausrüstung ein 7,9 mm MG 15.

Diese Waffe wird hauptsächlich als sogenannte »Respekt-Bewaffnung« betrachtet, da die beste Verteidigung für den Storch in dessen bemerkenswerter langsamer Fluggeschwindigkeit liegt. Das nach hinten feuernde MG 15 erscheint gegen Ende des Jahres 1938 bei der Vorserie der Fi 156 C-O, wird aber bei der Fi 156 C-1, einem leichten Transport- und Verbindungsflugzeug, nicht standardisiert. Die Fi 156 C-1 verläßt erstmals das Montageband in Kassel Anfang 1939, zusammen mit der hauptsächlich für die Benutzung durch die Nah-(Heeres)-Aufklärungsstaffeln vorgesehenen Fi 156 C-2, die mit dem nach hinten feuernden MG 15 und einer Vorrichtung für die Anbrin-

gung einer Senkrecht-Kamera im hinteren Teil der Kabine ausgerüstet ist. Spätere Varianten dieses Typs können außer den beiden Besatzungsmitgliedern eine Tragbahre für Verwundete unterbringen.

»Ein recht lustig aussehendes Ding, nur noch ein paar Geranien in seinen großen Fenstern, und man könnte es in ein Gewächshaus verwandeln«, meint Major Al Williams, ein bekannter US-Flieger, der auf Einladung von Luftwaffen-General Udet im Jahre 1938 nach Deutschland gekommen ist, und gerade nach einem Rundflug über Kassel-Bettenhausen aus dem Fieseler Storch steigt.

Major Williams, der auch die allerneueste Messerschmitt Bf 109 B, die die Fieseler Werke in Lizenz produzieren, fliegen darf, berichtet, als er nach Hause zurückkehrt, über die Fi 156: »Der Name Storch paßt ausgezeichnet. Er steht auf langen dünnen Beinen, ein notwendiges Übel, welches der Konstrukteur entwickelte, um beim Landemanöver und beim Start die hohen Anstellwinkel auszunutzen, was durch die Vorflügel ermöglicht wird. Durch die großen Fenster, von denen einige den direkten Blick nach unten freigeben, erinnerte mich das Cockpit an die Kabine eines Kranführers. Zwar hemmte dieses fliegende Glashaus die Geschwindigkeit, aber der Langsamflug ist die besondere Stärke der Kiste. Sie war in diesem Flugzustand völlig trudelsicher, ganz gleich, ob man sie an den Quirl hängte oder ins Seitensteuer latschte. Wenn man überzog, dann kippte eben ganz einfach der Motor wieder nach unten. Der Storch konnte also fast senkrecht wie mit einem Fahrstuhl landen und brauchte bei mittleren Windgeschwindigkeiten nur zehn bis zwanzig Meter Landefläche. Das Bremsen beider Räder war ungefährlich. Der Storch ging niemals auf den Kopf. Zur Vermeidung einer zu starken Beanspruchung des Fahrgestells empfahl sich ein Schuß Gas vor dem Aufsetzen. Die Startstrecke bei Windstille und guter Bodenbeschaffenheit lag bei hundert Yards, je nach Stärke des Windes entsprechend weniger. Der Kurzstart erfolgte mit halb ausgefahrenen Landeklappen.

Die Kabine bot viel Platz und Sicht. Weit unten am Ende der langen Beine befanden sich die Räder mit zwei irgendwie grimmig aussehenden Bremsen, die durch große fußförmige Pedale am Steuer gehandhabt wurden.

In den Gebrauchsanweisungen der Luftwaffe wies man die Piloten darauf hin, sie nicht während der Landung zu betätigen, weil sonst die Gefahr bestand, daß das Fahrgestell abbrach. Es wurde auch davor gewarnt, die Pedale während des Warmlaufens des Motors zu benutzen (es gab keine Handbremse). Bei all diesen Ausnahmen wunderte man sich, warum überhaupt Bremsen angebracht waren.

Ich ließ den 240-HP-Motor ganz durchlaufen. Nach einem Bodenlauf von ungefähr 50 Fuß sprang diese fliegende Nachtmähre in einem Winkel in die Luft, bei dem ich auf dem Rücken lag anstatt auf meinem Sitz zu bleiben.

Der Geschwindigkeitsmesser zeigte ungefähr 35 Meilen/Std. Die Nase stand in einem Winkel, der für gewöhnliche Flugzeuge das Ende gewesen wäre, aber der Storch flog tapfer weiter und die Kontrollinstrumente überwachten ihn perfekt – als er dann in Richtung Boden absackte. Ich fuhr die Klappen aus und beschleunigte den Motor. Der Geschwindigkeitsmesser kletterte von 35 Meilen/Std. auf weit über die 100-Marke. Solch ein Unterschied zwischen der Höchstgeschwindigkeit und der niedrigsten eines Flugzeuges, der jederzeit zu kontrollieren war, ist einfach phänomenal. Ich zog den Steuerknüppel ganz zurück gegen

meinen Magen. In einem normalen Flugzeug ist das absolut tödlich.

Bei den letzten 25 Fuß schien es mir, als ob die Maschine und ich senkrecht auf den Grasboden zustürzen, dann setzten wir wie eine verwundete Ente auf. Nach der Landung rollte der Storch nur noch 15 Fuß nach vorn. Jedem anderen Flugzeug wäre das gesamte Fahrwerk zerbrochen«, konstatiert Williams.

* * *

Am 1. Oktober 1938 um 14.00 Uhr marschieren die deutschen Heeresverbände in die Tschechoslowakei ein. Selbst zu Hitlers Überraschung verläuft der Einmarsch – abgesehen von der Beseitigung einiger kleiner Straßensperren und vereinzelter Schießereien – fast reibungslos. Die Luftwaffe beginnt am nächsten Tag mit dem systematischen Belegen der Flugplätze. Dabei erweist sich der Einsatz der Fieseler Störche von größtem Nutzen: Die Tschechen haben verschiedene Landebahnen durch Störgräben unbrauchbar gemacht. Auf dem Flugplatz von Karlsbad landet z. B. als erstes Flugzeug der Luftwaffe ein Fieseler Storch, die anderen Maschinen dagegen, wie Bomber, Aufklärer und Jäger können nicht niedergehen, da auch dieser Flugplatz umgepflügt ist.

Sofort aber stellen sich die Volksdeutschen aus Karlsbad freiwillig zur Verfügung und ebnen unter Anleitung der Storch-Flieger den Platz wieder ein. Ähnliches geschieht auf dem Flugplatz Eger, auf dem erst am 3. 10. eine Nachrichten-Ju 52/3m landen kann, nachdem am Vortag die Sudetendeutschen die 25 cm tiefen Störgräben auf Weisung der dort gelandeten Fieseler-Besatzungen planiert haben.

* * *

Am 8. Juli 1939 findet der siebte Flugtag auf der Insel Föhr statt, die größte Luftfahrtschau in Deutschland vor Ausbruch des Krieges. Unter den 133 teilnehmenden Flugzeugen befinden sich zwei Störche, die oft benutzte V 4, D-IFMR, und eine C-1, D-IUGR. Eine fliegt Gerhard Fieseler, die andere der neue Fliegerchefingenieur der Luftwaffe Lucht.

September 1939, Polen-Feldzug: Blick aus einem Fieseler Storch auf die brennenden Dörfer im Raum um Kutno.

Polen-Feldzug, September 1939: Der Kurzstrecken-Aufklärer Fi 156 A-1, Stammkennzeichen BK+KS in serienmäßig schwarz-grünem Anstrich nach dem Start zu erneutem Einsatz.

Polen-Feldzug, September 1939: Ein Stabs-Verbindungsflugzeug vom Typ Fi 156 A-1. Zwischen den Tragflächen die fest verspannte W-Antenne der Bordfunkanlage FuG VII.

September 1939, Polen-Feldzug: Eine Stabs-Verbindungmaschine vom Typ Fi 156 C-1 setzt zur Landung auf einem Acker an, rechts ein behelfsmäßiges Windrichtungszeichen.

205

Ein Generalmajor der Luftwaffe verläßt seine Maschine, eine Fi 156 A-1. Unter dem Rumpf, zwischen dem Hauptfahrwerk, der fest eingebaute Zusatztank.

Im Heimat-Fliegerhorst, Winter 1939/40: Die Stabs-Verbindungsmaschine Fi 156 A-1, 5K+BO, des Geschwaderstabes vom Kampfgeschwader 3 (»Blitzgeschwader«).

Polen, Frühjahr 1940: Der Kurzstrek-ken-Aufklärer Fi 156 A-1, A2+KT, der Aufklärungsgruppe 2.

Norwegen, Frühjahr 1940: Das Mehr-zweckflugzeug Fi 156 C-2, NY+GL startet von einem zugefrorenen See während des Norwegen-Feld-zuges.

Frankreich, Sommer 1940: Der Kurz-strecken-Aufklärer Fi 156, L2+P1, des Lehrgeschwaders 2 (L.G.2) mit einem 70- bis 65-Sichtschutz.

207

Crailsheim, 10. Mai 1940: Die Fieseler Störche der »Gruppe Förster«, kurz vor dem Start der 2. Welle des Geheim-Unternehmens »Niwi«.

Raum Witry, Mai 1940: Eine der verunglückten Fi 156 des Geheimkommandos »Niwi«.

Belgien, 10. Mai 1940: Eine Fi 156 A-1 der »Gruppe Förster«. Die Maschine ist durch Bodenbeschuß beschädigt und muß dicht an der Chaussee nach Neu-Chatell notlanden.

208

10. Mai 1940, Crailsheim – Sonderunternehmen »Niwi«: Zwei Fi 156 C-1 kehren von einem Flug hinter den feindlichen Linien zurück, um die zweite Welle der Luftlandetruppen (3. Bataillon, Regiment »Großdeutschland«) zum Einsatzort zu befördern.

El Burgo de Osma, nordöstlich von Madrid, Dezember 1937: Die Stabs-Verbindungsmaschine Fi 156 A-1, 46·1, der ›Legion Condor‹.

Berlin, 19. August 1938: Chef des Generalstabes der französischen Armée de l'Air, Général Vuillemin, auf dem Flug mit einer Fi 156, sein Pilot, General Udet.

10. Mai 1940, Sonderunternehmen »Niwi«: Trümmer einer Fieseler Fi 156 C-1 der »Gruppe Förster«, in der Nähe der belgischen Grenzbefestigungen abgeschossen. Der Flugzeugführer und zwei Soldaten des Luftlandetrupps kamen mit dem Schrecken davon.

210

12. Mai 1940, Crailsheim: Eine Fi 156 A-1, B+P, die in der »Gruppe Förster« am Sonderunternehmen »Niwi« teilnahm.

West-Feldzug 1940: Ein Foto fürs Familienalbum, vor einer Fi 156 A-1, WL-IS.

Frankreich, Sommer 1940: Die Stabs-Verbindungsmaschine Fi 156 A-1, DO+MC, während des West-Feld-zuges.

Frankreich-Feldzug, Sommer 1940: Die Stabsverbindungsmaschine Fi 156 A-1, NA+KS.

Frankreich-Feldzug, 1940: Eine kurze Verschnaufpause zwischen den Einsätzen. Neben dem LKW eine abgestellte und getarnte Fi 156 A-1 Stabs-Verbindungsmaschine. Auf der Tragfläche die rechte, fest verspannte W-Antenne der FuG VII Bordfunkanlage.

Ein Fliegerhorst in Norddeutschland, Frühjahr 1940: Das Hauptfahrgestell ist hin, die Luftschraube beschädigt, typisch bei Extra-Kurzstart. Der schuldige Flugzeugführer steht ganz links. Eine nagelneue Mehrzweckmaschine vom Typ Fi 156 A-1, L2-AA, mit fest verspannter W-Antenne. Auf der Kabinenrückwand die Gerätetafel mit der Bordfunkanlage FuG VII. Die Maschine gehört zum Geschwaderstab des Lehrgeschwaders 2 (L.G.2).

Frankreich, Sommer 1940: Die Stabs-Verbindungsmaschine Fi 156 A-1, 4E+HK, beim Start auf dem Flughafen Le Mans.

Frankreich, Sommer 1940: Die Stabs-Verbindungsmaschine Fi 156 A-1 auf dem Flughafen Romilly, während der Aufnahmen für den Propaganda-Film »Sieg im Westen«. In der Kabine der Kameramann mit der Filmkamera vom Typ »Askania«.

213

Paris, Ende Juni 1940: Das Stabs-Verbindungsflugzeug Fi 156 C-1, CK+KS beim Start vom Place de la Concorde.

Frankreich, Lille, Herbst 1940: Die Stabs-Verbindungsmaschine Fi 156 C-1, SN+MO, nach mißglücktem Kurzstart.

2

Bis 1. September 1939, mit Beginn des Zweiten Weltkrieges, sind annähernd 40 Maschinen vom Typ Fi 156 C-1 fertiggestellt.

Weitere 54 der C-1-Serie sollen noch gebaut werden, bevor auf die Montage der Fi 156 C-2 umgerüstet wird. In der Zeit von Februar bis März 1942 stehen schon 363 Fi 156 C-2 zur Lieferung an. Eine feste Stückzahl von 15 pro Monat wird bis August 1940 erreicht und soll in Bettenhausen beibehalten werden bis zur Erfüllung des Gesamtauftrages, der sich nun auf 702 Maschinen beläuft.

Die Verluste an Störchen während des Blitzkrieges in Polen sind gering. Am ersten Morgen der Kampfhandlungen entkommt Generalleutnant Wolfram Freiherr von Richthofen, der Kommandant des VIII. Fliegerkorps, nur knapp der Gefangennahme, als er mit seiner Fi 156 hinter die polnischen Linien gerät. Sein Storch wird von gezieltem Infanteriefeuer getroffen, Geschosse durchschlagen die Treibstofftanks. Mit auslaufendem Benzin und stotterndem Motor bringt von Richthofen die beschädigte Fi 156 gerade noch auf der deutschen Frontseite runter.

Am 3. September verliert man zwei weitere Störche, von denen einer von Offizieren des Armeeoberkommandos 3 (AOK 3) benutzt wurde. Beide Männer an Bord kommen ums Leben. Der andere, zum 1. (H) 14, der 1. Staffel der Heeresaufklärungsgruppe gehörende, wird irrtümlich von deutschen Truppen abgeschossen. Auch für Major Spielvogel vom II./LG 2, endet ein Flug mit dem Fieseler Storch tödlich. Major Werner Spielvogels Gruppe verfügt über 36 Maschinen vom Typ Henschel-Doppeldekker Hs 123, deren Eindringtiefe kaum mehr als 130 km beträgt.

Dicht neben dem polnischen Gestüt Wolborz bei Tomaszow liegt ein neuer Einsatzflugplatz der Schlachtgruppe II./LG 2. Dort startet am frühen Morgen des 9. September 1939 ein Fieseler Storch in Richtung Warschau. Am Steuerknüppel sitzt Unteroffizier Szigorra, hinter ihm der Kommandeur der Schlachtgruppe, Major Spielvogel. Er will die Lage an der vordersten Front erkunden, um die Staffeln mit klaren Anweisungen in den Einsatz, zur Unterstützung der in Warschau eindringenden Panzer, zu schicken.

Tief über der Landstraße von Sluzew zieht der Storch dahin. Unter ihm ist die deutsche Panzerspitze bereits im Vorgehen auf die Stadtteile Mokotow und Ochota. Spielvogel läßt den Storch über die Frontlinie hinweg in die feindlichen Stellungen fliegen und sucht nach Zielen für seine Gruppe: nach getarnten Geschützstellungen, Widerstandsnestern oder Barrikaden. Plötzlich entdeckt er im Schutz des Bahndamms der Strecke Warschau-Radom eine leichte Flakbatteriestellung.

Leutnant Gustav Mayer liegt mit seiner Kompanie in der Vorstadt Sluzew und beobachtet den vorbeirauschenden Fieseler: »Im gleichen Augenblick sah ich, wie die Polen den zum Greifen nahen »Storch« schon unter Feuer nahmen. Geschoßsplitter und Gewehrkugeln prasselten in Zelle und Kabine. Trotz des pausenlosen Beschusses stürzte der »Storch« nicht ab, sondern setzte auf der Straße, mitten im polnischen Verteidigungsring, vielleicht 600 oder 700 Meter vor der deutschen Angriffsspitze auf. Sofort war Spielvogel heraus, zog seinen schwerverwundeten Flugzeugführer aus der Maschine, die jeden Augenblick in Flammen aufgehen mußte. Da sank auch er mit einem Kopfschuß zu Boden.«

Wenig später werden die beiden Flieger von der vorgehenden Infanterie neben dem ausgeglühten Flugzeugwrack gefunden. Am nächsten Tag geht wiederum eine Fi 156, diesmal der 4. (H) 23, aus unbekannten Gründen verloren. Zwei Tage später, am 12. September, stürzt wahrscheinlich infolge eines dem Piloten unterlaufenen Fehlers ein Storch der Heeresgruppe Süd in Lubliniec ab. Tags darauf wird ein weiterer Storch der Luftflotte 4 so schwer beschädigt, daß eine Reparatur unmöglich ist. Der letzte während des Polenfeldzuges verlorengegangene Fi 156 Storch ist die am 27. September bei Pajolewy notgelandete Maschine der 4. (H) 21.

Obwohl die Erfahrungen Richthofens und Spielvogels zeigen, daß Aufklärungsflüge mit unbewaffneten Störchen immer ein riskantes Unternehmen sind, behalten die Pessimisten in der Luftwaffen-Spitze keineswegs recht, die schon für den ersten Kriegstag ein Blutbad der langsamen, verwundbaren Fi 156 orakeln.

Die sehr bewegliche Kampfführung der Luftwaffe im Polen-Feldzug, die schnelle Verlegung der fliegenden Verbände besonders beim Übergang vom operativen zum taktischen Einsatz, stellt außerordentliche, nicht vorhergesehene Anforderungen an die Luftnachrichtentruppe. Und so setzt man zur Unterstützung dieser Einheiten das erste Mal den Fieseler Storch für die Leitungserkundung und Baukontrolle ein.

Der Storch wird von nun an auch für die Luftwaffen-Bauregimenter ein treuer Begleiter und Helfer, der überall dort auftaucht, wo sich Soldaten abmühen, Leitungen zu bauen, zu entstören oder zu sichern. Er wird häufig zum Retter in der Not, wenn sie dringend Material, Verpflegung, Munition oder auch Feldpost brauchen. Aufgrund der Ergebnisse früherer Studien und der Erfahrungen im Polen-Feldzug erhält jetzt der Storch generell eine leichte Verteidigungswaffe: Die Fi 156 C-3 bekommt im hinteren Kabinenfenster ein 7,92-mm-Rheinmetall-Borsig-MG-15 mit Linsenlafette.

Weitere Verbesserungen: ein zusätzlicher Kompaß letzter Bauart und je nach Bedarf ein Funkgerät FuG XVIII.

Die am 9. April 1940 beginnende Invasion in Dänemark und Norwegen bringt erhöhte Verluste an Fieseler Störchen mit sich. Nach dem Stand vom 1. Mai 1940 müssen 60 Fi 156 aus verschiedenen Gründen aus der Liste gestrichen werden. Die Luftwaffe verfügt zu dieser Zeit über 277 fabrikneue und 18 generalüberholte Maschinen.

Nord-Afrika, Frühjahr 1941: Der Flugzeugführer einer Fi 156 C-3/Trop füllt aus einem Behälter das Spezial »Rot-Ring Öl« in den Tank der rechten Flügelhälfte ein. Rechts vom Rumpf unter dem Flügel das Glasrohr mit dem Kraftstoffstandsmesser, auf der Innenseite der geöffneten Einstiegtür ein abwerfbarer Leuchtpatronenkasten, auf dem Flugzeugführersitz die Bauchgurte.

Nord-Afrika, Frühjahr 1941: Die Fi 156 C-3/Trop, SF+RL, der 1. Wüstennotstaffel, mit Hauptmann Kroseberg als Flugzeugführer.

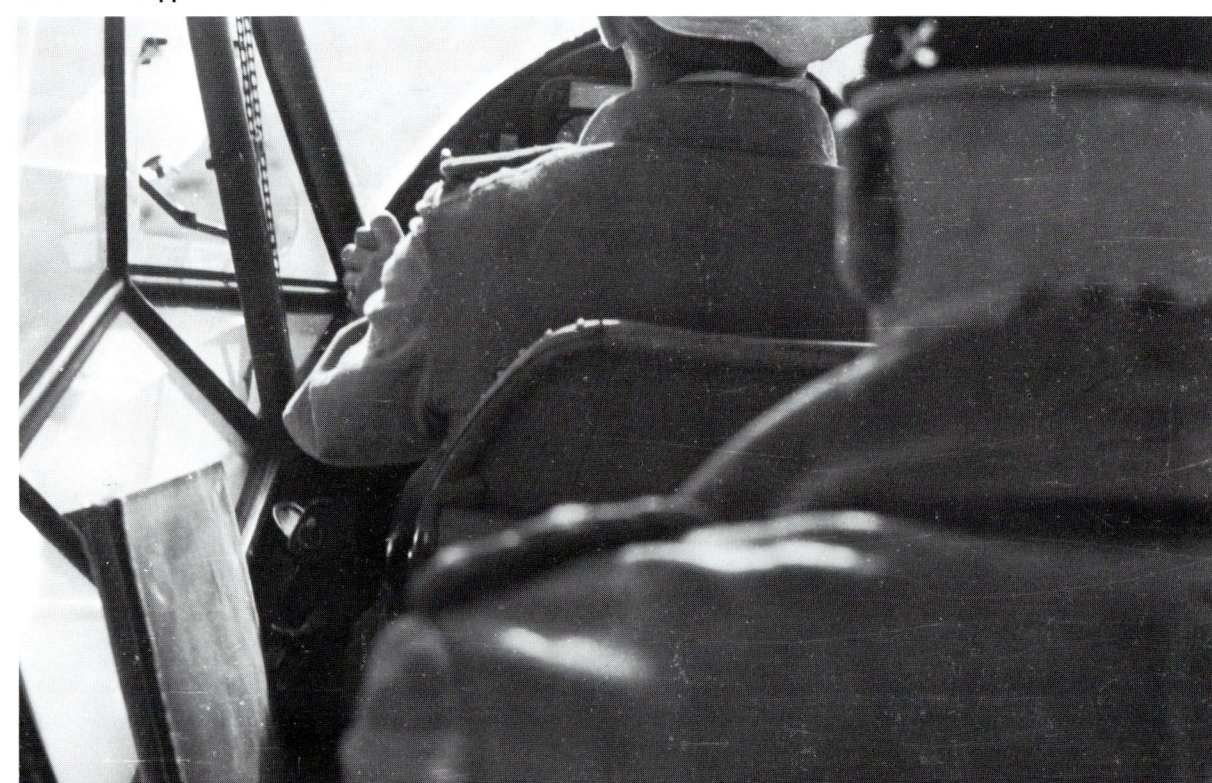

Nord-Afrika, Frühjahr 1941: General Rommel in einer Mehrzweckmaschine des Typs Fi 156 C-3/Trop, mit Flugzeugführer Ltn. Sepp Lengitz.

Nord-Afrika, Frühjahr 1941: Die linke Fensterpartie der mit Plexiglas verkleideten Kabine zeigt die enormen Sichtverhältnisse in einer Fi 156. Links beim Flugzeugführer die Kette zur Übertragung der Höhenflossenverstellung. Der Flugzeugführer, Ltn. Sepp Lengitz, hat die linke Hand am Gashebel. Links neben General Rommel sein zusammenklappbares Kartenblatt aus Leder.

218

Paris, Sommer 1941: Die Stabs-Verbindungsmaschine Fi 156 C-3, K7+NL, landet auf dem Fußballplatz.

Nord-Afrika, Sommer 1941: Die Fi 156 D, DL+AW, der 1. Wüstennotstaffel, im Hintergrund ein Sturzkampfflugzeug Ju 87 B-2.

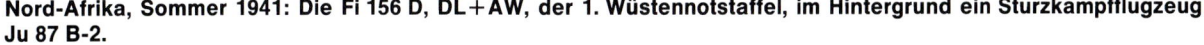

Nord-Afrika, Sommer 1941:
Die Wartung des Stabsver-
bindungsflugzeuges Fi 156
C-3, HA+KL; unter dem
Rumpf ein Zusatztank.

Süd-Italien, Herbst 1941:
Eine Zivil-Sanitäts-Fi 156
C-1, D-EMAW, mit weißem
Anstrich und rotem Kreuz.

3

Am 19. Oktober 1939 entwirft das OKH den Offensiv-Aufmarschplan für einen Angriff im Westen. Die Strategen können zu dieser Zeit nicht ahnen, daß Hitler den Termin der Offensive zwischen dem 7. November 1939 und dem 10. Mai 1940, als es endgültig losgeht, ganze 29mal umstößt.

Das Augenmerk der Planer im OKH konzentriert sich unter anderem auf Neu-Chatell: In dem belgischen Provinzstädtchen befindet sich die Befehlsstelle des 1. Regiments der Chasseurs Ardennais und eine der Reserveeinheiten.

Während der Vorbereitung des West-Feldzuges betrachtet die Luftwaffe es als eine ihrer dringendsten Aufgaben, die Panzertruppe v. Kleist in den ersten Stunden der Offensive tatkräftig zu unterstützen, damit die drei Panzer-Divisionen ihr Ziel – das Maasufer bei Sedan – schnellstens erreichen und die Ausschaltung der belgischen Grenzstellung Bodange bei Martelange, das erste Hindernis auf dem Wege der angreifenden Panzer-Divisionen, ermöglicht werden kann. Da jedoch alle Fliegerkorps, Sturzkampfverbände oder Fallschirmjäger-Divisionen restlos verplant sind, sollen für diesen Zweck 100 Fieseler Fi 156 im sogenannten »Niwi«-Unternehmen 400 Mann vom Infanterie-Regiment »Großdeutschland« hinter der belgischen Grenze absetzen.

So eröffnen die Fieseler Störche den immer wieder verschobenen Frankreich-Feldzug mit einem streng geheimen, bis heute beinahe unbekannt gebliebenen Sonder-Unternehmen: Es ist ihr größter und zugleich verwegendster Einsatz im ganzen Zweiten Weltkrieg.

Über das Sonder-Unternehmen »Niwi« notiert General Halder, Generalstabschef des Heeres, in seinem Tagebuch am 26. Februar 1940: »350 bis 400 Mann, in zwei Wellen bereitgestellt in Crailsheim, – sollen am A-1-Tag nach Bitburg. Aufgabe: westlich Bastogne dem XIX.A.K. (=Panzerkorps Guderian) den Weg öffnen – Störche!«

Das Infanterie-Regiment »Großdeutschland«, das einem berühmten Berliner Wachregiment entstammt, wird dem Panzerkorps Guderian als Elite-Infanterie zur Verfügung gestellt und am linken Flügel der 10. Panzer-Division eingesetzt.

Der Plan des OKH sieht vor: »Das Bataillon Garski, bestehend aus 400 Mann des III.-IRGD soll mit 100 Fieseler Störchen auf dem Luftwege nach Belgien befördert werden, und etwa 15 km hinter den feindlichen Linien landen. Sein Auftrag:

1. Die Nachrichten- und Fernmeldeverbindungen auf den Straßen Neu-Chatell – Bastogne und Neu-Chatell – Martelange zu unterbrechen.

2. Den Anmarsch von Reserven aus Gay und Neu-Chatell zu verhindern und

3. durch rückwärtigen Druck auf die Bunkerlinien von Bodange längs der Grenzen die Einnahme der Bunker und den Vormarsch zu erleichtern.«

Zu diesem Zweck werden zwei Abteilungen gebildet, die in der Gegend Nives und Witry landen sollen. Der Anflug muß in zwei Wellen vor sich gehen, denn in jeder Maschine haben nur zwei Soldaten Platz; nach dem Zeitplan ist mit der Ankunft der nachfolgenden Welle zwei Stunden später zu rechnen.

Da der Schwerpunkt bei der südlichen Abteilung »Witry« liegt, ist für diese eine größere Stärke vorgesehen, als für die Nordabteilung »Nives«. Die Nordabteilung soll aus einer Kompanie, verstärkt durch eine S.H.G-Gruppe und eine Pioniergruppe, bestehen, während sich die Südabteilung aus dem Btl.-Stab und einer Kompanie, verstärkt durch eine S.K.G-Gruppe, eine S.Gr.W.-Gruppe und zwei Gruppen zusammensetzt.

Zur Abwehr gegen Panzer wird die Zahl der Panzerbüchsen verdoppelt, SMK (W) Munition in zweifacher Ausstattung mitgeführt. Als Nachrichtenmittel stehen ein 15-Watt-Gerät (Verbindung zum XXI. AK) und zwei 5-Watt-Geräte (Verbindung zwischen Nord- und Süd-Abteilung) zur Verfügung. Zum Transport der Nordabteilung werden 42, zum Transport der Südabteilung 56 Flugzeuge benötigt. Zwei Fi 156 bleiben als Reserve zurück und werden später vom Landeplatz Witry aus durch Oberstleutnant Garski für Aufklärungszwecke und Befehlsübermittlung eingesetzt. Da die Platz- und Gewichtsverhältnisse die Mitführung von Munition nur in einfacher Ausstattung zulassen, diese aber nicht ausreichend erscheint, falls das Bataillon in schwere Kämpfe verwikkelt wird, haben drei Ju 52/3m den Munitionsnachschub durch Abwurf sicherzustellen.

»Eines Abends stand auf den Tafeln in den Kompanierevieren des III. Bataillons, auf denen die Diensteinteilung angeschrieben wird: ›07.30 Uhr Mannschaft Niwi. Antreten zum Übungsmarsch. Feldmarschmäßig‹. Es wurden 400 Mann des III. Bataillons ausgewählt. Sie hießen ›Niwi‹. Niwi? kommt von ›Nives!‹ wurde auf den Stuben behauptet«, erinnert sich Unteroffizier Dost vom III. Bataillon.

Für die Mannschaft, die an dem Sonder-Einsatz teilnehmen soll, erfolgt nach sorgfältiger Auslese im Februar 1940 die Verlegung nach Crailsheim an der Jagst ins Württembergische, wo sie unter strengster Geheimhaltung die nötige Ausbildung bekommt. Am 9. Mai 1940, gegen 14.15 Uhr, erhält das Bataillon in seinem Unterkunftsbereich den Alarmbefehl und verlegt motorisiert auf die Feldflugplätze Bitburg und Dockendorf, die für den Start bestimmt sind. Das Bataillon trifft etwa gleichzeitig mit der »Gruppe Förster« um 19 Uhr dort ein. Es sind die unter Major der Luftwaffe Förster aus den verschiedensten Einheiten für dieses Unternehmen zusammengezogenen Fieseler Störche.

In letzten Besprechungen wird noch einmal die Unterstützung durch Stukas mit Bombenangriffen auf Bunker, die auf dem Anflugwege liegen, auf Flakstellungen in der Nähe der Landeplätze und auf den Ort Vaux-les-Rosières vereinbart. Dort und in der Nähe von Nives soll eine belgische MG-Kompanie liegen. Es wird festgelegt, daß der Stukaangriff nach dem ersten Anflug der Störche erfolgt. Zur Verfügung steht zunächst nur eine Stuka-Staffel, später zwei weitere, ein Schutz durch Jagdflieger ist nicht vorgesehen.

Unteroffizier Dost:

»Süd- und Nordgruppe unseres Unternehmens waren am Abend vorher in den beiden Ortschaften in der Eifel, von denen wir starten sollten, angekommen. Unsere Mannschaft der Südgruppe trat an. Es herrschte Büchsenlicht; noch konnte man die Karte nicht lesen. Aber der Tag versprach gutes Wetter, die Stimmung war glänzend. Der Gruß, den Oberstleutnant Garski an diesem Morgen erhielt, weckte das halbe Dorf aus dem Schlaf.

Die Unteroffiziere überprüften die Ausrüstung, Tornister und Mäntel blieben zurück. Jeder Mann trug zwei Brotbeutel, am Schulterriemen über Kreuz gehängt; in einem steckten Handgranaten und Munition, im anderen die Verpflegung für den Sonder-Einsatz. Es gab Konserven: Rinderzunge mit grünen Erbsen, Schweinefleisch mit Bohnen, prachtvolle Salami und andere Dauerwürste, Knäckebrot und Schokolade. Jeder hatte einen kleinen Feldkocher mit Hartspiritus.

Noch einmal besprachen die Zugführer und Gruppenführer den Plan, danach die Gruppenführer mit ihren Gruppen. Endlich: ›Stillgestanden! Rechts um!‹ Abmarsch zum Flugplatz.

Um 5.20 Uhr begann der Abflug der Störche. Voraus der Oberstleutnant Garski mit seinem Adjutanten.«

Pünktlich um 5.35 Uhr überfliegt Garski die luxemburgische Grenze.

Wolf Durian von der Division »Großdeutschland« war dabei: »Über Perl an der belgischen Grenze hatte man Feuer erwartet, aber es fiel kein Schuß. Wir flogen über die belgischen Linien hinweg, erreichten den Wald und waren nun in Sicherheit. Eine halbe Stunde lang dauerte der Flug, dann landeten wir genau zwischen Witry und dem kleinen Flecken Traimont auf einer Wiese neben der Landstraße.

Der Oberstleutnant und sein Adjutant sprangen als erste aus ihrem Flugzeug, die Maschinenpistole in der Faust. Die anderen Störche setzten ebenfalls zur Landung an.

Auf der Straße nach Neu-Chatell fuhren zwei Privatautos, zu schnell und zu weit für einen Beschuß aus der Maschinenpistole. In einigen Minuten wird man also in Neu-Chatell schon Bescheid wissen.

Hinter den beiden Fieseler Störchen, die soeben runtergegangen waren und nun schon wieder aufstiegen, kam nichts mehr. Die noch in dünne Nebelschwaden gehüllte Wiese blieb leer. ›Die Sache fängt ja gut an!‹ meinte der Oberstleutnant Garski.

Im Laufschritt kamen vier Mann, die südlich der Straße gelandet waren. Sie schleppten zwei Maschinengewehre. ›Sofort Straße sperren!‹ befahl der Oberstleutnant. Alles in allem waren es zehn Mann: der Oberstleutnant, der Adjutant, der Gefechtsschreiber, die Ordonnanz, ein Zugführer, dazu fünf Soldaten und zwei Maschinengewehre. Wir befanden uns bereits 60 km Luftlinie in Feindesland. Verstärkung war vor 8 Uhr nicht zu erwarten. Man ging vor zur Straße und spielte Straßenräuber. Ein belgischer Kradfahrer wurde angehalten und Autos, die aus Neu-Chatell kamen, kassierten wir. Auf einem Lieferwagen saß ein belgischer Soldat, ein Urlauber. Bis 7 Uhr hatten wir auf diese Weise acht Fahrzeuge beschlagnahmt. Es erschien jetzt ratsam, den Standort zu verlegen. Der kleine Trupp nahm die Wagen und Gefangenen mit und rückte in Richtung Traimont.« – erinnert sich Feldwebel Durian.

»Von einer Höhe aus hatten wir ein gutes Beobachtungs- und Schußfeld und überlegten, was zu tun wäre, wenn ein Bataillon Ardennenjäger hier auftauchte. Aber alles blieb ruhig, und ein Spähtrupp wurde ausgesandt. Um

8 Uhr trafen endlich mit Kraftwagen zwei Züge unter Oberstleutnant von Harder ein. Nun waren es über 80 Mann, aber leider nur mit einer Panzerbüchse.

Traimont wurde besetzt, und man richtete sich auf der Höhe mit der Front nach Westen gegen Neu-Chatell ein. Nacheinander erschienen im Dorf zwei feindliche Spähtrupps, je vier Mann stark. Sie wurden geschnappt.

Ein belgischer Pionier-Geräte-Wagen rollte ahnungslos ins Dorf. Es wurde vereinnahmt. Der Belgier war beladen mit Minen und wollte Straßensperren legen. Er kam zu spät. Aber die Minen konnte man gut gebrauchen. Statt nach Osten zu, wie es die Belgier wollten, wurde nun in Richtung Westen und Neu-Chatell eine Grenzsperre von den Deutschen errichtet. Von den Höhen von Traimont aus beherrschte man jetzt die Straße.

Um 8 Uhr landeten von der Nordgruppe Leutnant Obermeier und Leutnant von Blankenburg mit zwei Zügen. Zwei Panzerbüchsen hatten sie bei sich. Aber da war weit und breit kein Hauptmann Krüger mit seinen Leuten zu sehen.

›Sakra! Jetzt haben wir uns aber schön verflogen!‹ schimpfte Obermeier. Von Blankenburg nahm sich ein paar Mann und stiefelte mit ihnen auf das Dorf zu, zerschnitt die Telefondrähte, sprang von Deckung zu Deckung durchs Dorf bis hin zum Schulhaus und holte den Lehrer. Überrascht und erstaunt stand der da: Wie kommen auf einmal die Deutschen hierher?

›Wir wollen nur wissen, wie das Dorf heißt‹, radebrechte von Blankenburg in seinem besten Schulfranzösisch. Der Ort hieß Nives, sie waren richtig gelandet.

Die Soldaten verschwanden so, wie sie aufgetaucht waren. Unterdessen hatte Obermeier einen starken Spähtrupp zur großen Straße nachgeschickt: Von Blankenburg sollte zurück und dann Nives besetzen. Die Dorfbewohner kamen angelaufen, bestaunten die Deutschen und erzählten: In Vaux-les-Rosières, 3 km nach Westen, stehen französische Panzerwagen.

Zur gleichen Zeit erreichte überraschend ein Kradfahrer Leutnant Obermeier und meldete: ›Ein Motorrad (auf diesem saß er), einen PKW und einen LKW aufgehalten!‹ Leutnant Obermeier bestieg das Beute-Motorrad, lud vier Mann in den PKW, sauste mit 100 km auf Vaux-les-Rosières los und schnappte drei belgische Urlauber, die auf Fahrrädern ihren Weg kreuzten. Dann aber mußten sie sich schnellstens verdrücken. Ein französischer Panzerwagen kam ihnen entgegen.

Die Franzosen schöpften Verdacht und fuhren hinterher. Plötzlich prasselte ihnen Maschinengewehrfeuer entgegen. Der Panzer kehrte um und verschwand in Vaux-les-Rosières.

Um 9 Uhr landete bei Nives ein Storch: Oberstleutnant Garski wollte feststellen, ob die Nordabteilung am richtigen Ort eingetroffen war, und Meldung über die Lage haben. Die Maschine flog mit der Meldung zurück. Sie war noch nicht außer Sicht, da begann es in Boies du Beulet, einem Waldstück im Osten, zu donnern, und Granaten schlugen ein. Offenbar hatte man dort den Aufstieg des Storchs bemerkt.

Der Beschuß nahm zu, und mehrere Panzerwagen schwenkten aus dem Wald heraus. Auf achtzig Meter war der vorderste Panzer heran, da erst gab Obermeier den Befehl: ›Feuer!‹ Der Panzer stand, drehte sich, wollte weg. Noch ein Schuß aus der Panzerbüchse. Eine Stichflamme schoß aus dem Panzerwagen, er brannte völlig aus. Die Büchsen packten den zweiten. Sie faßten ihn von der Seite, ehe er drehen konnte. Fünf Schüsse, und er blieb liegen. Aber den beiden anderen Panzern glückte es, in die Nähe der Mulde zu entkommen.

Als es schon dämmerte, kurz vor 9 Uhr abends, kamen auf einmal zwölf Panzerwagen aus der Straße von Vaux-les-Rosières heraus. Für die Nacht hatte die Abteilung rings um Nives einen Igel gebildet. Am nächsten Tag, um 12 Uhr, erschien in Traimont ein verstaubter Kradfahrer mit der Meldung: ›Hauptmann Krüger befindet sich mit dem größten Teil des Bataillons von Leglife her im Anmarsch.‹ Kopfschüttelnd betrachtete Oberstleutnant Garski die Karte: Leglife sei doch 8 oder 10 km südlich von Witry!« Was Garski natürlich nicht wissen kann: Hauptmann Krüger und seiner Nordgruppe ist ein Malheur passiert: Sie hat sich auf dem Weg zu ihrem Einsatzort verflogen.

»Um 5.20 Uhr am Morgen des 10. Mai, in der gleichen Minute wie die Südgruppe, war an ihrem Abflugsort auch die Nordgruppe unter Hauptmann Krüger gestartet. Luxemburg wurde passiert. An der belgischen Grenze aber bellte von unten Flak-Feuer herauf. Man mußte ausweichen, um in den Schutz des Waldes zu gelangen.

Der Start der Südgruppe indessen verzögerte sich, da einige Störche aus dem Gesichtskreis verlorengingen. Die nachfolgenden sichteten dann an der belgischen Grenze einige Flugzeuge; sie gehörten aber zu der vom Weg abgeirrten Nordgruppe des Hauptmann Krüger. Sie folgten ihnen, und so kam es, daß nachher Oberstleutnant Garski nur mit neun Mann und zwei Maschinengewehren bei Witry stand.

Hauptmann Krüger und seine fünf Männer landeten auf einer mit Stacheldraht umzäunten Viehkoppel. Der Flugzeugführer meinte: ›Dort drüben muß Nives liegen!‹ und war schon wieder zum Rückflug gestartet. Vor allem galt

es jetzt festzustellen, ob man sich tatsächlich in der Nähe von Nives befand, und so pirschten sie in Richtung Straße.«

Wie nicht anders zu erwarten, wird das plötzliche Erscheinen deutscher Soldaten 15 km hinter der belgischen Front prompt im Regimentsbefehlsstand in Neu-Chatell gemeldet. Um Krügers 60 Mann anzugreifen, stehen zwei belgische Kompanien mit mehr als 200 Soldaten bereit.

»Zwei Radfahrer tauchten auf. Ein paar Schreckschüsse und sie verschwanden sofort im Straßengraben. ›Wie heißt die nächste Ortschaft?‹ ›Leglife!‹

Die beiden Radfahrer mußten zwei Kasten Munition und den Korb mit den gurrenden Brieftauben schleppen. Am Wald standen Einwohner von Leglife. Und man erfuhr: Bei Raneimont waren die Deutschen! Hauptmann Krüger befahl: Marsch auf Raneimont.

Dort trafen sie auch die Mannschaft der Südgruppe mit den Panzerbüchsen, die Oberstleutnant Garski bei Witry so vermißte. Auch sie hatten sich verirrt. Vor Raneimont wurde die Straße gesperrt, Telefondrähte durchgeschnitten.« erzählt Feldwebel Durian.

»Bald sammelten sich hier Fahrzeuge aller Art. 40 belgische Soldaten, die an die Front wollten, hatte man in einem Haus eingesperrt. Aus einem Autobus wurden auch 14 belgische Offiziere herausgeholt. Auf den beschlagnahmten Fahrzeugen – es waren mehr als 30 – wollten die Deutschen über Leglife, Dombois nach Witry und von dort nach Nives.

Voraus fuhr Hauptmann Krüger im Autobus, auf dem Dach zwei schußbereite Maschinengewehre. Von Leglife kam plötzlich ein belgisches Beiwagenkrad mit drei Mann. Entfernung 200 m. Beide Maschinengewehre eröffneten das Feuer. Das Motorrad lag im Straßengraben. Ein Panzerspähwagen tauchte auf und schoß wild um sich. Autobus gegen Spähwagen, das ging nicht. Die Deutschen sprangen heraus in den Graben, arbeiteten sich zur Deckung vor. Von Leglife und auch aus südlicher Richtung prasselte auf einmal Maschinengewehr- und Infanteriefeuer.

Hauptmann Krüger beschloß, sich auf einem nahen Berg zu verteidigen. Vielleicht gelang es, stärkere feindliche Kräfte auf sich zu ziehen, was ja der Zweck des Unternehmens ›Niwi‹ war. Aber auf belgischer Seite herrschte wiederum Ruhe.

Also setzte man den Marsch nach Traimont zu Oberstleutnant Garski fort. Gegen Mittag wurde ein Kradfahrer mit der Meldung vorausgeschickt. Die übrigen Fahrzeuge blieben zurück. Der Autobus war ohnedies vom Spähwagen zusammengeschossen worden. Wie eine Karawane zog die marschierende Kolonne dahin, in der Mitte die Gefangenen, kein Wort wurde gesprochen.

So schlichen sie langsam durch den Wald vorwärts. Einmal zog ein feindlicher Spähtrupp vorbei: Ahnungslos stolperten die vier Ardennenjäger weiter.

Das Wetter war prachtvoll. Überall im Wald blühten und dufteten die Maiblumen. Auf einer Höhe unweit eines Dorfes erblickte Hauptmann Krüger durch sein Glas einen Fieseler Storch. Ein Spähtrupp wurde vorgeschickt.

Im Abschnitt des Oberstleutnant Garski herrschte vorläufig Ruhe. Nur ein feindlicher Panzerwagen hatte sich vor Traimont gezeigt; er drehte ab, ehe man auf ihn schießen konnte, und Oberstleutnant Garski verlegte den Schwerpunkt seiner Truppe nach Osten hin, da von Westen her aus Neu-Chatell nicht mehr viel zu erwarten war. Als es jedoch von den Höhen südlich von Witry plötzlich knallte, ging Oberst-leutnant Garski zum Angriff auf diesen Ort über.

In diesem Augenblick tauchte wie gerufen der Spähtrupp Hauptmann Krügers auf. Der Oberstleutnant, durch diese unerwartete Wende erfreut, schickte ihn zurück mit dem Befehl: ›Abteilung Krüger nimmt die Höhen südlich von Witry.‹

Um 13.13 Uhr begann der Angriff. Als sie in das Dorf eindrangen, waren dort keine belgischen Soldaten mehr.

Man griff daraufhin weiter in Richtung Osten an. Vor Fauvillers an einer Wegsperre geriet man mit den Ardennenjägern ins Gefecht. Fauvillers wurde genommen; die Ardennenjäger zogen sich in den Wald im Norden des Dorfes zurück. Auf erbeuteten Fahrrädern radelte die Gruppe des Oberstleutnants – Garski an der Spitze – mit umgehängtem Karabiner los. Die improvisierte Radfahrerabteilung strampelte in Richtung Bodange.

Dort an den gegenüberliegenden Berghängen tauchte eine Schützenlinie auf, eine zweite, eine dritte folgte. Die Radfahrer stiegen ab. Garski schaute unruhig durchs Glas. Freund oder Feind? Schließlich gab er den Befehl, die Seitengewehre aufzupflanzen und daran die gelben Tücher zu befestigen, das verabredete Erkennungssignal. Kaum zeigten sich die ersten gelben Tücher, da entfaltete sich drüben am Hang eine große Hakenkreuzflagge.«

Der Kampf um Bodange selbst, etwa 5 km westlich von Martelange, entwickelt sich sowohl für die belgischen Truppen als auch für das Sonder-Kommando »Niwi« zu einer harten Feuerprobe. Dort verteidigt sich nämlich die abgeschnittene belgische Kompanie unter Commandant Bricart, der nicht ahnt, daß auf der gesamten belgischen Grenzlinie der Rückzug in vollem Gange ist: Die am frühen Morgen des 10. Mai erfolgten Sprengungen haben alle Telefon- und Telegraphenleitungen zerstört. Während Oberstleutnant Garski mit seinen Männern die rückwärtigen Verbindungen der Chasseurs Ardennais hinter der Front bereits abschneidet und den Bataillonsgefechtsstand von Fauvilliers angreift, wehrt sich Commandant Bricart zäh gegen den vielfach überlegenen Feind: Zwei Bataillone der 1. Panzer-Division werden von den Maschinengewehren der Belgier in Schach gehalten. Obwohl inzwischen von Martelange die drei Schützenbataillone der 1. Panzer-Division immer näherrücken und das Sonder-Kommando »Niwi« aus dem Landesinnern vordringt, kämpft dessen ungeachtet Bricart mit seinen Chasseurs Ardennais unentwegt weiter. Trotz der sich immer deutlicher abzeichnenden Einkreisungsgefahr verteidigt sich Bricart fünf Stunden lang, dann streckt er die Waffen. Bei einem letzten Versuch, aus dem umzingelten Bodange auszubrechen, fällt der Commandant Bricart durch einen Kopfschuß.

Das deutsche Luftlandekommando schlägt sich nicht minder tapfer, und obschon Garski am Abend des ersten Tages 82 Gefangene zählt, kostet der Kampf um Bodange neun Tote sieben Verwundete und drei Vermißte.

Von den Ju 52/3m-Maschinen, die Garskis Sonderkommando aus der Luft versorgten, sind ebenfalls zwei abgeschossen worden.

Griechenland, Mai 1941: In der Nähe von Piräus steht ein Kurzstrecken-Aufklärungsflugzeug vom Typ Fieseler Fi 156 C-2, 3G+F mit Zusatztank.

Ostfront, Sommer 1941: Ein Mehrzweckflugzeug vom Typ Fi 156 (C-Serie) auf einem ehemaligen Stützpunkt der Roten Luftflotte. Vorn die Trümmer eines Polikarpow I–16, Rata-Jagdeinsitzers.

Ostfront, bei Witebsk, Juli 1941: In der Kabine einer Stabs-Verbindungsmaschine Fi 156 A-1, auf dem hinteren Rücksitz Oberleutnant der Artillerie, Jakob Dschugaschwili, der älteste Sohn Josef Stalins.
Am 16. Juli 1941 ergab er sich bei Ljesne, südostwärts Witebsk. Oben, zu beiden Seiten der Kabine zwei Maschinenpistolen, die auch von außen durch die am Rumpf angebrachten Reißverschlüsse (dicht an der Rückwand der Kabine sichtbar) zugänglich sind.

Ostfront, Juni 1941: Ein Fi 156 Kurzstrecken-Aufklärer überfliegt eine Panzerkolonne, die über die San-Brücke bei Przemysl nach Osten rollt.

Ostfront, Sommer 1941: Einwinken einer Sani-Fi 156.

229

Ostfront, mittlerer Abschnitt, Sommer 1941: Der Argus-10-P-Motor eines Mehrzweckflugzeuges vom Typ Fi 156 C-3 wird überprüft. Der Zündkerzen- und Ölwechsel erfolgt durch Motorschlosser. Aus dem Beobachtungsstand (B-Stand) ist die Linsenlafette des MG 15 entfernt.

Ostfront, Sommer 1941: Die Stabs-Verbindungsmaschine Fi 156 A-1, KL-BH, mit Zusatztank läßt vor dem Start den Motor zur Überprüfung warmlaufen.

Ostfront, Sommer 1941: Ein Kurzstrecken-Aufklärer vom Typ Fi 156 A-1 im Schutze zweier Getreide-schober.

Ostfront, Sommer 1941: Ein Fi 156 C-2 Kurzstrecken-Aufklärer überfliegt eine Panzerspitze im südlichen Frontabschnitt.

Ostfront, Sommer 1941: Ein Kurzstrecken-Aufklärer vom Typ Fi 156 A-1 setzt zur Landung an. Zwischen den Tragflächen die fest verspannte W-Antenne der 7-Watt-Bordfunkanlage mit einem Frequenzbereich von 2500–3750 kHz (120–80m).

Bulgarien, Sommer 1941: Die Stabs-Verbindungsmaschine Fi 156 C-1, TC+ZZ setzt zur Landung an. Zur besseren Kühlung während der Hitzezeit sind bei den beiden Fi 156 C-1 die Seitenteile der Motorhaube abmontiert.

Langsam fliegen –
das war die Rettung!

Der „Storch" befand sich auf einem Aufklärungsflug. Plötzlich er=
scheint ein englischer Jäger. In rafendem Flug stürzt er sich auf die
deutsche Maschine. Diese geht sofort in Langsamflug über und bleibt
dank ihrer besonderen Flugeigenschaften in der Luft fast auf der
Stelle stehen. Der Brite – hiervon überrascht – vermag sich der
neuen Situation nicht anzupassen. Aus 8 Rohren feuernd, rast die
feindliche Maschine vorbei. Der „Storch" bleibt unverfehrt.

Der „Storch" ist eine Schöpfung der

GERHARD FIESELER
WERKE GM BH KASSEL

Eine Werbe-Anzeige aus der Zeitschrift ›Die Wehrmacht‹ 1942.

Der „Storch" zwingt sie zur Umkehr

Bei der Besetzung der Insel Samothraki im Ägäischen Meer versuchten zwei
griechische Schiffe zu fliehen. Da unsere Truppen den Schiffsraum selbst gut
gebrauchen können, startet der „Storch" – der bekanntlich überall starten
und landen kann – vom Hafenkai aus und zwingt die Schiffe, umgehend
zum Hafen zurückzukehren.

Der „Storch" ist eine Schöpfung der

GERHARD FIESELER
WERKE GM BH KASSEL

Eine Werbe-Anzeige aus der Zeitschrift ›Die Wehrmacht‹
1942.

Ostfront, Weißrußland, Sommer 1941: Start der Mehrzweckmaschine Fi 156 C-3, KF+XL aus einem Dorf heraus.

Ostfront, Sommer 1941: Die Kurier-Maschine Fi 156 C-1, KF+XL auf einem Feld in der Nähe von Grodno (Ostpolen). Zwei Landser beim Anlassen des Motors mit der Handkurbel (Rückschlaggesichert).

Ostfront, Sommer 1941: Gen.Oberst Erhard Raus vor dem Start der Fi 156 A-1 zu einer Frontbesichtigung. Links, im Hintergrund eine am Kabinenfensterrahmen verzurrte Maschinenpistole.

Ostfront, Sommer 1941: Eine Kurier-Maschine vom Typ Fi 156 C-1 über einer Wiese hinter der Frontlinie.

233

Ostfront, Sommer 1941: Radreparatur vor dem Aufklärungs-Einsatz einer Fi 156 C-1. Das rechte Fahrgestell ist auf eine Winde gestützt. Links vorn eine Reihenbildkamera für Fotoaufklärung.

Ostfront, Süd-Abschnitt, Herbst 1941: Startvorbereitung eines Fi 156 C-1-Nahaufklärers. Auf der linken Motorseite die Andrehkurbel. Der Motor wird durch Handkurbel mit Rückschlagsicherung angelassen.

Ostfront, Herbst 1941: Die Stabs-Verbindungsmaschine Fi 156 (C-Serie) auf dem Feld in der Nähe eines ukrainischen Dorfes.

Rußland, Herbst 1941, Frontnähe: Ein Stabs-Verbindungsflugzeug Fi 156 C-3, BE+RA in Bereitstellung. An der Ruderhinterkante sieht man deutlich die angesetzte Trimmkante, ein sog. Flettenruder, das nach Bedarf von Hand getrimmt wird.

Ostfront, im Raum von Smolensk, Herbst 1941: Diesen Fi 156 C-3, 2E+RA Kurzstrecken-Aufklärer hat man in der Scheune eines russischen Gehöfts abgestellt. Die Maschine verfügt über einen B-Stand mit MG 15 (Kal. 7,92 mm). Als Heckfahrgestell dient ein Schleifsporn.

Überaus lange schon lag die kleine deutsche Truppe einer feindlichen Übermacht gegenüber. Es schien ziemlich aussichtslos. Da plötzlich erscheint ein „Storch", und wie ein Aufatmen geht es durch die Reihen: General Rommel kommt! Panzer greifen an, sprungauf geht es vorwärts, bis der Feind geworfen ist.

GERHARD FIESELER WERKE

Ostfront, in der Nähe von Smolensk, Herbst 1941: Kabine und Motorpartie des Kurzstrecken-Aufklärers Fi 156 C-3, 2E+RA.

236

Ostfront, Winter 1941/42: Das Stabs-Verbindungsflugzeug Fi 156 C-3, NB+YB, landet auf einem Acker, dicht bei einer motorisierten Einheit des General Guderian.

Ostfront, Herbst 1941: Zwei Offiziere der Heerestruppen bei der Kartenbesprechung im südlichen Frontabschnitt. Im Hintergrund der Kurzstrecken-Aufklärer Fi 156 C-1, C2+PK. Im hinteren Kabinenraum das am B-Stand festgezurrte MG 15.

4

Zur selben Stunde, als Oberstleutnant Garski mit seinen Leuten zum Unternehmen »Niwi« startet, läuft auf dem benachbarten Frontabschnitt ein anderer geheimer Sonder-Einsatz der Fieseler Störche. Hier seine Vorgeschichte: Während die Panzerverbände und die motorisierten Infanterie-Divisionen durch das nördliche Luxemburg und den Südzipfel Belgiens rollen, um die Maasstellung zwischen Givet und Sedan zu durchbrechen, hat man die 16. Armee zum Flankenschutz eingesetzt. Das XXIII. Armeekorps soll mit drei Divisionen die Südflanke des deutschen Stoßkeils abschirmen und sich zu diesem Zweck zwischen Rodingen und Schengen so nahe wie möglich an die Maginot-Linie heranschieben.

Die am rechten Flügel dieses Korps eingesetzte 34. Infanterie-Division hat den Befehl, die Linie Rodingen-Berchem zu erreichen und dort eine Verteidigungsfront zu bilden. Der Divisions-Kommandeur, General Behlendorff, weiß, daß das 6. Algerische Spahi-Regiment Anweisungen hat, in Luxemburg einzureiten, falls deutsche Truppen die luxemburgische Grenze überschreiten sollten. Es scheint deshalb unerläßlich, die die Gegend beherrschenden Höhen schnellstens zu erobern. Jedoch verfügt die 24. Infanterie-Division nicht über die nötigen Kräfte und ist auch nicht schnell genug, um nach Überquerung der Mosel in kürzester Frist

eine 40 km entfernte, 20 km breite Front zu besetzen.

Und Generaloberst Halder vermerkt am 26. Februar 1940 in seinem Tagebuch: »Die 16. Armee will mit Vorausabteilung ihre Südflanke selbst sichern. Führer wünscht aber auch hier Einsatz von Störchen, um einem eventuellen Vorstoß französischer Truppen aus der waffenstarrenden Maginot-Linie zuvorzukommen.« Man wählt auf luxemburgischem Gebiet fünf Punkte aus, die von kleinen, in den angrenzenden Wiesen landenden Kampfgruppen blokkiert werden. Die fünf Straßenkreuzungen sind gut ausgesucht, denn sie sperren alle aus dem Eisenerzgebiet und damit aus Frankreich nach der Hauptstadt Luxemburg führenden Straßen. Der Stabschef der 16. Armee, General Model, übernimmt die Planung dieses Vorhabens. Im Februar 1940 überläßt er die Ausführung des Lande-Unternehmens Oberleutnant Werner Hedderich.

Anfang März 1940 werden ausgesuchte Freiwillige in Crailsheim und in Böblingen in einer Spezialausbildung gedrillt. Nur 125 von ihnen überstehen das harte Training und werden in fünf Gruppen unter dem Kommando eines Offiziers oder eines Oberfähnrichs aufgeteilt. Die Gruppenführer lernen nach der Karte Zielpunkte anzufliegen und mit dem Fieseler Storch im Tiefflug aufgrund von Luftbildern geeignete Landeplätze auszusuchen. In Crailsheim werden Versuche unternommen, bestimmte Waffen und Geräte in dem beschränkten Raum der Fieseler Störche unterzubringen. Dabei stellt sich heraus, daß jede Gruppe von 25 Mann über fünf leichte 7,92-mm-MG, eine 18-mm-Panzerbüchse, Tellerminen T-35, MP, Gewehre und Handgranaten verfügen müßte.

In der ersten April-Woche beziehen die 125 Mann die alte Jägerkaserne in Trier. Fortan wird auf alle Flüge mit den Störchen verzichtet, um dieses Unternehmen vor dem Feind geheimzuhalten. Die Ausbildung geht deshalb im Gelände mit Hilfe von Lastkraftwagen weiter.

Am Abend des 9. Mai bekommt Oberleutnant Hedderich das Stichwort zum bevorstehenden Einsatz, nachdem nur Stunden vorher 25 Störche auf dem Flugplatz von Trier-Euren gelandet sind.

Spätabends versammelt Hedderich seine Männer. Die einzelnen Gruppen erhalten fünf Fieseler Störche, die in drei Starts alle 125 vollausgerüsteten Soldaten an ihre Einsatzorte bringen sollen. Die 25 Störche überfliegen gegen 4.35 Uhr die bereits an der luxemburgischen Grenze liegenden motorisierten deutschen Verbände. Bis Luxemburg-Stadt fliegen die 25 Fieseler Störche in einer Reihe entlang der Eisenbahnlinie, erst dann biegen zwei Gruppen nach rechts ab, eine Gruppe hält Kurs geradeaus, zwei Gruppen schwenken südwärts aus. Um 5 Uhr meldet das Armeekommando Ia (AOK) an die Heeresgruppe A: »Erste Welle Fieseler Störche planmäßig an ihren Zielen gelandet.«

Feldwebel Tappert:

»Es war noch dunkel, als ich mich in die vollgestopfte Storch-Kabine zwang. Ich hockte auf einem kleinen Notsitz zwischen MG-Munitionsgurten, Bündeln von Handgranaten und anderem Zeug. Hinter mir war die Schottwand, vor mir steckte der Obergefreite Dreikandt und ganz vorn der Flugzeugführer, Leutnant König. Der Motor wurde angelassen, und wir rollten langsam zum Start. Weit an der Horizontlinie im Osten hob sich ein schmaler, heller Streifen – der neue Tag begann: Freitag, der 10. Mai 1940.

Die Maschine machte ein paar Sprünge, wir waren in der Luft und flogen dicht über den Wäldern in westliche Richtung. Auf dem noch dunklen Himmel zeichneten sich schwach die vorderen Maschinen ab, die schnurstracks vor uns schwebten. Die Landschaft war recht hügelig, und wir gingen mal hoch, mal runter. Plötzlich begann unser Flugzeugführer zu fluchen: die vorderen Maschinen, die hinter einem Hügel verschwanden, tauchten nicht mehr auf, wenigstens waren sie nicht mehr zu sehen. Wir flogen eine ganze Weile allein.

In der Kabine wurde es heller, die Sonne stieg langsam hinter uns auf, da erspähten wir ein paar Fieseler, die wie große Schatten über die Baumwipfel an uns vorbeihuschten. König zog kurz entschlossen hinter ihnen her. Schweigend verfolgten wir die Landschaft unter uns. Durch die goldenen Sonnenstrahlen zog der Nebel aus den Tälern und legte sich um die Hügel – es kündigte sich ein schöner Tag an.

Wir waren über Luxemburg. Jeden Augenblick erwarteten wir Feuer von unten – aber es geschah nichts. ›Meine Herren, wir landen‹, rief auf einmal unser Flugzeugführer. Er drosselte den Motor und ging sanft runter; ein paar hundert Meter vor uns landeten schon die anderen Maschinen. Wir setzten sanft wie mit einem Fahrstuhl auf, und noch während der Propeller lief, warfen wir eilig durch die aufgeklappte Tür unsere Klamotten auf die recht morastige Wiese. Noch ein Händedruck von Leutnant König, und wir blieben allein.

Mit dröhnendem Motor rollte die Fieseler zum Start an uns vorbei, die Räder fast bis an die Achsen im Morast. Plötzlich sahen wir erschrocken, wie die Maschine auf die Nase kippte, der Propeller krachte, das Flugzeug sich um seine eigene Achse drehte und auf den Rücken legte.

König krabbelte auf allen Vieren aus der Fieseler, fluchend wie ein Fiaker. Wir stellten ihn auf die Beine und berieten, was zu tun wäre. ›Na, als erstes muß ich nach Dienstvorschrift den Storch vernichten, damit er dem Feind nicht in die Hände fällt‹, murmelte König und fummelte an der Maschine herum. Da gurgelte es schon und Benzingeruch verbreitete sich.

›Jetzt aber los‹, rief er uns zu und warf ein brennendes Stück Papier zwischen Flügel und Kabine, aus der die dünnen, langen Storch-Beine in die Luft ragten. Die Maschine, mit Leinwand bespannt, 150 Litern Benzin in den Tanks, mit Nitrolack gespritzt und mit dem brennbaren Leichtmetall-Elektron am Motor ging in Sekundenschnelle lichterloh in Flammen auf. Jetzt waren nur noch glühende, verbogene Leichtmetallstreben von der ganzen Herrlichkeit übrig.

Wir beobachteten das Geschehen aus einer respektablen Entfernung, als plötzlich ein neues Motorengeräusch zu uns drang. Von weitem her raste durch die mit Bäumen flankierte Straße ein schwarzer Citroen auf uns zu. Da wir nur ein paar Schritte von der Chaussee entfernt standen, eilten wir auf die Fahrbahn. Mit der MP im Anschlag hielten wir die Limousine an. Ein gepflegt angezogener, frisch rasierter Mann schaute uns ganz verdutzt aus dem Wagenfenster an. ›Ist was passiert?‹ fragte er neugierig.

›Ja, der Krieg, steigen Sie aus!‹ Ich hielt die Türklinke in der Hand. ›Aber meine Herren, bitte, machen Sie Ihren Krieg allein, nur lassen Sie mich bitte weiterfahren, ich habe eine wichtige geschäftliche Verabredung, verstehen Sie! . . .‹

Ich verstand nicht. Der nagelneue Citroen wurde das Schmuckstück unserer Straßensperre, die wir später an der Kreuzung aufstellten.«

Während der erste Storch in den taunassen Kornwiesen westlich von Niederkerschen zum Landen ansetzt, rast der Erbgroßherzog Jean von Luxemburg mit seiner Familie in einem Buick die Straße entlang. Die Insassen des Buick sehen plötzlich, wie auf 50 Meter Entfernung von der Landstraße ein Flugzeug in den Wiesen niedergeht und ein mit einem Maschinengewehr bewaffneter Soldat herausspringt. Gleichzeitig setzen schon andere langbeinige Maschinen zur Landung an. Dem Fahrer gelingt es, auf der engen Straße zu wenden, und er jagt in vollem Tempo nach Niederkerschen zurück.

Zwei Fieseler überfliegen das Auto und verfolgen es eine Weile. Kurz vor der rechtwinkligen Straßenkreuzung Aessen, am Eingang von Zolver, stehen inmitten der Fahrbahn drei schwerbewaffnete deutsche Soldaten, andere recken sich rechts in den Wiesen empor. Der Fahrer drückt dem begleitenden Sicherheitsbeamten seine Pistole in die Hand und fährt mit Vollgas auf die Deutschen los. Als sich die Soldaten von diesem Schreck erholen, ist der Buick bereits um die nächste Kurve verschwunden.

Inzwischen landen die nächsten Störche, setzen ihre Ladung ab und steigen wieder auf. Die Soldaten gehen an der Landstraße in Stellung und stoppen den Fahrzeugverkehr, ungeachtet der Proteste eines luxemburgischen Gendarms.

Sie halten alle vorbeikommenden Straßenbahnen und Autobusse an, sperren so die Straße und legen unter den Blicken der neugierigen Passanten ihre Minen aus. Hedderich selbst sperrt die Straßenkreuzung »Aessen« am Fuße des Zolverknapps.

In Limpach und Zolver sind die zur Frühschicht eilenden Arbeiter Augenzeugen der Landung der zweiten Gruppe. Die schwerbewaffneten deutschen Soldaten beziehen ihre Stellungen, fällen Bäume, schleppen sie quer über die Fahrbahn und halten alle Autos an. Die Proteste der luxemburgischen Gendarmerie hindern auch hier die Deutschen nicht, die Straße hermetisch abzuriegeln.

Die dritte Kampfgruppe unter Leutnant Oswald landet an einer Straßenkreuzung zwischen Esch und Steinbrücken, Leutnant Oswald berichtet über die dort vorhandenen, unvorhersehbaren Schwierigkeiten bei diesem Landemanöver:

»Da hinten leuchtete ein glutroter Schein – das Eisenwerk von Esch. Und vor uns lag die Kreuzung, die wir sperren sollten, vom Feind weit und breit nichts zu sehen, also hinunter. Noch eine Kurve, dann landete der Fieseler Storch. Ich fing an, das Gerät noch während der Storch ausrollte, hinauszuwerfen, dann sprang ich hinterher, schaute zurück – hinter mir kein anderes Flugzeug. Wo sind die denn, meine Störche? Da hinten schwirrte noch einer, aber die anderen? Unten stand noch einer – aber was war denn dort los? Ich riß mein Fernglas an die Augen – tatsächlich, ein Storch lag auf dem Kreuz – und weiter links noch einer – und ein Stück weiter noch einer. ›Da sieht's gut aus!‹ dachte ich. Wenn die Leute jetzt alle ausfielen, standen wir hier mit vier Mann und konnten sehen, wie wir zu Rande kamen. Ich raste zu dem ersten Storch hin – Gott sei Dank lebten der Flugzeugführer und beide Leute,

außer ein paar Schrammen hatten sie nichts abbekommen. Ebenso war's bei den beiden anderen Maschinen. Alle drei landeten auf der sumpfigen Wiese – sie hatten es besonders eilig gehabt, auf den Boden zu kommen – und blieben dabei mit den Rädern hängen. Da die Maschinen unbrauchbar waren, wurden sie von ihren Flugzeugführern sofort in Brand gesetzt.

Nun stand ich etwa um 6 Uhr mit neun Mann, drei Maschinengewehren, einer Panzerbüchse, einer Maschinenpistole an der Kreuzung. Schätzungsweise in einer Stunde würde vielleicht die zweite Welle eintreffen, um uns zu verstärken. Also ran an die Arbeit! Starker Radfahrer-, Omnibus-, Personen- und Lastkraftwagenverkehr rollte die Straße entlang. Eigentlich sollten wir alle Zivilisten festnehmen – aber wie? Ich stellte mich auf die Kreuzung und befahl allen: ›Kehrt marsch, zurück!‹ Natürlich begriffen sie nicht gleich, was los war, wollten zur Arbeit, teilweise hielten sie uns für Engländer – doch allmählich erkannten sie die Lage. Ein leichtes Klopfen mit der MP bewirkte, daß der Omnibusfahrer sein Fahrzeug quer stellte und damit die Straße sperrte. Und so wurden alle vier Seiten abgeriegelt. Wenn die Leute erstaunte Gesichter machten, beruhigten wir sie: Heute Mittag wäre hier wieder alles in Ordnung.

Die Straßensperren verstärkten wir durch Minen, brachten die Waffen in Stellung, aber die Neugierigen standen nun zu Hunderten herum. Mit einigen MP-Schüssen gelang es mir schließlich, sie hinter die nächsten Hügel zu verscheuchen.

Um 6.45 Uhr wurde ich zurückgerufen, denn ein luxemburgischer Gendarm tauchte auf und wollte wissen, was wir hier so trieben. Im Namen seiner Regierung erklärte er mir, ich befände mich auf neutralem Boden und forderte mich auf, sofort das Land zu verlassen und legte ›stärksten Protest‹ gegen die unbefugte Besetzung ein. Als das alles nichts nützte, zückte er sein dickes Notizbuch.

›Ich muß Sie melden. Wie heißen Sie?‹

›Herbert Oswald.‹

›Alter?‹

›23 Jahre, 7 Monate, 20 Tage.‹

›Sie sind Offizier?‹

›Ja.‹

›Dienstgrad?‹

›Leutnant.‹

›Wie kommen Sie hierher?‹

›Ja, das möchten Sie gerne wissen, was?‹

›Wo kommen Sie her?‹

›Rate mal.‹

Jetzt drehte ich den Spieß um. Und erst nach langem Bitten ließ ich ihn mit seinem Fahrrad wegfahren, nachdem ich ihm seine Meldung, die er als Beamter unbedingt machen wollte, formuliert hatte. Weiter würde er nichts verraten, versicherte er mir ehrenwörtlich. Im übrigen schien er überraschend wenig militärisches Verständnis zu haben.

Um 7 Uhr landete die zweite Welle, einige Fieseler Störche mit mehreren Männern und entsprechender Bewaffnung, vor allem Minen. Ich teilte sie ein, und ließ die Stellung weiter ausbauen. Vom ›Franzmann‹ immer noch nichts zu merken. Gerade überlegte ich, ob ich nicht einen kleinen motorisierten Spähtrupp nach Esch machen sollte. Da hörte ich Lärm von der rückwärtigen Sperre. Es war ein verstärkter Kradzug, ein Jagdkommando unter Hauptmann Bredl, der etwas mehr als zwei Stunden durch Luxemburg gebraust war. Schnell wurden die Sperren weggeräumt.

Ich gab einem meiner Unteroffiziere den Befehl, die Kampfgruppe zu sammeln, zu motori-

sieren und uns zu folgen. Dann fuhr ich an der Spitze des Kradzuges, dem ich ja nun unterstellt war, weiter vor. Erst im Nordteil von Esch ließ ich halten. Hier sperrte ich durch ein paar Fahrzeuge die Brücke über einen kleinen Wassergraben, der das Gelände ziemlich panzersicher machte und ließ einen Unteroffizier die Sperre fertigstellen, hielt einen Personenwagen an und befahl dem nicht wenig erstaunten freundlichen Herrn, mich an die französische Grenze zu fahren.

Nach einem Gespräch über Mut und deutsche Taktik kamen wir an einen geschlossenen Bahnübergang. Das Halten dauerte mir zu lange, ich vermutete Sabotage und stieg aus. Der Stop war jedoch normal, ein Zug dampfte gerade aus dem Bahnhof. Sofort hatte sich ein Haufen erstaunter Zivilisten gesammelt, und die Lacher waren auf meiner Seite, als ich meinen Fotoapparat hervorkramte und ein paar Aufnahmen knipste. Die Schranke ging hoch, und wir fuhren weiter. Allerlei Flüchtlinge, teils zu Fuß, mit Kinderwagen, Fahrrad oder im Auto, zogen auf die französische Grenze zu. Da lag auch schon das luxemburgische Zollhaus, links davon eine mindestens sechs Meter hohe Mauer, rechts ein Bach, dahinter ein Damm und dazwischen die Straße, an dem Zollhaus eine dreiteilige Sperre, jeweils an einer Seite offen...«

Zur selben Zeit gehen in der Nähe von Esch zwei Fieseler Störche, die anscheinend den falschen Landeplatz angeflogen sind, direkt neben drei erstaunten Gendarmen nieder. Während einer der Störche sofort aufsteigt und sich entfernt, kommt der zweite Fieseler Storch nicht weit. Beim Anlauf zum Start gerät er auf der hügeligen Wiese gegen eine kleine Bodenerhöhung und bricht sich den Propeller ab. Zwei mit MP bewaffnete Soldaten krabbeln aus der Unglücksmaschine und bringen ihre Waffen in Anschlag auf die drei Gendarmen, die unbeirrt die Deutschen darauf hinweisen, daß sie sich in einem neutralen Land befänden und interniert würden. Die schwerbewaffneten Soldaten helfen ungeachtet dieser Drohung dem Flugzeugführer, den kaputten Fieseler Storch in Brand zu stecken und ziehen in Richtung Kayl davon.

Die vierte Luftlandegruppe geht mit ihren Störchen südlich Bettemburg bei dem großen Eisenbahnknotenpunkt nieder. Die erste Maschine landet gegen 5 Uhr neben der Molkerei Celula und bricht sich dabei das Fahrgestell ab. Nachdem der beschädigte Storch in Brand gesteckt ist, sperren zwei Soldaten die Straße, der dritte postiert sich mit seinem MG unter den Einwänden der Gendarmen auf dem Flachdach der Molkerei.

In den beiden folgenden Stunden bringen Fieseler Störche Verstärkung heran. Wie an den anderen Einsatzorten werden auch hier alle Ausgangsstraßen nach Frankreich hermetisch abgeriegelt. Gegen 8 Uhr trifft motorisierte Infanterie zur Verstärkung des Voraustrupps ein.

Die fünfte Kampfgruppe des Oberleutnant Hedderich landet unter Leutnant Lauer dicht am luxemburgisch-französischen Grenzübergang, in Haux. Ihre Aufgabe: die wichtige Verbindungsstraße Luxemburg–Diedenhofen zu sichern und den starken französischen Stützpunkt der Maginot-Linie bei Zoufftgen niederzuhalten.

Der kleine Trupp errichtet aus gefällten Straßenbäumen die Sperre. Ein Teil der Deutschen erreicht zwischen 6 und 7 Uhr die Ortschaft Frisingen und erobert einige der Befestigungsanlagen. Am Abend des 10. Mai 1940 fallen der Gruppenführer, Leutnant Lauer, und drei seiner Männer im Feuer der französischen Angriffe.

Währenddessen hat Leutnant Oswald soeben das luxemburgische Zollhaus erreicht:

»... weiter vorzufahren hatte ich natürlich keine Lust. So begab ich mich die gleiche Straße zurück und holte drei meiner Leute mit einem MG. Ich machte sie darauf aufmerksam, daß der Spähtrupp unter Umständen schief ausgehen könnte, und stellte es ihnen frei, zurückzubleiben. ›Quatsch, ist egal‹, sagte einer. Uns kriegen die doch nicht kaputt, dachte ein anderer laut.

Das MG beorderte ich als Sicherung auf den Damm, dann wandte ich mich dem Zollhaus zu. ›Wenn Sie hier sind, können wir ja verschwinden‹, meinte der Zöllner trocken. ›Ach, bleiben Sie ruhig noch eine Weile‹, entgegnete ich. Im gleichen Augenblick kam ein etwa 16jähriger Junge mit dem Rad aus Richtung Frankreich und berichtete: ›Da hinten stehen so zwölf Tanks, leichte Dinger.‹ Meine erste Reaktion: MG her. Dann wollte ich durch einen quergestellten Wagen die Sperre schließen. Bevor ich damit fertig wurde, sah ich plötzlich aus 120 bis 150 Meter Entfernung – so weit konnte man die Straße einsehen – eine wilde Jagd heranbrausen. Das konnten unmöglich Luxemburger sein, dachte ich und setzte mein Fernglas an die Augen. Richtig, das waren Franzosen, mit Krädern und PKW näherten sie sich in scharfer Fahrt, dicht aufgeschlossen. Die Spitze lag noch 50 m vor uns.

›Feuer frei!‹ Da kam, exerziermäßig wie auf dem Kasernenhof, als könnte es gar nicht anders sein, die Meldung des Schützen 1: ›MG hat Hemmung!‹ Automatisch brachte ich meine MP hoch, drückte ab. Nach dem Feuerstoß von etwa 20 Schuß war die Straße leer. Die Mannschaften der vorderen Kräder kippten von ihren

Fahrzeugen, verschwanden rechts und links der Straße in den Gräben, zogen ihre Kameraden mit hinein.

Am MG war die Hemmung beseitigt und schoß nun mit dazwischen. Die Franzosen rissen ihre Fahrzeuge herum und brausten in scharfem Tempo in entgegengesetzter Richtung davon.

Wir also rein in den PKW, ab wie die Feuerwehr und fuhren durch Esch zu unseren Kameraden, die inzwischen die Sperre weggeräumt hatten. Jetzt hieß es, schnell eine neue zusammenbauen. Pioniere legten einen Minengürtel davor, fuhren dann mit ihrem LKW zurück. Nach Meldung des Unteroffiziers befanden sich die Waffen in Stellung, sogar Panzerjäger der Vorausabteilung waren da.

Plötzlich hörten wir wieder: ›Panzerwagen vorn rechts!‹ Diesmal rollten keine Panzerspähwagen an, sondern modernste schwere französische Panzer. Auf das gut liegende Feuer der Panzerjäger hin zogen sie sich zurück; liegen blieb aber keiner. Nebeneinander stellten sich nun sechs schwere Panzer in 600 m Entfernung in einer Straße auf, wo sie vom Feuer der Pak kaum erfaßt werden konnten, und eröffneten starkes Feuer auf uns.

Ich hockte mit einigen Leuten in einem alten Hausflur. Aus dem Panzerwagen stieg einer aus, in den anderen einer ein. Eine unheimliche Wut packte mich, da wir nichts dagegen machen konnten. Mit dem nächstbesten Gewehr gab ich wenigstens zwei Schüsse ab, bis das MG in Stellung war. Wir zogen uns nun, dem feindlichen Panzer nach links ausweichend, auf die Schutthalde zurück, ohne dem Feind von unserem zahlreichen Gerät auch nur eine einzige Patrone zu überlassen.

Noch stundenlang schoß der Feind in diesen geräumten Teil Eschs, überall Widerstandsnester von uns vermutend. Auf der Schutthalde, die nun unter schwerem MG-Feuer war, kamen wir das erste Mal an diesem ereignisreichen Tag zum Überlegen.

Hauptmann Brede, Oberleutnant Hedderich und ich rechneten uns aus, wann uns wohl die Infanterieregimenter erreichen würden, und schlossen, daß das unter Umständen noch ziemlich lange dauern konnte. Trotzdem hielten wir hier aus, wenn auch nicht feststand, wie weit der Feind links durchgestoßen war. Nachts lagen Hedderich und ich in einer alten Bretterbude auf Dachpappe und schliefen zu Tode erschöpft trotz des heftigen Artilleriefeuers, das auf der Halde lag. Ein Auftrieb am frühen Morgen: etwa 100 deutsche Bomber überflogen unsere Stellungen. Wir besaßen zwar noch keine Artillerie hier – aber unsere Vögel würden es denen drüben schon besorgen. Nach rechts hatten wir trotzdem keinen Anschluß, links war es auch ziemlich unklar. Nach einem besonders heftigen Artillerieüberfall rannte ich zwischen den einzelnen Stellungen meiner Leute herum. Ich kannte sie nicht wieder. Dreckig von oben bis unten. Erst am Abend rollten Teile eines Infanterieregiments an uns vorbei. Unser Auftrag war damit erledigt, ich meldete mich beim Regiment zum weiteren Einsatz.«

Wie General Behlendorff, der Kommandeur der 34. Infanterie-Division, bereits lange vor der Offensive geahnt hat, erscheinen tatsächlich die Franzosen auf dem Plan. Schon um halb 9 Uhr am 10. Mai 1940 brechen die marokkanischen Verbände wie verabredet in Luxemburg los. Berittene Kolonialeinheiten und französische Kradschützen erreichen bei Differdingen und Oberkorn das Flußtal. Dabei beobachtet Colonel Jouffrault, wie immer wieder neue Fieseler Störche auf den nahegelegenen Wiesen landen und starten.

244

Am Nordausgang von Zolver stößt das »Déta-chement de Découvert« (Aufklärungs-Abtei-lung) des Capitaine de Brignac mit seinen Panzerspähwagen auf die 25 Mann des Luftlan-dekommandos Hedderich, die mittlerweile durch 15 Kradschützen mit einer 37 mm-Pak verstärkt sind.

Die Deutschen haben sich verschanzt, mit MG und Pak eingegraben und alle benachbarten Straßen und Wiesen mit Minen abgesperrt. Der erste französische Panzerspähwagen des Ca-pitaine de Brignac wird auf der Straßenkreu-zung Aessen durch die deutsche Pak vernich-tet, die nachfolgenden können sich – ebenfalls getroffen – zurückziehen. Auch der zweite französische Vorstoß bleibt im Minengürtel stecken.

Einige Zeit später erreichen die berittenen Kolonialeinheiten des Colonel Jouffrault die Straßenkreuzung Aessen. Der junge deutsche Kompanieführer verfügt nur mehr über vier leichte Maschinengewehre, als die Spahis im Galopp die deutsche Stellung angreifen. Hed-derich gelingt es in letzter Minute, den Angriff abzuwehren.

Gegen Mittag hören die Deutschen das Brum-men französischer Panzer, und von einem naheliegenden Hügel eröffnen die Maschinen-gewehre der Franzosen das Feuer. Unter der Übermacht der feindlichen Angriffe zieht sich Hedderich mit seinen vier übriggebliebenen Männern in das angrenzende Waldstück zu-rück. Seine Mission ist erfüllt.

Drei Tage nach dem Start zu seinem Unterneh-men wird Oberleutnant Hedderich das Eiserne Kreuz I. Klasse verliehen und im Armeetages-befehl der 16. Armee steht: »Oberleutnant Hed-derich, J. R. 80. der 34. Division, hat am 10. Mai 1940, allen Truppen örtlich und zeitlich voraus, auf dem Luftwege abgesetzt, stark überlege-nen französischen Gegner in schweren Kämp-fen wirksam aufgehalten. Er hat hierdurch wesentlich zu dem schnellen Vorgehen der folgenden Jagdkommandos, mot. Vorausab-teilungen und Divisionen beigetragen.«

Bei den geheimen Sonder-Einsätzen des Un-ternehmens »Niwi« und der »Gruppe Hedde-rich« gehen 22 Störche, viele davon durch Bruchlandung, verloren, zwei Flugzeugführer sind gefallen, einige andere werden vermißt.

Ostfront, südlicher Frontabschnitt, Herbst 1941: Der Kurzstrecken-Aufklärer Fi 156 C-1, C2+PK am Start.

Ostfront, Herbst 1941: Das Kurier-Flugzeug Fi 156 C-3, K1+RA der 3. Aufklärungsgruppe des Ob.d.L.

Ostfront, Herbst 1941: Die Kabine des Kurier-Flugzeuges Fi 156 C-3, K1+RA, der 3. Aufklärungsgruppe des Ob.d.L., rechts am Fahrgestell die Fußraste.

Ostfront, Herbst 1941: Das Kurier-Flugzeug Fi 156 C-3, K1+RA, der 3. Aufklärungsgruppe des Ob.d.L. im Flug über den mittleren Frontabschnitt.

Ostfront, Herbst 1941: Das Kurier-Flugzeug Fi 156 C-3, K1+RA, kreist über dem Geländewagen einer Heerespropaganda-Kompanie.

Ostfront, Ukraine, Herbst 1941: Das Stabs-Verbindungsflugzeug Fi 156 C-1, NA+KP, startet von einem Kolchos-Feld.

247

Ostfront, Herbst 1941: Ein Fi 156 C-1 Stabs-Verbindungsflugzeug.

248

Ostfront, Herbst 1941: Der General und sein Storch. Das Stabs-Verbindungsflugzeug Fi 156 C-3, GA+WK. Die Maschine ist mit einem Zusatztank ausgerüstet.

Ostfront, Herbst 1941: Zielanflugsübung mit einer Fi 156, links eine leichte 2-cm-Flak.

Ostfront, Winter 1941/42: Die Fi 156 C-3 Stabs-Verbindungsmaschine eines Generals der Luftwaffe. Das Flugzeug ist für den Wintereinsatz mit Schneekufen und Tarnanstrich ausgerüstet.

Ostfront, Winter 1941/42: Die Stabs-Verbindungsmaschine Fi 156 C-3, CF+ML vor dem Start.

Norwegen, Winter 1941/42: Eine Fi 156 C-2 Kuriermaschine mit Zusatztank setzt zur Landung an.

Ostfront, Winter 1941/42: Eine Fi 156 C-3, TC + ZV in der Nähe der Rollbahn. Links ein Sturmgeschütz III., Ausführung A.

Ostfront, Winter 1941/42: Kurz vor dem Start eines Fi 156 C-3 Mehrzweckflugzeuges. Auf den beiden vorderen Schenkelstreben des Hauptfahrgestells liegen die Leitungen der Bremsanlage, die die Bremsflüssigkeit (Bremsöl »EC-rot« und Druckflüssigkeit »violett«) von der Fußpumpe in der Kabine zu den beiden Rädern leitet.

Ostfront, Winter 1941/42: Die Kurier-Maschine Fi 156 C-Serie, B1+NB, am Start.

Baltikum, Winter 1941/42: Das Höhenleitwerk der Fi 156 C-1, Werknummer 5840 mit Wintertarnung, wird gesäubert, vorn ein Wärmgerät. Das Heckfahrgestell ist mit einer Schneekufe ausgerüstet.

Enteisung der Tragflächen.

Norwegen, Winter 1941/42: Ein Fi 156 A-1 Mehrzweckflugzeug. Die in beiden Flügelhälften befindlichen
Kraftstoffbehälter werden betankt.

Ostfront, Winter 1942: Das Mehrzweckflugzeug Fi 156
(C-Serie) mit Abwurfanlage. Unter dem Flügel an der
V-Strebe der elektrische Träger ETC 50/VIII mit Stiel-
anschluß für eine SC 50-kg-Bombe.

Demjansk, März 1942: Zwei Fi 156 C-1, die BV+CA und GB+YS eines Armeeoberkommandos laden Kommißbrot ab. Im Kessel von Demjansk, doppelt so groß wie Berlin, verteidigen sich hunderttausend Mann 72 Tage lang.

Ostfront, Winter 1942: Die Fi 156 C-1, BW+CA, eines Armeekommandos, während des Fluges in den Kessel von Demjansk. Unten, die Waldai-Höhen des Seliger-Sees. Hier entspringen Wolga, Düna und Dnjepr.

253

Ostfront, Winter 1942: Die Stabs-Verbindungsmaschine Fi 156 C-1, BW+CH, eines Armeekommandos über den Eisenbahnlinien Welikije Luki–Taropez.

Ostfront, Winter 1941/42: »Der kleine Lothar«. Das Maskottchen einer Aufklärungs-Staffel auf dem Flugzeugführersitz einer Fi 156 (C-Serie). Ostern 1942 ereilt ihn sein Schicksal – er wird verwurstelt.

Ostfront, Winter 1942: Ein Fi 156 C-3, AB+KK, Verbindungsflugzeug mit weißer Wintertarnbemalung auf dem Flug nach Demjansk. Am Fahrgestell sind Schneekufen angebracht. Die Aufnahme wurde von einem zweiten Fieseler Storch aus gemacht.

Ostfront, Frühjahr 1942: Ein General auf dem Weg zu seiner Fi 156.

Ostfront, Winter 1942: Die Stabs-Verbindungsmaschine vom Typ Fi 156 C-1, AR+XA, setzt gerade zur Landung in Orscha an.

Ostfront, Winter 1942: Die Sani Fi 156 C-3, NE+DN, mit Wintertarnanstrich (nach der Regelung vom November 1941) landet auf einem Flugplatz bei Gomel.

Frühjahr 1942, Ostfront: Das mit weißer Wintertarnung bemalte Mehrzweckflugzeug Fi 156 C-3, KL+BB, startet inmitten eines Dorfes.

Ostfront, Demjansk, April 1942: Das Mehrzweckflugzeug Fi 156 A-1, TR+KM, hat soeben Munitions-Nachschub in den Kessel gebracht.

256

Finnland, Frühjahr 1942: Die Fi 156 A-1 ST 112 Kurier-Maschine der finnischen Streitkräfte. Daneben ein Kraftstoffwagen mit Handpumpe. Die Maschine hat den Zweiten Weltkrieg überlebt und befindet sich heute in Raxskala, Finnland.

Ostfront, Frühjahr 1942: Oberbefehlshaber der Luftflotte 1 in Kurland, General Flugbeil, vor einer Fi 156.

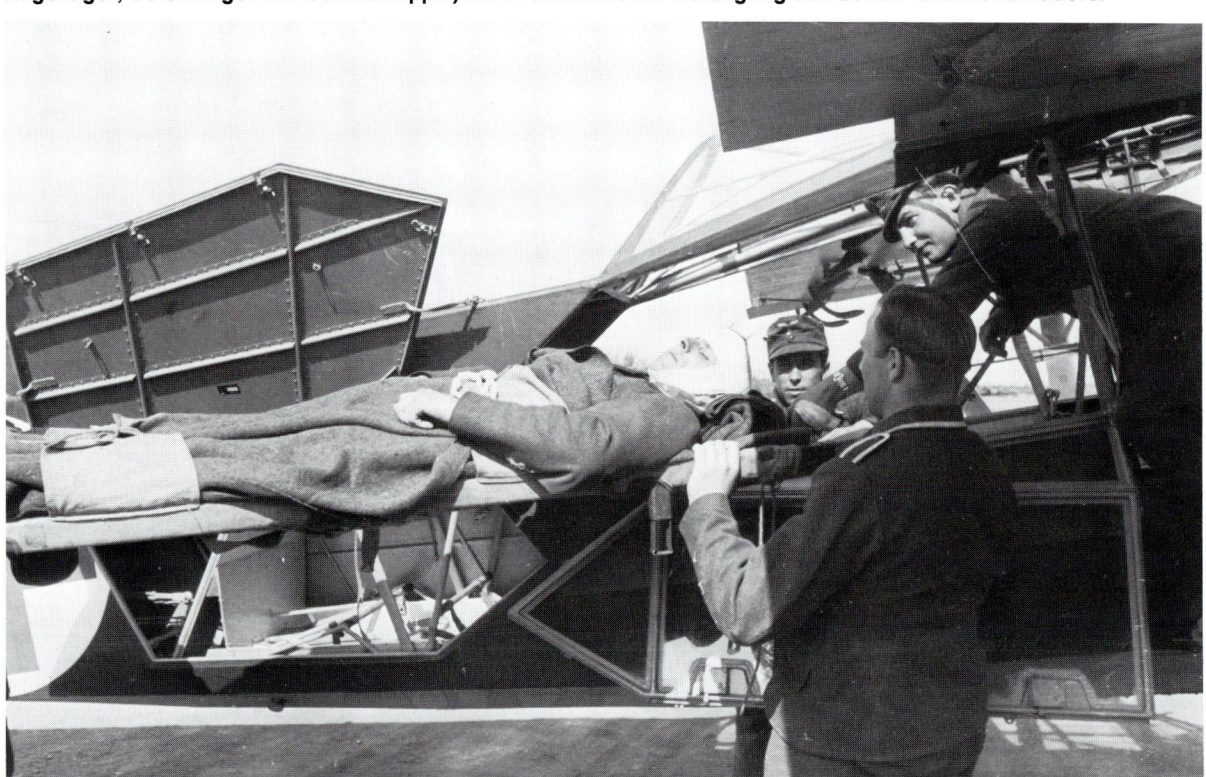

Ostfront, 1942: Kabinenraum einer Sani-Fi 156 D-O, vom Flugzeugführersitz aus nach hinten gesehen. Der Raum ist zur Beförderung von zwei Tragbahren ausgebaut worden.

Blick in den ausgebauten Kabinenraum einer für Rettungseinsätze vorgesehenen Fi 156 D-O. Die Türen des Stauraumes mit Spannschlössern sind hochgeklappt, der Verletzte auf der oberen Tragbahre vorschriftsmäßig verzurrt. In der Rumpföffnung, rechts unten neben dem Rot-Kreuz-Zeichen, sind sichtbar: die Durchgangsstellen (mit Kugellager, Gelenklager und Schmiernippel) der Profildrähte zur Betätigung des Seiten- und Höhenruders.

5

Nach zwei Wochen ist der West-Feldzug entschieden. Am 27. Mai 1940 beginnt die Einschiffung der britischen Expeditionsarmee in Dünkirchen. Trotz der Versicherung Görings, den eingeschlossenen Gegner mit der Luftwaffe zu vernichten, gelingt es den Engländern, etwa 85 % ihrer Truppen – allerdings ohne Ausrüstung – über den Kanal zu schaffen.

Um den Verbündeten das Ausmaß der britischen Niederlage zu zeigen, fliegt am 4. Juni 1940 der soeben ernannte deutsche Generalinspekteur der Luftwaffe, Generalleutnant Erhard Milch, zusammen mit einem italienischen Luftattaché als Passagier, in einem Storch über das Dünkirchen-Gebiet. Einige Stunden zuvor haben sich hier die restlichen Truppen der Engländer und Franzosen ergeben. Milch landet seine Fi 156 in der Nähe des Strandes, wo sich liegengelassene Waffen, Lastwagen, Vorräte und Ausrüstungen türmen.

Ende Mai 1940 erlebt in dieser Gegend ein Flugzeugführer der Storch-Kurierstaffel das Duell mit einer Spitfire der RAF:

»Es war während des Frankreich-Feldzuges, Dünkirchen war noch nicht gefallen. Man hatte mir meinen Fieseler Storch mit wichtiger Kurierpost vollgeknallt, und ich flog eine Allee entlang nach vorne. Auf der Straße rollte der deutsche Nachschub. Der Tommy war mit seinen Spitfires fleißig unterwegs. Ich drückte

mich neben die Chausseebäume, sprang über Hecken und Häuser und hoffte, durch meinen Tarnanstrich gegen Sicht von oben geschützt zu sein.

Da kamen auch schon von rechts drei Maschinen im Tiefflug auf die Straße zu. Als sie vor mir über die Bäume flogen, sah ich deutlich die Hoheitszeichen: Engländer! Sofort zog einer hoch, machte kehrt. Das galt mir! Es ging sehr schnell; zum Landen war keine Zeit mehr. Ich duckte mich noch tiefer an den Boden und flog dicht neben den Chausseebäumen. Der Tommy kurvte hinter mir ein. Als er mich wohl eben ins Visier bekommen haben mochte, zog ich scharf hoch, setzte über die Baumreihen und drückte auf der anderen Seite die Maschine wieder neben die Pappeln.

Die Spitfire schoß auf der entgegengesetzten Seite an mir vorbei, zog hoch und kurvte neuerlich ein. Im richtigen Augenblick wechselte ich wieder über die Allee. Der Vorgang wiederholte sich mehrmals, ohne daß der Engländer überhaupt zum Schuß kam.

Ich flog mit nur 150 Stundenkilometern und konnte die Fahrt noch vermindern, die Spitfire raste mit 400! Wenn der andere zielen wollte, genügte eine Wendung von mir, und er schoß an mir vorbei. Ich mußte nur den passenden Moment erwischen. Bei dem Spiel hatte ich den längeren Atem: Bei vollem Tank reichte mein

259

Sprit für dreieinhalb Stunden, und gestartet war ich erst vor zwanzig Minuten. Die Jagdmaschine dagegen hatte nur fünf Viertelstunden Flugzeit und den längeren An- und Rückflug. In einem Punkt aber mußte ich auf mein Glück vertrauen: Kein zweiter Verfolger durfte dazukommen, sonst würde die Geschichte ungemütlich!

Bei einem gelegentlichen Blick auf die Straße sah ich, daß die Soldaten der Marschkolonne lebhaft auf die Spitfire schossen. Das gab mir die Hoffnung, nicht zu lange herumturnen zu müssen. Ich blieb daher dicht an der Straße und machte sogar einmal kehrt, wozu mir zwischen den Anflügen des Gegners genügend Zeit blieb. Der Engländer hatte offenbar im Eifer der Jagd ganz vergessen, daß er über feindlichem Gebiet flog, und es kam so, wie ich gehofft hatte: Das gestreute Gewehrfeuer von unten wurde ihm zum Verhängnis.

Bei einer seiner üblichen Kurven, die ich ja immer scharf beobachten mußte, drehte der Engländer plötzlich nach der anderen Seite ab und verschwand hinter einer Baumgruppe. Ich zog etwas höher und sah ihn mit einer eleganten Bauchlandung auf einer Wiese aufsetzen.

Ich überflog den nun außer Gefecht gesetzten Gegner, der eben unversehrt aus seiner Maschine kletterte, und stellte mit einem Blick fest, daß die Wiese für meinen Storch gut zur Landung geeignet war, schwebte ein und kam dicht neben der Spitfire zum Stehen.

Der Engländer kam freundlich lächelnd auf mich zu und beglückwünschte mich; offenbar hielt er mich für seinen Bezwinger. Sein Deutsch entsprach ungefähr meinem Schulenglisch, und so klappte die Verständigung ganz gut. Wir boten uns gegenseitig Zigaretten an und besahen uns den Schaden an seiner Maschine: Von den vielen Treffern hatte einer

die Benzinleitung unterbrochen. Dann betrachtete er sich meine Krähe. Sie hatte keinen einzigen Treffer abbekommen! Er betastete sie mehrmals von allen Seiten und meinte schließlich kopfschüttelnd: ›Sie ist ja nur aus Holz und Leinwand! Damit fliegen Sie?‹«

*   *   *

Gegen Ende der Schlacht um England, etwa im Spätsommer 1940, bekommt die Luftwaffe das Fieseler Fi 156 D-O Sanitätsflugzeug. Und innerhalb der Geschwaderverbände wird bei einzelnen Geschwadern die 156 D-O auch für Rettungs- oder Seenotaufgaben eingesetzt. Die D-Serien gleichen übrigens der C-3 und haben ebenfalls den bewährten Argus-As-10-P-1-Motor. Dieser Typ besitzt aber keine Waffen. Die rechte Rumpfseite ist verändert, indem man eine nach oben aufgehende Luke angebracht hat, um Verwundete transportieren zu können. Zusätzlich ist nun Platz für eine Tragbahre und einen Sanitäter vorgesehen oder der Klappsitz entfernt und eine zweite Tragbahre eingebaut.

*   *   *

Mitte Februar 1941, einen Tag nach der Landung der ersten deutschen Truppen in Nordafrika, trifft auch ihr Befehlshaber, Generalleutnant Rommel, in Libyen ein.
Im Frühjahr 1941 fliegt der Österreicher Sepp Lengitz, frischgebackener Leutnant, den Kommandeur des deutschen Afrika-Korps mit seinem Fieseler Storch:
»Meine Aufgaben als Flugzeugführer waren bisher andere, als ich von meinem Staffelkapitän den Befehl bekam, mit meinem Fieseler Storch General Rommel so lange zur Verfü-

gung zu stehen, wie er mich brauchte.

Die Spitzen der Vorausabteilungen bewegten sich am 5. April 1941 frühmorgens schon weit in der Wüste auf der Piste Agedabia-Ben Gadia, den flüchtenden Tommy verfolgend, als der General sich aus dem Storch über ihr Vorwärtskommen und ihren Zustand orientierte. Nach diesem Auftrag war ich vorläufig entlassen und sollte zu meiner Einsatzkette zurückkehren, die an diesem Tag schon den Flugplatz G. Maater besetzt hatte.

Auf dem Flug von Agedabia bis dorthin hatte ich Zeit, mir in Ruhe das Rückzugsgelände des Tommy's anzusehen. Einzelne, unbeschädigt stehengebliebene Panzer zeugten von der Eile, die er anscheinend hatte. Die eigenen Fahrzeuge verursachten unheimliche Staubfahnen, die sich erst fern am Horizont verloren. Auf dem Einsatzhafen G. Maater angekommen, war ich sehr erstaunt, keinen mehr von unserem Haufen vorzufinden, also waren auch die Bodenteile der Staffel schon wieder auf dem Vormarsch. Ich kannte die allgemeine Marschrichtung und setzte mich gleich wieder in Bewegung.

Bei glühender Sonne, in Staub eingehüllt, mahlten sich die Fahrzeuge vorwärts. War es zuerst meist eine breite Fahrspur, wurden es nun unzählige, mitunter weit auseinanderlaufende. Richtungspunkte bildeten nur die vordersten Staubwolken. Eine Pistenkreuzung kam. Links mußte es nach Ben Gadia gehen. Nach zwei Minuten erkannte ich einige parkende Fahrzeuge, eine Funkstelle war dabei, sie gehörte zu unseren Bodeneinheiten.

10 Minuten später landete ich auf unserem vordersten Feldflugplatz. Nicht wenig erstaunt war ich, als kurz danach General Rommel erschien und fliegen wollte. Viel Zeit zum Nachdenken, wie er schon hier sein konnte, blieb mir nicht, weil er es immer sehr eilig hatte.

Auf und ab ging's im Tiefflug, und alles schien den General zu interessieren. Die Männer unten winkten freudig, als sie ihren General erkannten. Mit Handbewegungen ermunterte er sie zur Eile.

Die Dunkelheit brach an, als ich alleine zurückflog. Ach, du Schreck, ich sah plötzlich, dort fuhr schon wieder eine ganze Kolonne auf der verkehrten Piste ab, und morgen früh weiß kein Mensch mehr, wo sie sich befindet. Ich riskierte auch diese Landung, um den Haufen auf den rechten Weg zu weisen. Erst spät in der Nacht war ich schließlich wieder zu Hause. Hier erfuhr ich, daß der Staffelkapitän mit zwei ›Störchen‹ am späten Abend zu einem Sonderunternehmen nach Mekili gestartet war.

Auftragsgemäß wollte ich bei Tagesanbruch nach vorn zum General fliegen, als ein Oberfeldwebel von den Panzern erschien und mich bat, mit dem Storch seine Abteilung zu suchen, die sich in der Wüste vollkommen verfranzt hätte, er wäre schon die ganze Nacht mit dem PKW unterwegs und zufällig zu uns gestoßen. Nach den beiden Zwischenlandungen erreichte ich dann den General in der vordersten Linie bei Mekili, wo sich der Tommy mit einer beachtlichen Streitmacht festsetzte.

Fünf Minuten später waren wir schon wieder unterwegs. Der Divisionsstab lag am Rande eines Salzsees südlich Mekili. Dort hatte ich auch den Abstellplatz für den Storch. Den tiefsten Eindruck auf mich machte General Rommel durch seine soldatische Persönlichkeit.

Spät in der Nacht sah ich ihn noch mit seinem Raupenfahrzeug zur vordersten Linie fahren. Bei Tagesanbruch klopfte er schon an die Kabine des Storchs, der für diese Zeit mein Nachtquartier war. Mit verklebten Augen schreckte ich hoch. Da stand er draußen, wie immer frisch rasiert und gut gelaunt: ›Na, wollen wir fliegen?‹ Als ich mich hilflos nach einigen Männern zum Andrehen des Motors umsah, hatte der General schon die Kurbel in der Hand und versuchte zu drehen. Um auch einmal etwas sagen zu dürfen, schrie ich hinaus: ›Noch schneller, Herr General!‹ Den Landsern, die inzwischen herangekommen waren, blieb die Luft weg.

Der letzte Tag vor der entscheidenden Schlacht kam, und ich war körperlich fast fertig. Frühmorgens ging es im Tiefflug zur vordersten Linie. Nach reichlichem Beschuß – wir konnten fast die Rohre der Tommies sehen – interessierte den General wieder etwas ganz anderes, und er befahl, weiter nach Westen und höher zu fliegen. Er klopfte mir auf die Schulter und zeigte nach unten: ›Sehen sie, die versuchen abzuhauen – die kriegen wir alle noch!‹ 40 bis 50 Fahrzeuge der Engländer versuchten, der Umklammerung im Osten, aus Mekili, durch Flucht nach Westen zu entgehen.

Vor der ausreißenden Kolonne herfliegend, sahen wir plötzlich eine deutsche schwere Flak einsam mitten in der Wüste stehen, dabei ein Mann, der aufgeregt winkte. ›Runter!‹ befahl der General.

Und da passierte, was ich schon immer befürchtet hatte: das Fahrgestell krachte, und ein Bein machte sich selbständig. Während ich noch verdattert dreinschaute, hatte der General seinen Entschluß bereits gefaßt. Ein verirrtes deutsches Fahrzeug erschien und noch eins. Er schwang sich aufs Trittbrett: ›Alles mir nach!‹ lautete seine Order. In einer Stunde, nach toller Fahrt, kamen wir beim Divisionsstab an.

Als ich mich abmeldete, klopfte mir der General auf die Schulter: ›Und wenn hundert Störche kaputtgehen, die Schlacht müssen wir noch heute gewinnen!‹ waren seine Worte. Er schwang sich auf sein Fahrzeug und verschwand in Richtung vorderste Linie. Zwei Stunden später war die Schlacht bei Mekili gewonnen.«

Jedoch sind die Flüge in Frontnähe selbst mit dem Storch nicht immer ungefährlich.

So z. B. als bei bestem Wetter gegen Mittag des 12. September 1941 der Oberbefehlshaber der in Rußland am äußersten rechten Flügel der Heeresgruppe Süd kämpfenden 11. Armee, Generaloberst Ritter von Schobert, zu einem Routineflug mit seinem Fieseler startet.

Der General hat von Hitler soeben einen wichtigen Doppelauftrag erhalten: Die 11. Armee hat mit Teilkräften die Halbinsel Krim zu erobern und mit der Masse der Armee nördlich am Asowschen Meer entlang auf Rostow vorzustoßen. Eine stolze Aufgabe für Ritter von Schobert, der sich jetzt um deren Durchführung redlich bemüht.

Der »fliegende Feldherrnhügel – Fieseler« leistet den Armeebefehlshabern eine unschätzbare Hilfe. Die Maschine, Werk-Nr. 5287, steuert der altbewährte Hauptmann Wilhelm Suwelack, Staffel-Kapitän der Kurierstaffel 7.

In der Nähe von Dimitriewka will Suwelack schnell den Motor nachsehen und kurvt den Storch auf eine friedliche Wiese. Er hat gerade den Boden mit den Rädern berührt, als sich der Fieseler Storch durch eine Serie gewaltiger Explosionen förmlich in der Luft auflöst. Suwelack ist mitten in ein russisches Minenfeld geraten. Pilot und General werden zerrissen...

Einige Monate später wird der Flug mit einem Fieseler Storch auch dem Armee-Oberbefehlshaber, Generaloberst Model, zum Verhängnis. Am 23. Mai 1942, beim Rückflug von dem Gefechtsstand der 2. Panzer-Division in Bjeloi zum Hauptquartier der 9. Armee bei Syrschewka, eröffnen die Partisanen auf den nur in 50 Meter Höhe über den Wäldern schwebenden Fieseler Storch das Feuer. Model wird schwer verletzt, die Kugel geht beinahe durch den ganzen Körper. Der Flugzeugführer, Feldwebel Wilhelm Haist, bekommt einen Beinschuß. Trotzdem gelingt es Haist, die Maschine noch im Bereich der 2. Panzer-Division zu landen. Nur eine sofortige Bluttransfusion rettet das an einem seidenen Faden hängende Leben des fast verblutenden Oberbefehlshabers.

* * *

In dem Kasino des Fliegerführers Afrika bei Derna sitzen ein paar Luftwaffenoffiziere mit Captain Thompson vom berüchtigten englischen Sabotagetrupp »Special Air Service Commando« bei einem ausgedehnten Drink. Dieser recht ungewöhnliche Treff beendet einen abenteuerlichen Flug mit einem Fieseler Storch.

Die Geschichte fängt in den Morgenstunden des 17. Novembers 1941 an, als Oberfeldwebel Otto Schulz um 7.12 Uhr eine englische Transportmaschine vom Typ Bristol Bombay, die zwischen den Dünen in niedriger Höhe herumirrte, abschießt.

Die Maschine wurde von Fl. Sgt. West geflogen und gehörte zu den fünf Bombay-Transportern der 216. Sqn. der RAF, mit denen Captain David Stirling den ersten großen Fallschirm-Landeeinsatz seines »Special Air Service Commando« im Nahen Osten ausführen wollte. Die abgeschossene Bombay hatte 16 Mann eines seiner Sabotagetrupps an Bord, ihr Anführer

war Captain Thompson. Die Ausrüstung ist recht bemerkenswert: Stiefel mit dicken Gummisohlen, Pullover mit verstärkten Ärmeln (zum Kriechen) über dem Tropenhemd und lange Messer.

Sie waren für Sabotageeinsätze gegen feindliche Nachschublager und Flugplätze weit hinter der Front ausgebildet. Die fünf Trupps sollten in der Nacht zum 17. November 1941 in der Nähe der fünf wichtigsten Achsenflugplätze bei Gazala und Tmimi abspringen, sich den ganzen Tag über in den Felsenhängen der Wadis verbergen und in der zweiten Nacht zu den abgestellten Flugzeugen vordringen und diese mit Plastikladungen in die Luft jagen. 70 Kilometer tief in der Wüste hatte man einen Treffpunkt mit einer Patrouille der Long Range Desert Group vereinbart, die sie dann zurück zur Oase Siwah bringen sollte. Es wurden alle ausführlich vernommen, und am nächsten Tag brachte ein Fieseler Storch Captain Thompson, einen ungewöhnlich großen Mann, nach Derna. Der Storch mußte jedoch wegen Spritmangel notlanden. Der Flugzeugführer machte sich auf den Weg, um irgendwo Treibstoff zu organisieren und ließ den Captain unter der Bewachung des Meteorologen des Fliegerführers Afrika zurück. Kaum war der Pilot außer Sicht, schlug Thompson den harmlosen »Wetterfrosch« mit einem Kinnhaken nieder und suchte das Weite. Aber zu seinem Pech rannte er einer ebenfalls notgelandeten Ju 52-Besatzung in die Arme, die ihn später nach Derna schaffte.

Frankreich, 1942: Feier bei einer Luftwaffen-Einheit. Im Vordergrund die verankerte Fi 156 C-1.

Kurzstrecken-Aufklärer Fi 156 C-3, 7A+WN, der Aufklärungsgruppe 121 in einem sorgfältig getarnten Hangar.

Nord-Afrika, 1942: Vor dem Start bei einer Fieseler Storch-Staffel auf einem Wüsten-Feldflugplatz.

Ostfront 1942: Der Treff der Generäle vor einer Fi 156 C-3. Gen.Lt. Hoernlein (Dritter von links) vom Regiment »Großdeutschland« begrüßt Gen. Oberst Hoth. Im Hintergrund der B-Stand mit MG 15 (Kaliber 7,92 mm). Hinter der Kabine am Rumpf die Reißverschlüsse des Stauraumes.

Ostfront 1942: Die Fi 156 C-3 Stabs-Verbindungsmaschine; Gen.Lt. Hoernlein (links) verabschiedet den abfliegenden Gen.Oberst Hoth.

Berlin, Herbst 1942: Die Kuriermaschine Fi 156 C-3, C2+PL

Ostfront, 1942: Eine Sani-Fieseler 156 D-1 mit verbessertem Kabinenraum für Rettungseinsätze. Der Raum für die Tragbahre erhält serienmäßig große Türen, um besser zugänglich zu sein, sowie einen stärkeren Argus 10-PS-Motor.

Ostfront, 1942: Zwei Verwundete in der Sani-Fi 156 D-1.

Ostfront, Frühjahr 1943: Das Stabs-Verbindungsflugzeug Fi 156 (C-Serie), TL+SK, startet.

Nord-Afrika, Frühjahr 1942: Eine Stabs-Verbindungsmaschine Fi 156 C-3/Trop, KA+MS, beim Start. Im Hintergrund ein Panzerkampfwagen II., Ausführung A.

267

Frühjahr 1942: Panzererprobungsgelände in der Nähe von Stuttgart. Blick aus einem Fi 156 Mehrzweckflugzeug über den Beobachtungsstand. Vorn, mit dem Feldstecher in den Händen, Prof. Ferdinand Porsche.

Libyen, Frühjahr 1942: Eine Fi 156 C-5/Trop, vorschriftsmäßig auf dem Wüstenflugplatz verankert, rechts unter der linken Tragfläche sichtbar, ein Bodenanker.

Nord-Afrika, Sommer 1942: General Rommel mit deutschen und italienischen Generälen, rechts seine Fi 156 C-5/Trop, DL+AA.

268

Ostfront, Mittel-Abschnitt, Frühjahr 1942: Blick aus dem linken Kabinenfenster. Vorne eine V-Strebe, die den Flügel gegen die Rumpfunterkante abstützt, oben das Staurohr des Fahrtmessers, Scheinwerfer und Ausgleichsgewichte des Querruders.

Ostfront, Frühjahr 1942: Eine Fi 156 über einer Eisenbahnstation im Rücken des mittleren Frontabschnitts.

Charkow, Frühjahr 1942: Über dem Haus der Elektro-Industrie, den Monumentalbauten des früheren Dzierzynski-Platzes, derzeit »Leibstandarte Adolf Hitler« genannt, kreist eine Fi 156.

Ostfront, Bjelo, 23. Mai 1942: Generaloberst Model vor dem Abflug nach Syrschewka. Einige Minuten später wird die Maschine von Partisanen abgeschossen, Model jedoch wie durch ein Wunder gerettet.

Ostfront, Frühjahr 1942: Der hohe Besuch ist weg! Eine Fi 156 C-3 kurz nach dem Start.

Ostfront, Südabschnitt, 12. September 1941: Der Oberbefehlshaber der 11. Armee, Gen.Oberst Eugen Ritter v. Schobert, vor seinem letzten Flug. Kurze Zeit später landete er mit seinem Fieseler Storch in einem sowjetischen Minenfeld

Ostfront, Süd-Abschnitt, Frühjahr 1942: Zwei Stabs-Verbindungsmaschinen Fi 156 C-3, SP+BZ und DW+BB, auf einem Luftstützpunkt.

Ostfront, Frühjahr 1942: Vorbereitungen zum Anlassen des Motors einer Fi 156 C-1. Der (auf dem Bild nicht sichtbare) Druckluftflaschenwagen Fl 65960 wird außenbords an der linken Motorseite durch eine Klauenkupplung angeschlossen. Am Schraubenfederbein mit Öldämpfung des Hauptfahrgestells sind zwei mit Ketten gesicherte Kappen für die Öl-Einfüllung und den Ölstand zu sehen. Die Laufräder sind durch Bremsklötze gesichert.

Ostfront, Frühjahr 1942: Das Mehrzweckflugzeug Fi 156 C-1, BD+W2, unter dem Tarnnetz am Rande eines Feldlazaretts.

6

Am 18. Januar 1942 treffen sich die sowjetischen Offensivzangen südöstlich des Ilmensees bei Rosmuschewa und schließen damit das deutsche II. Armee-Korps im Raum Demjansk ein. Unter der Führung von General Graf Brockdorff-Ahlefeldt trotzen sechs deutsche Infanterie-Divisionen des II. Korps und die Masse des X. A.K. (Gen. d. Art. Hansen) einer riesigen feindlichen Übermacht. Rund 100 000 Mann, die von der Hauptfront abgeschnitten und auf sich allein gestellt sind, werden die meiste Zeit über nur notdürftig aus der Luft versorgt.

Vom ersten Tage an stellen auch die Fieseler Störche wieder die Verbindung nach Demjansk her. Sie pendeln unermüdlich zwischen ihrem Absprung-Flugplatz und den deutschen Kampfgruppen, schleppen Munition, Kraftstoff und Verpflegung nach vorn und bringen Verwundete zurück.

Dabei taucht ein Konstruktionsfehler auf: Es gibt Ärger mit den Schneekufen, die durch einen Federmechanismus mit leicht nach oben stehendem, aufgebogenem Vorderteil in waagrechter Lage gehalten werden. Die Federn sind zu schwach und brechen bei Landungen auf dem unebenen, hart vereisten Gelände. Die Kufen fangen dann wiederum an, sich in der Luft um die Achsschenkel zu drehen und hängen im Langsamflug mit dem schweren Vorderteil herunter. Das führt dann zu Fahr-

werksbrüchen bei der Landung. Wenn es ganz glimpflich abgeht, verbiegen oder brechen die Achsschenkel. Man muß improvisieren: An der Vorderkante der Kufen wird ein Loch gebohrt und das schwerere Vorderteil mit einem starken Gummiseil an der Fahrwerksstrebe aufgehängt. Das ist eine einfache und sichere Lösung und die Bruchlandungen haben ein Ende.

Am 28. April 1942 gelingt das »Unternehmen Brückenschlag«, in dem schlesische und württembergische Truppen unter Führung von General von Seydlitz einen Durchbruch zum Kessel von Demjansk, den sogenannten »Schlauch« erzwingen. Das II. Korps kämpft sich bis zum Lowat entgegen Und in diesen Tagen ist Feldwebel Karl Rotter mit dem Oberbefehlshaber der 16. Armee, Generaloberst Busch, auf dem Wege nach Demjansk:

»Nach dem neuesten Befehl mußten ab sofort für Flüge mit dem Armee-Oberbefehlshaber immer zwei Störche eingesetzt werden. Mit dieser Maßnahme sollte die Sicherheit des Armeeführers erhöht werden. Fiel einmal unterwegs aus irgendeinem Grund eine Maschine aus, konnte der Flug mit der zweiten fortgesetzt werden.

Ich flog den gleichen Kurs wie immer: Kirchenruine – zerschossener Wald – Friedhof, zwei Meter über dem Boden. Dann kam die Staffel Ju 52, auch dicht über den Baumwipfeln. Sie wollten ebenfalls dem Iwan nicht ihre Konturen

273

zeigen. Der Schlauch war verflucht eng, und der Feind hockte doch nur drei Kilometer auf beiden Seiten der Rollbahn und lauerte darauf, daß wir höher gingen, und schon knallte es! Jäger waren auch ständig unterwegs, an diesem Tage wohl scheinbar nicht. Trotzdem, mit einem Wort: Dicke Luft! Na, eigentlich alles wie immer.

Ich sah den Lowat vor mir auftauchen, linker Hand die alte Brücke. Und einen Kilometer rechts: Donnerwetter! dachte ich bei mir, die Pioniere sind doch ein fleißiges Volk! Die neue Brücke ist ja auch schon fertig! Da spürte ich plötzlich, wie der Alte hinter mir mit seinen Karten zu rumoren anfing. Die ganze Kiste schaukelte wie ein Kahn im Sturm, wenn der sich mit seinem beachtlichen Gewicht bewegte.

Ich konnte mich doch nicht umdrehen, wenn ich im Tiefstflug über Bäume und Sträucher hopste. Er würde es schon sagen, wenn er etwas wollte, habe ich gedacht. Da brüllte er auch schon los: »Nach rechts! Sofort nach rechts! Wir fliegen direkt zum Russen!« Ich dachte: »Na, der hat wohl schlecht gefrühstückt heute«, und flog stur weiter: über den Lowat auf den kleinen Wald zu. Die Brüllerei war ja zwecklos, bei dem Motorenlärm. Da beugte er sich nach vorn, neben mich, und ich sah seinen vor Erregung hochroten Kopf. Es wurde mir etwas mulmig in der Magengegend, das muß ich schon sagen, als er jetzt brüllte: »Ich befehle ihnen: Sofort nach rechts! Sie fliegen mich ja zum Russen!« »Wir sind auf dem richtigen Kurs!« schrie ich zurück. Gleichzeitig ging mir ein Licht auf: Er hatte nur rechts die neue Brücke gesehen und sie für die andere gehalten! Dann freilich – ich meine, wenn er recht gehabt hätte – wären wir schon über der Front beim Iwan gewesen. Aber er hatte eben

nicht recht. Teufel noch mal! Und ich konnte doch nicht nachgeben! Wenn ich nach rechts fliege: In zwei Minuten waren wir auch dort beim Russen! Er als Armeechef mußte doch wissen, daß es jetzt zwei Lowatbrücken gab! Außerdem hatten wir den Lowat inzwischen längst passiert. Es war also sowieso zu spät für Erklärungen.

Ich merkte, wie er hinter mir tobte. Und plötzlich hielt er mir doch wahrhaftig die Pistole ins Kreuz und schrie: »Ich erschieße Sie, wenn Sie nicht sofort nach rechts abdrehen!« Jetzt wurde es mir aber zu dumm! Mit dem Pistolenlauf im Kreuz war das Fliegen schließlich kein Vergnügen. Ich brüllte zurück: »Dann sind wir alle zwei beim Teufel, Herr Generaloberst!« Und dann fiel mir als einziges Argument ein: »Der zweite Storch ist doch auch hinter uns!« Daraufhin stutzte er, drehte sich mühsam um und ich spürte erleichtert, daß der Pistolenlauf von meinem Rücken verschwand. Bis er den zweiten Storch entdeckt hatte und überlegte, wieso der auch zum Russen wollte, war der Landeplatz in Sicht.

Ich nahm Gas zurück und drehte die Landeklappen heraus. Ihm kam die Gegend jetzt offensichtlich auch bekannt vor, denn er wurde still. Polternd setzten die Kufen auf dem gefrorenen Schnee auf. Neben der Maschine standen deutsche Offiziere, keine Russen! Ich half ihm wie immer, bis er schnaufend und ächzend auf dem Boden stand. Er rief Oberleutnant Ahlsen zu sich: »Ahlsen, welchen Kurs sind wir heute geflogen?«

»Den gleichen wie immer, Herr Generaloberst!«

»Rechts oder links von der Lowatbrücke?«

»Zwischen den beiden Lowatbrücken hindurch, Herr Generaloberst!«

»Ach ja! Die zweite Lowatbrücke!« Kein Wort

weiter, dann zog er ab. Und kurz danach ertönte es vom Befehlswagen über die Wiese: »Die beiden Flugzeugführer zum Generaloberst!« Vor dem Befehlswagen erwartete uns schon der Oberbefehlshaber in Gesellschaft von General Graf Brockdorff-Ahlefeld, dem Chef des II. Armeekorps und weitere Stabsoffiziere. Ich meldete mich stramm: »Feldwebel Rotter zur Stelle!« Der Generaloberst betrachtete mich eine Weile, dann sagte er: »Stehen Sie bequem, Rotter. Ja, ich muß mich wohl bei Ihnen entschuldigen. Ich habe Ihnen unrecht getan! Gerechtigkeit muß sein! Und das verspreche ich Ihnen: In Zukunft nehme ich bei Ihnen im Flugzeug keine Karte mehr in die Hand! Ich bin Armeeführer. Gut. Aber der Flugzeugführer sind Sie! Und fliegen können Sie, das haben Sie mir oft genug bewiesen; zuletzt heute.« Er reichte mir die Hand und schüttelte sie kräftig.«

* * *

Mit der Verlegung der Luftwaffen-Einheiten nach Nordafrika wird hier eine Wüstennotstaffel aufgestellt. Ihre Aufgabe: Die Suche und der Rückflug von den über der Wüste abgeschossenen oder notgelandeten Besatzungen.

Die bei der 1. Wüstennotstaffel eingesetzten Störche tragen entweder eine sandbraune Tarnbemalung oder auch auffallend weißen Anstrich. Jedoch anstatt des durch die Genfer Konvention vorgeschriebenen Roten Kreuzes, sind bei der 1. und dann später aufgestellten 2. Wüstennotstaffel die üblichen normalen Markierungen mit Balkenkreuz und Hakenkreuz die Regel.

Am 12. Mai 1942 greifen britische Jäger etwa 150 Kilometer nördlich der libyschen Hafenstadt Derna einen Verband von 13 Maschinen Ju 52/3m, die ohne jeglichen Geleitschutz Ersatztruppen für Rommel fliegen, an. Eine nach der anderen dieser mit Landsern beladenen, schwerfälligen Maschinen stürzt brennend ab. Alle 13 Ju kommen auf die Verlustliste, 175 deutsche Soldaten finden in den Fluten des Mittelmeeres den Tod, 62 Soldaten werden vom Seenotdienst gerettet.

Viele von ihnen verdanken ihr Leben Hauptmann Kroseberg, dem Staffelkapitän der 1. Wüstennotstaffel in Nord-Afrika. Er erkundigt sich jeden Morgen nach den Einsatzzielen und kreist mit seinem »Storch« oft weit hinter den feindlichen Linien herum. Man nennt ihn »Abu Markub«, Vater der Störche.

In den Tagen schwerer Luftkämpfe hat Kroseberg allein mit einem Einsatz nicht weniger als zehn deutsche Flieger vor dem Verdursten in der Wüste oder der Gefangenschaft gerettet. Dabei wird er selbst im Verlaufe eines Tages gleich zweimal von britischen Jägern abgeschossen, seine Verwundung hindert ihn jedoch nicht daran, bald wieder zu starten. Mehrfach zwingen ihn die Engländer, in der Wüste notzulanden, um schnellstens vor Tiefangriffen in Deckung zu gehen. Oft führen die Bergungsflüge Krosebergs und seiner Besatzungen tief hinein nach Ägypten. So manches Mal landet er unmittelbar unter den noch kämpfenden Kameraden, die in die Wüste abgedrängt wurden, bereit, ihnen zu helfen.

Bei einem der Luftkämpfe sieht Kroseberg, wie der Pilot eines brennend abstürzenden britischen Jagdflugzeuges mit dem Fallschirm unweit der feindlichen Linie abspringt. Kroseberg rollt mit seinem Storch in die Landerichtung des Engländers und steht wenige Meter vor ihm, als dieser zur Erde schwebt. Der baumlange Kanadier ist erstaunt über die einladende Handbewegung Krosebergs. Der Jagdflieger zeigt Humor genug, diese unerwartete Wendung der Dinge richtig zu sehen: »Damned, a very good service!«

Nachdem am 12. Mai 1942 der Seenotdienst den Abschuß mehrerer Ju 52/3m-Transportmaschinen über dem Mittelmeer meldet, schließt sich Hauptmann Kroseberg sofort der Suchaktion an. Er findet mit seinem Storch mehrere im Wasser Treibende und schmeißt ihnen die zusätzlich mitgenommenen Schwimmwesten ab.

Als er weit über 100 Kilometer draußen noch einen Mann, der sich ohne Schwimmweste über Wasser hält, entdeckt, wirft er ihm seine eigene hinunter. Der Transportflieger wird erst Stunden später vom Seenotdienst gerettet. Er ist der Letzte, der Hauptmann Kroseberg gesehen hat.

»Hauptmann Heinz Kroseberg«, so heißt es dann in der Begründung seiner Auszeichnung mit dem Ritterkreuz, »hat bei der Bergung in der Wüste notgelandeter oder über See abgeschossener Besatzungen ungewöhnliche Leistungen vollbracht, bis er von einem Bergungsflug weit über See nicht zurückkehrte.« Es ist das erste Mal, daß die hohe Auszeichnung des Ritterkreuzes an ein Mitglied einer Notstaffel verliehen wird.

* * *

Am 26. Mai 1942 beginnt das Unternehmen »Theseus«, die Offensive der deutsch-italienischen Panzer-Armee unter Generaloberst Rommel an der El-Gazala-Front.

Die Truppen des britischen General Auchinleck stehen hinter einer 65 Kilometer langen Kette von festungsartigen Minenstützpunkten, den sogenannten »Boxen«, teilweise mit einem Durchmesser bis zu vier Kilometern, die von der Küste bis Bir Hacheim reichen.

Der Kommandierende General des Deutschen Afrika-Korps, Crüwell, geht um 14 Uhr zu einem frontalen Scheinangriff auf die Gazala-Box-Stellungen über. Dadurch soll beim Feind der Eindruck erweckt werden, das Deutsche Afrika-Korps trete im Nord- und Mittelabschnitt in direktem Kampf an.

Rommel plant, durch den Vorstoß von Süden bis hin zur Küste die britischen Kräfte im Hinterland zu spalten. Doch statt dessen gelingt es den englischen Panzerverbänden unter General Ritchies, den ganzen Troß des DAK von Rommels Hauptkräften abzuschneiden. Damit sind die Truppen ohne jeden Nachschub, im Norden und Osten liegen die Panzer fest. In der sich anbahnenden Katastrophe befiehlt Rommel seinem Kommandierenden General Crüwell, von Westen her durch die Boxenlinie anzugreifen, um ihm selbst den Rücken freizumachen.

In der Nacht vom 28. zum 29. Mai 1942 geht ein Funkbefehl des Generalobersten Rommel ein, der den sofortigen Angriff eines Crüwell unterstellten italienischen Korps anordnet. Crüwell sendet den Artilleriekommandeur Krause zu dem italienischen Generalkommando voraus. Er soll Sorge tragen, daß ab 8.30 Uhr ein Posten bereitstünde, um durch Leuchtkugeln Crüwells Storch die italienische Front anzuzeigen. Der General startet gegen 8.30 Uhr. Sein Pilot hatte die richtige Karte nicht zur Hand. Der Fliegerführer Afrika, General v. Waldau, gibt ihm daher genaue Instruktionen: erst bis Segnali, dann genau Richtung Osten.

Als Crüwell anordnet, seinen Storch startklar zu machen, ahnt er nicht, daß nur die ungewöhnliche Flugtauglichkeit der Maschine ihm das Leben retten soll. General Crüwell:

»Es fiel mir auf, daß wir immer noch genau der Sonne entgegenflogen. Der Flugzeugführer beruhigte mich. Wir könnten die Leuchtkugeln nicht verfehlen, meinte er. Aber dann war es auch schon passiert: Wir befanden uns in etwa 150 Meter Höhe über den englischen Linien und bekamen MG-Feuer. Eine Geschoßgarbe ging ins Heck, die zweite durchlöcherte den Motor, die dritte traf den Flugzeugführer. Er fiel tot zur Seite.

Wie durch ein Wunder stürzte das Flugzeug nicht ab, sondern schwebte aus und machte selbsttätig eine Landung, wobei das Fahrgestell vollständig abriß. Es splitterte und krachte um mich herum; aber zum Glück war die Tür nicht verkeilt.«

Wie General Crüwell ein Jahr später von dem in Tunis in englische Gefangenschaft geratenen General Krause erfährt, war er nur aufgrund eines Mißgeschicks der 150. britischen Brigade in die Hände gefallen: Die verabredeten Leuchtkugeln, die den Landeplatz kennzeichnen sollten, wurden nicht abgefeuert, da der beauftragte Offizier in dem Augenblick, als Crüwell mit seinem Storch vorbeiflog, im Unterstand ans Telefon gerufen wurde.

Frühjahr 1942 auf einem Fliegerhorst in Ostpreußen: Eine für den Winter getarnte Fi 156 C-1, C2+LA wird betankt.

Ostfront, Frühjahr 1942: Die Fi 156 C-1 eines Luftwaffenstabes kurz vor dem Start mit General Ritter von Greim. Rechts vorn, eines der VDM-Schraubenfederbeine mit Öldämpfung und zwei an einem unter dem Rumpf befindlichen Bock angelenkte Schenkelstreben. Unter dem rechten Flügel eine gegen die Rumpfunterkante gestützte V-Strebe.

Sommer 1942: Eine Fi 156 C-1 bringt ein Gefallenen-Kreuz: Johann Arndt, geboren am 23. 6. 1917, gefallen am 1. 7. 1942.

278

Nord-Afrika, Sommer 1942:
Die Sani-Fi 156 D-1,
QJ+RW mit Verletzten an
Bord.

Ostfront, Ukraine, Winter
1942/43: Das Stabsverbin-
dungsflugzeug Fi 156 C-1,
AL+CB, mit Wintersicht-
schutz und Schneekufen.

Ostfront, Sommer 1942:
Zwei Fieseler Fi 156 (C-Serie). Vorn, wahrscheinlich
ein Kurier mit wichtigen
Unterlagen.

Ostfront: Ein General und sein Flugzeugführer beim Kartenlesen vor der offenen Einstiegtür der Fi 156 Maschine.

Ostfront, Sommer 1942: Die Kurier-Maschine Fi 156 C-1, CE+GX mit voll ausgefahrenen Landeklappen.

Ostfront, Herbst 1941: Generalfeldmarschall v. Kluge steigt aus seinem Reiseflugzeug Fi 156 (C-Serie), PV+ZJ. Die Maschine trägt einen Zusatztank und hat daher zwei nachträglich verlängerte Auspuffrohre.

280

Ostfront, Herbst 1941: Generalfeld-
marschall v. Kluge in Begleitung der
Stabsoffiziere. Im Hintergrund seine
Fi 156 (C-Serie) PV+ZJ.

Sommer 1942: Das Stabs-Verbindungsflugzeug Fi 156 C-3, DL+BN
(mit stärkerem Argus 10 P-Motor),
einer (H)Staffel wird mit der Handkurbel angelassen. Auf dem linken Flü-
gelteil gut sichtbar: Positionslicht,
Vorflügel, die Ausgleichsgewichte
des Querruders, Scheinwerfer und
das Staurohr des Fahrtmessers, sowie oben die fest verspannte W-Antenne.

Ostfront, Sommer 1942: Die Stabs-
Verbindungsmaschine Fi 156 C-3,
C2+BK, einer (H)-Staffel, ist soeben
von einem Feldweg im mittleren
Frontabschnitt gestartet.

Ostfront, Sommer 1942: Mit der Sani-Fi 156 C-3, GB+XS, wird ein Verwundeter von einem Feldlazarett zum Hauptverbandsplatz gebracht.

Süd-Italien, Sommer 1942: Ein Fi 156 C-1 Verbindungs- und Nahaufklärer ist soeben auf einer Wiese gelandet. Der hintere Teil des Kabinendaches ist zu einem B-Stand ausgebaut. Bemalung: Getupfter brauner Grundanstrich mit sandbraunen Flecken.

Mittelmeerraum, Sommer 1942: Diese Fi 156 C-3 ist mitten in einem Kornfeld gelandet.

7

Das tragische Geschick des 34jährigen Generalstabsoffiziers der 23. Panzerdivision, Joachim Reichel, das ihm am Vorabend des »Plan Blau«, der deutschen Sommeroffensive von 1942, widerfährt, zeigt deutlich, welche unüberschaubaren Auswirkungen die Notlandung eines Fieseler Storchs im Niemandsland haben kann.

Die große deutsche Offensive steht gerade bevor. Ihre Ziele sind die Zerschlagung des südlichen Teiles der sowjetischen Front, das Erreichen des unteren Don und der Wolga beiderseits Stalingrad, sowie auf Hitlers ausdrückliche Forderung hin die Inbesitznahme der kaukasischen Ölgebiete. Trotz der Bedenken des Generalstabes des Heeres, der eine übermäßige Ausdehnung der Front und damit entscheidende Schwächung der deutschen Verbände befürchtet, hält Hitler an dieser Idee hartnäckig fest.

Im Juni 1942 liegen fünf deutsche und drei verbündete Armeen zwischen dem Asowschen Meer und Kursk bereit. Die 1. und 4. Panzer-Armee sollen mit Stoßkeilen aus den Räumen rings um Isjum und Tschugujew heraus die Front der Sowjets durchstoßen, während die 6. und 2. Armee, später auch die südostwärts am Mius und Donez vorgestaffelte 17. Armee in breiter Front folgen sollen. Die hinter der deutschen Front aufmarschierende 3. rumänische, 8. italienische und 2. ungarische Armee werden in die bei dem weiteren Vordringen nach Osten zu erwartenden Lücken zwischen den deutschen Verbänden einrücken und in erster Linie erreichte Räume halten.

Am 15. Juni 1942 melden alle Truppenteile der Armeen die Herstellung der Einsatzbereitschaft. Im Raume ostwärts Woltschansk werden Anmarschwege, Bereitstellungsräume und Feuerstellungen erkundet.

Das XXXX. Panzerkorps des General der Panzertruppe, Georg Stumme, hat in der ersten Phase der Aufmarschweisung für die »Operation Blau« den Auftrag, im Verband der 6. Armee über den Donez zu stoßen und dann nach Norden zu einer Kesseloperation einzudrehen. Stumme, ein ausgezeichneter Praktiker, der zu den Spitzen der deutschen Panzerführer gehört, immer mit Monokel, klein von Gestalt aber groß an Energie und von seinem Stab »Kugelblitz« genannt, hält es für richtig, den drei Divisionskommandeuren, mit denen er diesen Vorstoß unternehmen soll, etwas mehr als nur die von Hitler wegen der Geheimhaltung einer Offensive vorgeschriebene mündliche Mitteilung zu machen. Er diktiert eine Aktennotiz von einer halben Schreibmaschinenseite über die erste Phase der »Operation Blau« mit dem Vermerk »Nur für die Herren Divisionskommandeure!« und läßt dieses supergeheime

Papier durch besonders zuverlässige Kuriere den Divisionen zugehen.

Nach der Lagebesprechung der Divisionskommandeure beim XXXX. Panzerkorps und Erteilung der Bereitstellungsbefehle erhält der 1. Generalstabsoffizier der 23. Pz.-Div., Maj. i. G. Reichel, am 19. Juni 1942 den Befehl zur Erkundung des Divisionsabschnittes. Ein Fieseler Storch steht ihm wegen des anhaltenden Regenwetters zur Zeitersparnis bis Woltschansk zur Verfügung. Entgegen dem Befehl entschließt er sich, trotz des Regens und Nebels bei schlechter Sicht bis in Frontnähe zu fliegen; schlimmer noch, die Aufmarschpläne (»geheime Kommandosache«) führt er mit sich.

Am 19. Juni 1942 um 21.50 Uhr bekommt General Stumme, der gerade mit den drei Divisionskommandeuren bei einem Abendessen in seinem Stabsquartier, einer ehemaligen Kommissars-Villa am Rande Charkows, zusammensitzt, die Meldung:

»Der Ia der 23. Panzerdivision, Major i. G. Reichel, ist um 14 Uhr in einem Storch mit Oberleutnant Dechant als Pilot zum Gefechtsstand des XVII. Armeekorps gestartet, um sich von dort aus den Marschraum der Division, wie in der Aktennotiz für den Herrn Divisionskommandeur mitgeteilt wurde, noch einmal anzusehen. Major Reichel ist offenbar über den Korpsgefechtsstand hinaus weiter an die HKL geflogen. Er ist bisher nicht zurückgekehrt und im Divisionsbereich auch nicht gelandet. Er hat sowohl die Notiz bei sich, wie auch sein Kartenbrett mit den eingezeichneten Divisionen des Korps und den Eintragungen über die Angriffsziele der ersten Phase von ›Operation Blau‹.«

Alle Einheiten an der Front werden sofort alarmiert, Divisionskommandeure, Regimentskommandeure beauftragt, vorn bei den Artilleriebeobachtern und Kompanieführern rückzufragen, ob eine Beobachtung vorliegt.

Die 336. Inf.-Div. meldet bald: Ein vorgeschobener Artilleriebeobachter hat im Nachmittagsdunst in der Zeit von 15 bis 16 Uhr, einen Fieseler Storch gesehen. Er sei zwischen den tiefen Wolken herumgekurvt und dann, gerade als ein Gewitter über dem Kampfabschnitt niederging, dicht bei den russischen Linien gelandet.

Stumme befiehlt daraufhin, einen »starken Stoßtrupp loszuschicken«. Werden Major Reichel und sein Pilot, Oberleutnant Dechant, nicht gefunden, dann sei nach Aktentasche und Kartenbrett zu suchen. Ist aber der Feind zwischenzeitlich dagewesen, gilt es zu kontrollieren, ob Brand- oder Kampfspuren vorhanden sind, die auf die Vernichtung der Papiere schließen lassen.

Sofort im Morgengrauen des 20. Juni schickt die 336. Inf.-Div. eine verstärkte Kompanie in das unübersichtliche Gelände. In einem kleinen Tal findet sie den Fieseler Storch, aber weder ein Kartenbrett noch eine Aktentasche, oder Brandspuren, die auf eine Vernichtung der Karte und Papiere hätten schließen lassen, auch keine Blutspuren oder sonstige Zeichen eines Kampfes. Der Tank der Maschine hat einen Einschuß, das Benzin ist ausgelaufen, 30 Meter vom Flugzeug entfernt: zwei frische Gräber. Damit scheint dem Kompanieführer die Sache klar, die Sicherungen werden eingezogen und zum Abmarsch vorbereitet.

Gleich nach ihrer Rückkehr erhält die 336. Inf.-Div. Order, die Gräber zu öffnen und zu überprüfen, ob Major Reichel oder der Oberleutnant Dechant darin liegen. Um eventuell die Vermißten identifizieren zu können, geht die Ordonnanz des Major Reichel mit. Die Gräber werden aufgemacht, und die Ordonnanz glaubt, in dem einen Toten den Major zu erkennen, obwohl die Gesichter entstellt und die Leichen nur mit Unterwäsche bekleidet sind. Nichts läßt eindeutige Hinweise auf die Personen zu.

Oberstleutnant Franz, Chef des Generalstabs des XXXX. PzK., unterrichtet bereits in der Nacht zum 20. Juni gegen 1 Uhr den Chef des Generalstabes der 6. Armee telefonisch von diesem Vorkommnis. Daraufhin meldet der General der Panzertruppe, Paulus, über die Heeresgruppe den Fall nach Rastenburg an das Führerhauptquartier. Weil Hitler sich gerade in Berchtesgaden aufhält, leitet Generalfeldmarschall Keitel die ersten Untersuchungen. Entsprechend dem Führerbefehl dürfen Operationspläne durch höhere Stäbe nur mündlich weitergegeben werden und in der Weisung Nr. 41 hat Hitler erneut strenge Geheimhaltung gerade für diese entscheidende »Operation Blau« befohlen.

Am 20. Juni 1942 notiert Generalfeldmarschall Fedor von Bock, Oberkommandierender der Heeresgruppe Süd, in seinem Tagebuch: »Das Wetter scheint sich endlich zu bessern. Um gegen alle Zufälle bei Olchowatka gesichert zu sein, befehle ich das Vorziehen der bei Charkow für »Blau« bereitgestellten 3. und 23. Panzerdivision in Richtung Woltschansk.«

Am 22. Juni 1942 schreibt Generalfeldmarschall von Bock: »Nach Fliegermeldung scheinen Teile des bei Olchowatka massierten Gegners im Abmarsch nach Norden zu sein, vielleicht eine Auswirkung der bei dem abgeschossenen Generalstabsoffizier gefundenen Befehle.«

Tatsächlich, die Rote Armee reagiert prompt: Sie gruppiert ihre Verbände um, führt neue Panzerkräfte in den Abschnitt hinein und legt ausgedehnte Minenfelder an.

Inzwischen drängen das XXXX. PzK. und auch die 336. Inf.-Div. auf Abänderung des Angriffsbefehls. Aber es ist vergebens, Hitler befiehlt, in dem vorgesehenen Angriffsstreifen anzutreten.

Generalfeldmarschall v. Bock berichtet in seinem Tagebuch am 23. Juni 1942 weiter: »Die Angelegenheit des Verlustes der Geheimbefehle durch den am 19. Juni abgeschossenen Generalstabsoffizier nimmt sehr ernste Formen an. Halder will mich deshalb bewegen, morgen zum Führer zu fahren. Ich rufe Schmundt in Berlin an und sage ihm, daß ich mir davon nichts verspräche, solange der Führer die eingehenden Vernehmungen nicht kennt.

Wenn der Führer, auch nachdem er sie gelesen habe, noch glaubt, gegen irgend jemanden einschreiten zu müssen, so bäte ich, vorher gehört zu werden, denn ich könne eine schwere Schuld bei keinem der Beteiligten, außer bei dem gefallenen Generalstabsoffizier, erkennen. In der Nacht gibt Schmundt Bescheid, daß der Führer erst morgen nachmittag in Ostpreußen ankommt, mich also morgen nicht mehr empfangen kann, alles weitere würde morgen entschieden werden.«

Generalfeldmarschall v. Bock begibt sich ins Führerhauptquartier und erfährt von Feldmarschall Keitel den neuesten Stand der Ermittlungen um die verlorenen Geheimhaltungspapiere. Gleichzeitig wird v. Bock untersagt, irgendwelche Versuche zu unternehmen, die Bestrafung der Beteiligten zu mildern oder gar zu verhindern. Keitel unterbreitet ferner die ohne Anhörung der Beteiligten erstellten Straftaten, gegen die v. Bock Einspruch zu erheben versucht, da sie nicht der Wahrheit entsprechen. Im anschließenden Gespräch mit dem Führer betont v. Bock erneut, daß ein kaum vorstellbares Maß an Schuld den gefallenen Major Reichel träfe, daß auch keine Anzeichen von der Verletzung der Gehorsamspflicht oder gar Fahrlässigkeit vorliege. Allerdings räumt v. Bock ein, daß eine gewisse Kompetenzüberschreitung über Art und Ausmaß der Information über die zu erwartenden Ereignisse von seiten des Kommandierenden Generals der XXXX. PzK., Stumme, vorliege, was aber nur als grobes Versehen zu bewerten sei, und als solches sollte es auch nur geahndet werden.

Zwei Tage später, am 27. Juni 1942, befiehlt Hitler daraufhin in einem Telegramm, den Korps-Kommandierenden General Stumme, Oberstleutnant Franz und den Kommandeur der 23. Panzerdivision, Generalmajor v. Boineburg-Lengsfeld von ihren Posten zu entheben, eine Maßnahme, die v. Bock für sehr bedauerlich hält, da gerade zu diesem Zeitpunkt das XXXX. PzK. den Angriff im Schwerpunkt der 6. Armee zu führen habe und eine Umbesetzung nicht ratsam sei. Hitler sah sich zu diesem Schritt gezwungen, da nach den Aktenunterlagen die Generäle die Schuld augenscheinlich auf einen Untergebenen abwälzen wollten, denn es sollte ebenfalls ein gerichtliches Verfahren gegen einen Schreiber der 23. Panzerdivision eingeleitet werden. Feldmarschall v. Bock versucht erneut im Verlaufe des Prozesses Hitler dazu zu bewegen, den Befehl der Entlassung der Generäle auszusetzen. Doch Hitler hält an ihm fest.

General Stumme, sein Chef des Stabes Oberstleutnant Franz, und der Divisionskommandeur der 23. Panzerdivision, General von Boineburg-Lengsfeld, werden – drei Tage vor der Offensive – ihrer Ämter enthoben, Stumme und Franz vor den Sondersenat des Reichskriegsgerichts gestellt, dem Reichsmarschall Göring vorsitzt. Die Anklage umfaßt zwei Punkte: Zu frühe und zu weitgehende Befehlsausgabe. In zwölfstündiger Verhandlung beweisen Stumme und Franz, daß ›von zu früher‹ Befehlsherausgabe keine Rede sein kann. Der noch verbleibende Vorwurf der ›zu weitgehenden Befehlsgebung‹ wird damit zum Kernstück der Anklage, da das Korps die Panzerdivisionen darauf hinwies, daß sie nach Überschreiten des Oskol, beim Eindrehen nach Norden, mit dort vorgehenden ungarischen Verbänden in russenähnlichen erdbraunen Uniformen zusammentreffen können. Dieser Hinweis ist von besonderer Wichtigkeit, da die Gefahr besteht, daß die deutschen Panzerverbände die Ungarn irrtümlich als Russen angreifen. Aber diese Entschuldigung wird vom Gericht nicht akzeptiert, und beide Angeklagte erhalten fünf beziehungsweise zwei Jahre Festung.

Göring reicht am Schluß der Verhandlung beiden Verurteilten die Hand: »Sie haben ihre Sache offen, tapfer und ohne Winkelzüge verfochten. Ich werde beim Führer darüber Meldung machen«, sind seine Abschiedsworte. Auch Feldmarschall von Bock setzt sich in einem persönlichen Gespräch mit Hitler für die beiden bewährten Offiziere ein.

Der Generalfeldmarschall v. Bock notiert am 28. Juni 1942: »Als ich hörte, daß der Oberbefehlshaber der 6. Armee, Paulus, sich mit dem Gedanken trägt, in der Angelegenheit der verlorenen Geheimbefehle ein gerichtliches Verfahren gegen sich selbst zu beantragen, sagte ich ihm: »Das kommt gar nicht in Frage. Nehmen Sie jetzt die Nase nach vorne.«

Vier Wochen danach erhalten Stumme und Franz in gleichlautenden Schreiben die Mitteilung, daß der Führer die ausgesprochenen Strafen in Anbetracht ihrer Verdienste und hervorragenden Tapferkeit erlassen habe. Stumme geht als Vertreter Rommels nach

Afrika, Franz folgt ihm als Chef des Generalstabs des Afrikakorps.

Am 14. August 1942 schreibt Stumme an General Paulus:

»Lieber Paulus!

Daneben halte ich mich für verpflichtet, Ihnen kurz über den Ablauf meiner leidigen Geschichte zu berichten. Nach kurzem Aufenthalt in Poltawa und einem sehr kameradschaftlichen Abschiedsabend beim Generalfeldmarschall v. Bock, der mir von seinen großen Bemühungen beim Führer erzählte, die Angelegenheit nicht aufzubauschen und seiner Meinung nach Nichtschuldige zu verurteilen, flogen wir drei in die Heimat.

Dort blieben wir viele Tage, abgesondert im Sonderzug von Generalfeldmarschall Keitel, nach Vernehmungen durch einen Reichskriegsgerichtsrat, um dann das weitere in den Friedensstandorten abzuwarten. Wir hatten an Einstellung des Verfahrens gedacht, der Führer ordnete aber ein Verfahren durch einen Sondersenat an unter Vorsitz von Reichsmarschall Göring, dazu als Richter Generaloberst Model und General v. Thoma und zwei Oberrichter.

Der Reichsmarschall verhandelte auf sehr einsichtiger und kameradschaftlicher Grundlage, hielt den Zeitpunkt der Unterweisung für richtig, die schriftliche Festlegung aber für falsch. Meine Gegengründe, aus der Lage heraus entwickelt, hatten keinen Erfolg.

Der Vertreter der Anklage beantragte die gesetzliche Höchststrafe von fünf Jahren Festung wegen fahrlässigen Ungehorsams, außerdem Rangverlust, nach einem besonderen, für diesen Senat vom Führer geschaffenen neuen Gesetz. Die Richter nahmen vom Rangverlust Abstand, da meine Ehre nicht im geringsten verletzt sei, bestätigten aber sonst die Höchststrafe. Mein Chef Franz erhielt statt beantragter drei nur zwei Jahre Festungshaft, während Boineburg freigesprochen wurde. Gleichzeitig erbat das Gericht beim Führer einen weitgehenden Gnadenbeweis.

In Berlin war ich auch noch bei Generalfeldmarschall v. Bock, der immer darüber nachdenkt, warum er jetzt in Berlin sein muß. Zum Schluß möchte ich Ihnen nochmals aufrichtig und herzlich danken für Ihr grenzenloses Eintreten für mich, sowohl dienstlich als auch kameradschaftlich. Ich bleibe damit in Ihrer Schuld.

Viele Grüße und Heil Hitler.
Ihr Ihnen aufrichtig und dankbar ergebener
Stumme.«

Der Gnadenbeweis des Führers kostet General Georg Stumme jedoch das Leben. Am 24. Oktober 1942 findet er in der Schlacht von El-Alamein, als Stellvertreter des Generalfeldmarschall Rommel, bei der Panzer-Armee Afrika den Tod.

Und erst wenn Moskau seine Geheimarchive öffnen sollte, werden die Historiker ermessen können, wie weit das Unglück des Fieseler Storchs die entscheidende Anfangsphase der deutschen Sommeroffensive von 1942 und damit den Ausgang der Schlacht um Stalingrad beeinflußt hat.

Südost-Polen, Sommer 1942: Eine Stabs-Verbindungsmaschine vom Typ Fi 156 C-1 im Tiefflug. Gut sichtbar sind die sich über die ganze Spannweite erstreckenden Vorflügel.

Sommer 1942: Die wechselvolle Karriere eines Fieseler Storch: Die Verbindungsmaschine CQ+QE, die als U-Boot-Zerstörer Fi 156 U in der Erprobungsstelle Rechlin im Sommer 1940 Testflüge machte – jetzt für Sani-Einsätze umgebaut – auf einem Landeplatz bei einem Feldlazarett im Südabschnitt der Ostfront.

Ostfront, Ukraine, Sommer 1942: Der Kurzstrecken-Aufklärer Fi 156 C-2, KF+XL, einer (H)-Staffel, ist soeben in einem Sonnenblumenfeld notgelandet.

288

Ostfront, Sommer 1942: General Oberst von Richthofen am Steuer seiner Fi 156 C-3.

Libyen, Sommer 1942: Betankung eines Sanitäts-Flugzeuges Fi 156 C-3, OK-NL. Der Bodenwart mit dem Füllschlauch stützt sich auf eine der Fußrasten.

Sommer 1942, Ostfront: Mit einer Sani-Fi 156 D-1 werden die Verwundeten aus der Frontnähe zum Hauptverbandsplatz gebracht.

Ostfront, Sommer 1942: Eine Fi 156 C-1 vor einem Inspektionsflug. Die geöffnete Einstiegtür und der mit Plexiglasfenstern versehene Kabinenraum. Links die V-Streben des rechten Flügels, rechts der seitliche Fahrwerkbock mit dem oberen Teil des VDM-Schraubenfederbeins mit Öldämpfung.

Rußland, Sommer 1942: Studium der Karte vor dem Start zur Frontinspektion.

Ostfront, Sommer 1942: Ein Verwundeter wird in die Kabine einer Fi C-1 geschoben. Dicht über dem eingegipsten Bein der rechte Kraftstoffstandmesser. An der Einstiegtür der abwerfbare Leuchtpatronenkasten. In der Mitte die V-Strebe, die den rechten Flügel gegen die Rumpfunterkante abstützt.

Ostfront, Ukraine, Sommer 1942: Das Stabs-Verbindungsflugzeug Fi 156 C-2, KG+LA, setzt zur Landung an.

Belgien, Sommer 1942: Eine Fi 156 (C-Serie) über dem Strand der Kanalküste bei Ostende.

Paris, Sommer 1942: Eine Fi 156 über den Dächern der Seine-Metropole, rechts das Gebäude Chambre des Deputes.

292

Sommer 1942: Start des Stabs-Verbindungsflugzeuges Fi 156 C-1, B1+BB. Unter dem Rumpf ist ein fest eingebauter Zusatztank mit Verkleidung der Aufhängung.

Nord-Afrika, Sommer 1942: In die Sani-Fi 156 (D-Serie), NP-OJ, werden die Verwundeten verladen. Unter der Motorhaube der doppelte Windhoff-Ölkühler der Schmierstoffanlage.

Nord-Afrika, 1942: Feldmarschall Kesselring mit seinem Flugzeugführer. Dahinter die Fi 156 C-5/Trop.

293

Juni 1942: Der Chef der deutschen Luftflotte 2, Generalfeldmarschall Albert Kesselring, posiert vor seiner Verbindungsmaschine Fi 156 C-5/ Trop. Der Flugzeugführer, jetzt auf dem Beobachtersitz, nimmt den Feldmarschall-Stab entgegen.

. . . Kesselring klettert in die Kabine seiner Maschine . . .

. . . nimmt Platz auf dem Flugzeugführersitz und schnallt sich fest.

294

Ostfront, Herbst 1943: Der OB der H.Gr. Mitte, Generalfeldmarschall von Kluge, vor seiner Fi 156 Maschine, links Gen. Roman. Vor der Kabinentür die zusammenklappbare Leiter, die der GFM zum Einsteigen benutzt.

Nord-Afrika, Libyen, 24. 6. 1942: Das ehemalige Stabs-Verbindungsflugzeug Fi 156 C-3/Trop des Deutschen Afrika-Korps – jetzt die Reisemaschine des General-Leutnants Willoughby Norrie, Oberbefehlshaber des 30th Corps.

Ägypten, 21. 8. 1942: Von seinem Besuch in Moskau kehrt Sir Winston Churchill nach Kairo zurück, um die englischen Truppen in der westlichen Wüste zu inspizieren. Zum Teil tut er dies mit der Fi 156 C-3/Trop – Ex TH+AC. Von links nach rechts: Sir Winston Churchill, Air Vice-Marshal Coningham, General Sir Alan Brooke und der Flugzeugführer.

8

Mitte Juli und Anfang August 1943 spitzen sich auf der Apenninen-Halbinsel die Ereignisse zu. Am 10. Juli sind die alliierten Verbände an der Südostküste Siziliens im Rahmen der Operation »Husky« gelandet. Eine Woche später fordern Churchill und Roosevelt das italienische Volk auf, sich gegen das faschistische System zu erheben. Am 22. Juli erobert die 7. US-Armee Palermo, und drei Tage danach, am 25. Juli, bietet Mussolini dem König Viktor Emanuel III. seinen Rücktritt als Regierungschef an. Beim Verlassen des Palastes wird der Duce verhaftet und verschwindet spurlos.

Am 26. Juli erhält General Student im Führerhauptquartier den Auftrag, Vorkehrungen zur Befreiung Mussolinis unter dem Decknamen »Eiche« zu treffen und den Aufenthaltsort Mussolinis ausfindig zu machen. Es gelang der neuen italienischen Regierung, Mussolini am 27. Juli unbemerkt aus Rom hinauszuschaffen und einen Tag später von Gaeta aus mit einer Korvette zur Insel Ponza zu bringen, wo er vom 28. Juli bis zum 6. August interniert blieb.

Der Sonder-Oberbefehlshaber Süd, Kesselring, wie auch der deutsche General beim Hauptquartier der italienischen Wehrmacht, v. Rintelen, und der deutsche Botschafter in Rom, v. Mackensen, sind angewiesen, alles zu unternehmen, um Mussolinis Aufenthaltsort festzustellen. Gegenüber den Vertretern der deutschen Dienststellen in Rom macht die italienische Regierung überhaupt nur zwei unbedeutende Konzessionen: Zunächst unterrichtet Badoglio am 26. Juli den deutschen Botschafter, er habe wegen der Unberechenbarkeit der aufgebrachten Volksmassen vorsorgliche Maßnahmen zur persönlichen Sicherheit Mussolinis treffen müssen. Am 29. Juli 1943, an Mussolinis 60. Geburtstag, verspricht der italienische Regierungschef, er werde Mussolini die gesammelten Werke von Friedrich Nietzsche zustellen lassen, die Hitler seinem Freund in einer wertvollen Sonderausgabe als Geburtstagsgeschenk zugedacht habe. Kesselrings Wunsch, Hitlers Geschenk dem abgesetzten Regierungschef persönlich zu überreichen, lehnt Badoglio jedoch ab.

Bis Ende Juli leitet General Student alle Ermittlungsarbeiten selbst: Über seinen Auftrag informiert er zunächst weder Oberst i.G. Trettner, den Chef des Generalstabes des XI. Fliegerkorps, noch den schneidigen Sturmbannführer Skorzeny, den der Reichsführer-SS ihm mit einem vierzig Mann starken SS-Kommando zugeteilt hat.

Einen ersten Hinweis auf den Aufenthaltsort Mussolinis erhält Student durch Zufall: Dessauer, ein deutscher Luftwaffen-Ingenieur, und der Obermaat Laurich, haben am 28. Juli im Hafen von Gaeta bemerkt, daß Mussolini unter starker Karabinieri-Bewachung einen Krankenwagen verließ und an Bord einer Korvette gebracht wurde, die anschließend sofort in See stach. Hitler beauftragt aufgrund dieser Information den Befehlshaber des Deutschen Marinekommandos Italien, dem Kommandierenden General des XI. Fliegerkorps einige U-Boote und Schnellboote unter Führung des Chefs der 4. Geleitflotte, Kapitän zur See v. Kamptz, für das Unternehmen »Eiche« zur Verfügung zu stellen.

Am 7. August gelingt es den Italienern, Mussolini unbemerkt mit einem Schiff von Ponza zum Flottenstützpunkt La Maddalena vor der sardischen Nordküste zu bringen. Die Deutschen verschaffen sich nach kurzer Zeit Gewißheit darüber, daß Mussolini tatsächlich auf La Maddalena, und zwar in der Villa Weber, interniert ist.

In den Vormittagsstunden des 28. August wird Mussolini in einem italienischen Sanitätsflugzeug von La Maddalena zum italienischen Festland geflogen, wo erneut die Spur Mussolinis verloren geht. Abermals kommt Student der Zufall zu Hilfe: Ende August informiert der Staffelkapitän der am Lago di Bracciano stationierten See-Fliegerstaffel den zur Inspektion erschienenen Kommandierenden General des XI. Fliegerkorps über folgende Beobachtung: Nach einem offenbar blinden Fliegeralarm habe er zunächst die Wasserung eines weißen Sanitätsflugzeuges bemerkt und anschließend einen Krankenwagen abfahren sehen.

Damit ist Student wieder auf der Spur Mussolinis, die schließlich zum Gran Sasso d'Italia, nördlich von Rom, in den Abruzzen führt. Die Vermutung, daß Mussolini dort interniert sei, verstärkt sich, als die Italiener Anfang September den deutschen Wunsch ablehnen, das nur über eine Seilbahn erreichbare und seit einigen Tagen geschlossene Sporthotel »Campo Imperatore« auf dem Gran Sasso d'Italia als Erholungsheim für deutsche Fallschirmjäger zur Verfügung zu stellen. Diesmal entscheidet sich Student, auch ohne Genehmigung Hitlers zu handeln.

Unverzüglich läßt er am 10. September 1943 durch Hauptmann Langguth, den Dritten Generalstabsoffizier des Generalkommandos des XI. Fliegerkorps, den Skorzeny als Fluggast begleitet, Luftaufnahmen vom Gran Sasso machen. Noch am gleichen Tage kapituliert Italien, und am 11. September faßt General Student in eigener Verantwortung und ohne Wissen der deutschen Führung den Entschluß, Mussolini am Nachmittag des folgenden Tages durch das I. Bataillon des Fallschirmjäger-Regiments 7 der 2. Fallschirmjäger-Division aus seinem mutmaßlichen Gefängnis auf dem Gran Sasso d'Italia befreien zu lassen. Hauptmann Gerlach, der Flugzeugführer General Students, wird am Samstagnachmittag, dem 11. September, zum Stab beordert und gefragt: »Können Sie in etwa 2000 m Höhe mit einem Storch landen?« – »Wenn dort oben ein Landeplatz ist – jawohl!« lautet Gerlachs Antwort. Am Abend ruft man ihn erneut und zeigt ihm jetzt Luftaufnahmen von einem wildzerklüfteten Hochgebirge, in dessen Mitte ein rechteckiger schwarzer Kasten mit einem halbkreisförmigen Vorbau liegt: das »Campo Imperatore«. Es sind nur Senkrechtaufnahmen aus großer Höhe, und ein geeigneter Landeplatz für einen Storch ist nicht auszumachen. Gerlach erfährt, daß mit ihm ein zweiter Storch fliegen soll, der in der Nähe der Talstation der Seilbahn heruntergeht.

X-Zeit ist 14.00 Uhr, Sonntag, der 12. September 1943. Die beiden Fieseler müssen um 12.00 Uhr starten, um zur angegebenen Zeit am Gran

Sasso zu sein. Student beabsichtigt, die 1. Kompanie des Fallschirmjäger-Regiments 7 unter Führung von Oberleutnant Freiherr v. Berlepsch in Lastenseglern auf einem Plateau vor dem »Campo Imperatore« abzusetzen. Wenn dieser Plan an der eventuellen Wachsamkeit und Kampfbereitschaft der Italiener scheitert, sollen die in größerer Entfernung mit den restlichen Segelflugzeugen landenden Fallschirmjäger mit schweren Granatwerfern und Maschinengewehren den Gegner niederhalten.

Gleichzeitig ist die Besetzung der Talstation der zum Gran Sasso d'Italia führenden Seilbahn durch das I. Bataillon des Fallschirmjäger-Regiments 7 unter Führung von Major Mors vorgesehen. Die durch die Panzerjäger-Kompanie und den Führungsstab des I. Bataillons verstärkte 3. Kompanie des Fallschirmjäger-Regiments 7 unter Führung von Oberleutnant Schulze bricht am Sonntag, dem 12. September, frühmorgens um 3.00 Uhr, auf.

Über Valmontone, Ferentino, Sora und Capistrello vorrückend, trifft die Kolonne nach beschwerlicher Fahrt gegen 14.00 Uhr in L'Aquila an der nach Assergi abzweigenden Straße ein. Wenig später gelingt es der Vorausabteilung der Marschkolonne, einer Kraftradgruppe unter Führung von Oberleutnant Weber, die Talstation der Drahtseilbahn zu besetzen. Während die 3. Kompanie des Fallschirmjäger-Regiments 7 sich im Laufe des Vormittags auf dem Marsch nach Assergi befindet, erreicht die in der Nähe von Frascati untergebrachte 1. Kompanie den Flugplatz Pratica di Mare, auf dem neben zwölf Lastenseglern DFS 230 unter Führung von Leutnant Meyer-Wehner eine Schleppflugzeug-Staffel unter Oberleutnant Heidenreich bereitsteht.

In einer kurzen Einsatzbesprechung erteilt Student Anweisungen, und Skorzeny macht den Vorschlag, den Karabinieri-General Soleti mit den ersten deutschen Truppen auf dem Gran Sasso d'Italia landen zu lassen, um gegebenenfalls die zur Bewachung Mussolinis eingesetzten Karabinieri durch Befehle des eigenen Vorgesetzten daran zu hindern, den Duce kurz vor der Befreiung zu erschießen.

Am Sonntag, dem 12. September mittags, bei der letzten Flugbesprechung in Pratica di Mare, bemerkt General Student: »Wir wissen nicht genau, ob Mussolini dort oben ist, aber wir müssen den Einsatz wagen, sonst kommen uns andere zuvor, nämlich die Amerikaner.« Der General umreißt noch kurz die Kernpunkte der Aufgabe: »Von italienischer Seite aus fällt bestimmt kein Schuß, da die Überraschung vollständig sein wird. Also keinen Sturzflug bitte, sondern einen sauberen Gleitflug mit abgezirkelter Landung.«

Major Meyer-Wehner ordnet an, daß der mitgeführte Stacheldraht um die Landekufen der Segelflugzeuge zu wickeln sei. Wenn die Fahrgestelle mit den Gummirädern nach dem Start abgeworfen sind, ist dieses einfache Mittel eine Möglichkeit, die Rutschstrecke bei der Landung erheblich zu verkürzen.

Gegen 12.00 Uhr, die Besprechung ist beendet, geht es in Eile zu den Maschinen. Im Auto wird der Karabinieri-General Soleti zum Segelflugzeug gebracht und zum Einsteigen aufgefordert. Als er die leichtgebauten Segelflugzeuge sieht, verliert er die Nerven, wendet sich ab und will sich langsam von der Maschine entfernen. Blitzschnell springen der Dolmetscher, Leutnant Warger, und ein zweiter Offizier hinzu und nehmen den General in die Mitte. Durch einen schnellen Griff entreißen sie ihm die Waffe, die er gerade gegen seine Schläfe richten will! Punkt 13.00 Uhr rollt der erste Schleppzug an.

Nacheinander lösen sich alle Flugzeuge vom Boden, die Lastensegler werfen die Fahrgestelle am Rande des Flugplatzes ab, und, in weiter Linkskurve nach Osten einbiegend, gewinnt der Verband langsam an Höhe. Männer vom technischen Personal montieren indessen alles von Gerlachs Fieseler ab, was für dieses Unternehmen nicht unbedingt notwendig ist. Jedes überflüssige Gewicht kann entscheidend sein, Sprit wird nur soviel getankt, wie Hin- und Rückflug einschließlich einer kleinen Sicherheit erfordern. Der Motor wird noch einmal überprüft. Oberfeldwebel Hundt, der Flugzeugführer des zweiten Storchs, und Gerlach springen in ihre Maschinen und starten. Bei 1500 m trennen sich die Störche, Hundt soll an der Seilbahn-Station landen.

Um 14.00 Uhr lösen sich die Lastensegler über dem Gran Sasso d'Italia von ihren Schleppflugzeugen. Da die ersten drei Schleppzüge unter Führung Langguths, des ortskundigen Stabsoffiziers, schon kurz nach dem Start aus unerfindlichen Gründen vom vorgesehenen Anflugweg abschwenken, setzt der nunmehr an der Spitze des Staffelverbandes fliegende Major Meyer-Wehner als erster zur Landung an. Es gelingt ihm, seinen Lastensegler, in dem auch Skorzeny und Soleti sind, auf einer stark abfallenden Halde, knapp 40 Meter vor dem Eingang des Sporthotels zum Stehen zu bringen. Auf dieser abschüssigen Ebene setzen nacheinander sieben weitere Lastensegler sicher auf. Nur eine der insgesamt neun DFS 230, die auf dem Gran Sasso d'Italia landen, geht zu Bruch.

Während in der näheren und weiteren Umgebung die Segelflugzeuge heruntergehen, dringt die erste Gruppe mit Skorzeny durch die unteren Räume in das Gebäude ein. Kein Italiener leistet Widerstand. Nachdem sie die

herankommenden Lastensegler zunächst für amerikanische halten, erkennen sie den Irrtum erst, als schon der Dolmetscher mit dem Karabinieri-General Soleti vor ihnen steht. Über dem Hotel kreist inzwischen Hauptmann Gerlach mit seinem Fieseler Storch und wartet auf das verabredete Zeichen zur Landung. Die Segelflugzeugführer erkunden einen einigermaßen ebenen Geländestreifen und markieren mit ausgebreiteten Tischtüchern aus dem Hotel weit sichtbar die Landestelle für Hauptmann Gerlach.

Über eine senkrecht abfallende Schlucht hinweg schwebt Gerlach auf das Gebäude zu und setzt etwa fünfzig Meter davor auf. Ringsumher liegen die Lastensegler. Wenige Augenblicke später steht Hauptmann Gerlach Mussolini in einem kleinen Zimmer im oberen Stockwerk des Gebäudes gegenüber. Als dem Duce eröffnet wird, daß er mit Gerlach abfliegen soll, hat er Bedenken und lehnt ab. Immerhin, selbst der Hauptmann ist sich nicht im klaren darüber, wie er von hier oben wieder starten soll.

Ehe Gerlach eine Entscheidung trifft, besieht er sich seinen Landeplatz. Ein schräger Hang, übersät mit Steinbrocken und von Wellen und Schmelzwasserrinnen durchzogen. Ein Start ist nur hangabwärts in umgekehrter Richtung zur Landung möglich. Den Rückenwind muß er dabei in Kauf nehmen. Ob die 100 bis 120 Meter Anlauffläche genügen, um die Maschine freizubekommen, ist fraglich. Während Gerlach noch einige Felsbrocken aus der Anlaufbahn räumt, ist Oberfeldwebel Hundt in der Nähe der Talstation gelandet. Inzwischen wird die telefonische Verbindung mit ihm hergestellt. Hundt meldet, daß bei der Landung das Fahrgestell seiner Maschine leicht beschädigt wurde, deshalb müsse er unten bleiben und von dort aus den Start zum Heimflug versuchen.

»Da bat mich Skorzeny, ihn mit Mussolini mitzunehmen«, berichtet Gerlach später. »Ich lehnte ab, das sei eine zu große Belastung. Er beschwörte mich, ihn mitzunehmen! – Ich lehnte erneut ab! – Beinahe kniefällig – bestürmte mich Skorzeny immer wieder.

Die Zeit drängte, und ich willigte schließlich ein. Sollte der Rückflug nicht glattgehen, mag es vielleicht besser sein, wenn ein Mann mehr an Bord ist. Nachdem noch Mussolinis Bedenken zerstreut waren, ging es zu meinem Storch.«

Zuerst steigt Skorzeny ein, er muß hinter den Sitzen stehen, den Oberkörper weit nach vorn gebeugt. Gerlach schnallt den Duce fest und läßt den Motor bei getretenen Bremsen auf volle Touren kommen. Dann Bremsen los, der Storch rollt. Langsam erhöht sich die Geschwindigkeit.

»Jetzt gab es kein Zurück mehr. Die Hälfte der Ablaufstrecke war schon vorbei – noch lag der Schwanz am Boden – ich drückte so viel wie möglich und fuhr erst jetzt die Starthilfen voll aus, um schneller freizukommen. Die Anlaufstrecke war zu Ende, ich riß die Maschine vom Boden, das rechte Laufrad prallte noch einmal auf die Kante der Rinne, die wir übersprungen hatten. Hinter mir ein kurzer Aufschrei – ich drückte in die Schlucht – wir stürzten! – Sekunden nur! – Dann hatte ich genügend Fahrt aufgeholt und fing die Maschine ab – es war auch höchste Zeit! – Wir flogen, Kurs Rom!«

Nur der Beherztheit und dem hohen fliegerischen Können Gerlachs ist es zu verdanken, daß die überladene Maschine nicht am Ende des als Ablaufbahn dienenden und mit Steinbrocken übersäten Abhanges in die angrenzende Schlucht abstürzt. Bei diesem waghalsigen Start wird die rechte Fahrgestellhälfte lädiert, das Rad ist zwar noch dran, aber die

Verstrebung scheint einen Knick zu haben. Nach einer Stunde hat der Fieseler die letzten Berge hinter sich gelassen und das Becken von Rom erreicht. Gerlach drückt hinein mit Kurs auf Pratica di Mare. Eine halbe Stunde später ist er über dem Platz. Dicht neben einer bereitstehenden He 111 landet der Storch. Das Fahrgestell hält – »der brave Vogel« steht nur etwas schief.

Mussolini steigt sofort in die startklare He 111 um, die ihn in Begleitung Skorzenys noch am 12. September nach Wien bringt. Von dort aus wird der Duce am folgenden Tag nach München geflogen. Nach einem kurzen Zusammensein mit seiner Familie bringt ihn anschließend am 14. September eine Ju 52 ins Führerhauptquartier. Skorzeny bekommt für dieses Unternehmen das Ritterkreuz, Hauptmann Gerlach muß sich mit der Feststellung begnügen, daß er gut geflogen sei.

Ostfront, Herbst 1942: Zwei Fi 156 im Tiefflug über rückwärtigem Frontgebiet.

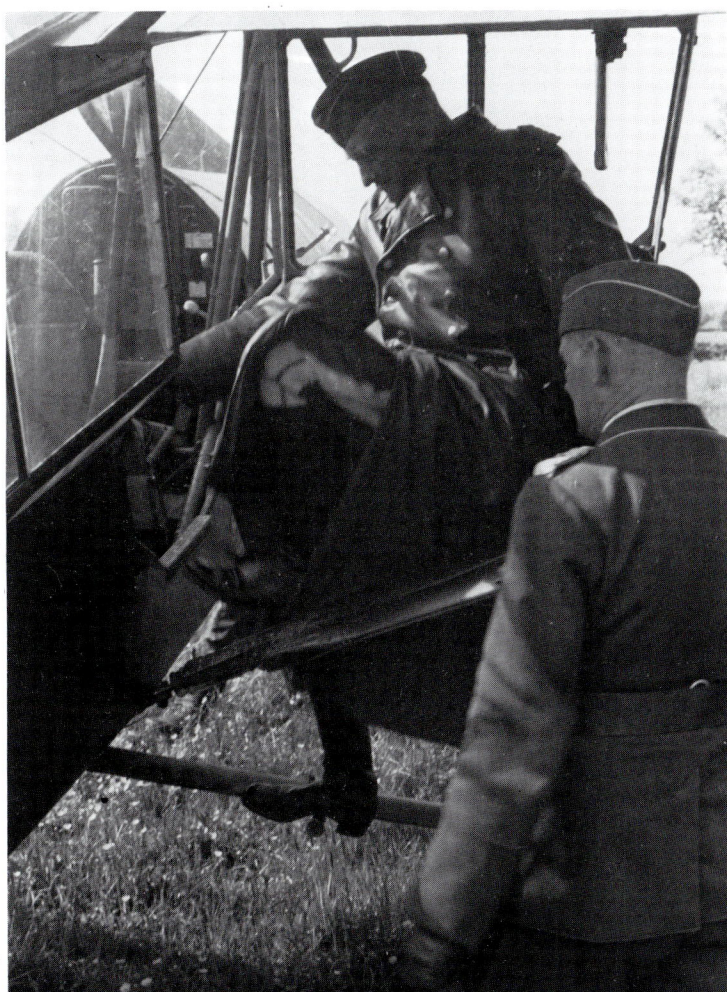

Ostfront, Herbst 1942: Die Fi 156 P (Polizei), OM+DK, zur Partisanenbekämpfung. Zwei Bombenwarte beim Aufhängen der Schlachtfliegerbomben SD 2 an den Rost 24 SD 2/XII unter dem rechten Flügel.

Ostfront: Der »Lange« General Fischer (Luftgau Moskau) gelangt nicht ohne sichtliche Mühe in seine Fi 156. ▶

301

Ostfront, Herbst 1942: Eine Sani-Fi 156 D-1 mit zwei Tragbahren. Die Verschlüsse der Türen sind im Fenster gut sichtbar. Der Sanitäter verzurrt die Halterung der Tragbahre.

Ostfront, Herbst 1942: Die Kurzstrecken-Aufklärungsmaschine Fi 156 C-3, LE+RA wird mit Hilfe der Soldaten auf ihren Startplatz gerollt. Links, der Beobachter gibt Anordnungen.

Ostfront, Herbst 1942: Eine Fi 156 fliegt entlang der Rollbahn.

302

Ostfront, Herbst 1942: Eine Sani-Fi 156 D-1 mit stärkerem Argus 10 C-Motor und verbessertem Kabinenraum für Rettungseinsätze. Der Stauraum für zwei Tragbahren erhält serienmäßig große Türen, um besser zugänglich zu sein.

Ostfront, Herbst 1942: Kabinenraum der Sani-Fi 156 D-1. Die zweite Tragbahre mit einem Verwundeten wird verstaut.

Nord-Afrika, Herbst 1942: Der Kurzstrecken-Aufklärer Fi 156 C-5/Trop, KH+YW trifft soeben bei einer Panzerspitze ein.

Ostfront, Winter 1943/44: Mehrzweckflugzeug Fi 156 C-5, PV+ZO mit stärkerem Argus 10 P-Motor.

Winter 1943/44: Eine Fi 156 D-1 Kurier-Maschine mit Schneekufen und Wintertarnbemalung auf einem Heimat-Flugplatz.

Nord-Afrika, Herbst 1942: Der Kurzstrecken-Aufklärer Fi 156 C-5/Trop, KH+YW beim Start in der Wüste. Aus der Unterseite der Tragfläche ragen die krallenartigen Ausgleichgewichte des Querruders heraus.

Nord-Afrika, Herbst 1942: Das Mehrzweckflugzeug Fi 156 C-3, KH+YW landet auf einem
Wüsten-Flugplatz tief hinter den Frontlinien.

Ostfront, Herbst 1942: Ein Verletzter im Stauraum
einer Sani-Fi 156 D-1. Die abklappbaren Kabinenfenster und vergrößerten Einstiegtüren ermöglichen eine bessere Zugänglichkeit beim
Verstauen.

Süd-Italien, Frühjahr 1944: Eine gut getarnte
Mehrzweckmaschine Fi 156 (C-Serie).

Nord-Norwegen, Herbst 1942: Ein hoher Besuch ist soeben gelandet. Die Landeklappen nach unten, etwa 45 Grad eingezogen.

Ostfront, Herbst 1942: Feldmarschall Ernst Busch kurz vor einem Front-Inspektions-Flug. Die Plexiglas-Kabine der Fi 156 C-5, rechts an der Unterseite des Flügels der Kraftstoffstandmesser.

Ostfront, Herbst 1942: Eine zu einem Sani-Flugzeug umgebaute Mehrzweck Fi 156 C-3. Die abklappbaren seitlichen Kabinenfenster ermöglichen die problemlose Unterbringung eines Verwundeten im Stauraum, der in einer Decke verzurrt auf der Tragbahre transportiert wird. Oben rechts – das für den B-Stand ausgebaute Teil der Kabine mit einer Gummiabdichtung anstelle der Linsenlafette des MG 15.

Nord-Afrika, Winter 1941/42: Der Kurzstrecken-Aufklärer Fi 156 C-5/Trop, TH+AF wurde gerade betankt. Links, der Kraftstoffwagen der Luftwaffe.

Der Kurzstrecken-Aufklärer Fi 156 C-5/Trop, TH+AF, vor dem Start zum nächsten Einsatz. Seine Tarnbemalung: braune Flecken auf sandfarbenem Grund.

Nord-Afrika, Frühjahr 1942: Ein Sprung aus der soeben gelandeten Fi 156 (C-Serie), mit braunem Schlangenmuster auf sandbraunem Grundanstrich.

307

Nord-Afrika, Herbst 1942: Zwei Kurzstrek-ken-Aufklärer vom Typ Fi 156 C-5/Trop inmitten der Wüste.

Ostfront, Herbst 1942: Eine Fi 156 beim Überfliegen einer Troß-Kolonne der Infan-terie.

308

Nord-Afrika, Herbst 1942: Die Fi 156 C-5/Trop, Ex KA–OS, des Oberbefehlshabers der 8. britischen Armee, General-Leutnant B. L. Montgomery, kehrt zu ihrem Stützpunkt zurück.

Krim, wahrscheinlich Herbst 1942: Die zum Sani-Einsatz umgebaute Fi 156 C-2, GA+TL. Im hinteren Kabinenteil ein Verletzter auf einer Tragbahre. Die Linsenlafette ist abmontiert.

Nord-Afrika, Herbst 1942, entlang der Mittelmeerküste: Das von einem anderen Storch aus aufgenommene Stabs-Verbindungsflugzeug Fi 156 C-3, CB-RA.

Ostfront, Herbst 1942: Eine Fi 156 über der Rollbahn Smolensk–Minsk.

Nord-Afrika, Herbst 1942: Das Stabs-Verbindungsflugzeug Fi 156 C-3/Trop, CP+TL, kurz vor dem Start.

Golf von Biscaya, Dezember 1942: Der Kurzstrecken-Aufklärer Fi 156 A-1 der Küstenüberwachung auf Erkundungsflug.

Ostfront, Winter 1942/43: Die Fi 156 C-3, CE–GU ist soeben gelandet. Der General mit dem Kartenblatt unter dem Arm auf dem Weg zum Stabsquartier.

Abruzzen, Gran Sasso d'Italia, Sonntag, 12. September 1943 – gegen 14.30 Uhr: Die Stabs-Verbindungsmaschine des General Student, Fi 156 C-3, SU+LL, auf dem Hang vor dem Sport-Hotel Campo Imperatore mit Mussolini an Bord kurz vor dem Start.

311

9

Die wochenlangen, noch am Vorabend des Krieges stattfindenden Vorführungsflüge der Fieseler Fi 156 in beinahe allen europäischen Hauptstädten und die Erfolge der Luftwaffe im Polen-Feldzug haben sich als die beste Empfehlung für den Storch erwiesen.

Und Ende 1939 hagelt es bereits an Vorbestellungen aus verschiedenen Ländern, die die Fieseler Flugzeugbau GmbH keineswegs imstande ist zu bewältigen. Deswegen steuert das Reichsluftfahrt-Ministerium den knappen Fieseler-Export jeweils nach politischen Überlegungen. Es sind im Grunde genommen »Prestige«-Lieferungen an die größeren und kleineren Verbündeten des Reiches.

Man weiß auch in Berlin, daß die Maschine inzwischen zu einer Art Status-Symbol, nicht nur bei den Oberen der deutschen Wehrmachts-Chargen, geworden ist, und die recht spärliche Freigabe der einzelnen Maschinen zeigt zugleich den Zuneigungsgrad der deutschen Führung dem einen oder anderen Kampfgenossen gegenüber. In neutralen Staaten, wie z. B. in Schweden, werden die Störche gegen strategisch wichtige Güter gehandelt. Die Fuerzas Aereas Nacionales, die Franco-Luftstreitkräfte, erhalten wiederum schon während der letzten Phase des Bürgerkrieges einige Störche der Fi 156-A-Serie, die bei der Grupo 46 eingesetzt werden.

Bereits Ende 1939 schenkt Göring ein Muster der Fieseler Fi 156 sowohl Benito Mussolini als auch Josef Stalin, der von den Fähigkeiten des Storches beeindruckt ist und befiehlt, das Flugzeug in der Sowjetunion zu bauen. Mit dieser Aufgabe betraut man den berühmten Konstrukteur Oleg K. Antonov. Und 1940 wird im Baltikum ein Werk für die Serien-Produktion des Storches errichtet. Die Maschine erhält einen in Lizenz gebauten luftgekühlten Sechs-Zylinder-Renault-Reihenmotor. Einige Prototypen dieser sowjetischen Version des Storches werden gebaut und getestet. Jedoch bevor die Serienproduktion im Spätherbst 1941 beginnt, wird das Werk von deutschen Truppen überrannt. Schon im Jahre 1940 werden in Kassel-Bettenhausen insgesamt 216 Störche produziert, und diese Zahl verdoppelt sich fast innerhalb eines Jahres. Fieseler stellt 1941 bereits 431 Flugzeuge dieses Typs her. Davon gehen einige nach Bulgarien, Kroatien, Ungarn, Rumänien und in die Slowakei. In der Hauptsache fertigt man zu dieser Zeit die Modelle Fi 156 C-3 und die C-5. Die Fi 156 C-3 ist als Allzweckflugzeug für die Nahaufklärung, Nachrichtenübermittlung, den Sanitäts- und Notdienst vorgesehen.

Einer der großen Exportaufträge für Störche stammt von der jugoslawischen Luftwaffe. Im April 1941 stehen mindestens sechsunddreißig

Fi 156 in ihrem Dienst; allein das Kuriergeschwader des jugoslawischen Generalstabes fliegt 24 dieser Maschinen. Als am 6. April 1941 Deutschland und Italien Jugoslawien angreifen, werden jedoch die meisten dieser Fi 156 zerstört.

Die Erfolge der Deutschen im Polen-Feldzug wecken auch das Interesse der Japaner an den Störchen, die bereits drei Fi 156 vorbestellt haben. Im Januar 1940 informiert Oberleutnant Izima von der japanischen Botschaft in Berlin die Fieseler-Werke, daß man bereit sei, 67 500 RM für drei Störche zu zahlen und 150 000 RM für die Lizenz-Nachbaurechte. Die Japaner sind der Ansicht, daß dieses Flugzeug ideal für einen Blitzkrieg ist, insbesondere für die Nachrichtenübermittlung, Aufklärungsflüge der Stabsoffiziere und ähnliche Aufgaben.

Im September 1940 werden die Einsätze der Sanitätsmaschinen Fi 156 während des Frankreich-Feldzuges Thema eines ausführlichen Presseberichtes. Sofort übersetzt man diesen Artikel in der Werbe-Abteilung des Gerhard Fieseler-Werkes ins Japanische und schickt ihn nach Tokio mit dem Hintergedanken, diesen Typ in den Fernen Osten zu verkaufen.

Und tatsächlich, die Japaner beißen an. Am 28. April 1941 läuft ein Frachter mit mehreren verpackten Musterflugzeugen in Richtung Japan aus, u. a. mit der Fi 156 V 2 (D-IDVS), Werk-Nr. 5111 unter Deck. Helmut Kaden und Cheftestpilot Willi Stoer von den Messerschmitt-Werken begleiten den Transport. Kaden leitet den Zusammenbau der Fi 156 durch die Japaner, man stellt dabei fest, daß die Maschinen durch die viermonatige Seereise teilweise vom Rost angegriffen sind.

Am 14. Juni 1941 führt Stoer dem japanischen Generalstab auf dem Haneda-Flugfeld in der Nähe von Tokio drei Starts vor. Vier Tage danach fliegt Major Hirota von der japanischen Luftwaffe den Storch zum Erprobungs-Zentrum Tachikawa. Die Fieseler GmbH wartet aber umsonst auf einen Auftrag. Die Argus-Motoren-Werke dagegen haben mehr Glück: Kobe Seihosho K. K. kauft die Lizenz für den As-10-C-Motor. Der im Sommer 1941 von Helmut Kaden und Willi Stoer mitgebrachte Fieseler Storch wird nach einer Überprüfung durch militärische Stellen den Nippon Kokusai Kogyo-Werken übergeben. Erst später erwirbt Japan die Lizenz-Nachbaurechte der Fieseler Fi 156, wählt jedoch ein anderes Triebwerk und baut den Storch mit einem Sternmotor im Werk von Kokusai Kogyo unter der Typenbezeichnung Ki 76.

Die Ki 76 ist ein Spezialflugzeug, das für U-Bootaufklärung und -bekämpfung eingesetzt wird. Anfangs hat man die Absicht, dieses Flugzeug auf gleiche Art und Weise wie den Fieseler Storch zur Beobachtung der vordersten Kampflinie bzw. als Stabs-Verbindungsmaschine zu verwenden. Dazu wird auch im August 1942 ein Auftrag der Landstreitkräfte für eine Versuchsproduktion erteilt.

Der Rumpf der Ki 76 ist aus Holz und Metall gebaut, und die Tragflächen sind mit Stoff bespannt. Bei einer Windgeschwindigkeit von etwa fünf Metern ist die Maschine in der Lage, bei der Landung nach etwa zehn Metern zum Stehen zu kommen. Sie besitzt bei geringer Geschwindigkeit eine hohe Stabilität und eine ausgezeichnete Manövrierfähigkeit. Die technischen Daten der Ki 76 sind folgende: drei Mann Besatzung, 15 m Spannweite, 9,33 m Länge, Fluggewicht 1406 kg. Die Maschine hat einen luftgekühlten 9-Zylinder-Sternmotor mit 310 PS. Die maximale Fluggeschwindigkeit beträgt 220 km/h, die Gipfelhöhe 5630 m, Reichweite 420 km. Bewaffnung: ein 7,7-mm-MG.

Zu der Zeit, als der Prototyp der Ki 76 in die Serien-Produktion gehen soll, hat sich die Kriegslage grundlegend geändert. Es stellt sich heraus, daß dieses Flugzeug in der Tat mehr für die U-Bootaufklärung und -bekämpfung geeignet ist und weniger als Stabs-Verbindungsmaschine. Die Ki 76, die aus der Serienproduktion kommen, werden nun für diesen neuen Zweck umgerüstet.

Als gegen Kriegsende die Marine nicht mehr in der Lage ist, den Transportschiffen ausreichenden Geleitschutz zu geben, werden einige große Transportschiffe umgebaut und mit einer Landefläche für die Ki 76 von 100 m Länge und 30 m Breite versehen. Eines dieser Flugzeugmutterschiffe ist der Ex-Transporter »Akitsushima-Maru«.

Aus der Serienproduktion kommen die ersten Ki 76 im Februar 1945 zum Einsatz. Für eine Decklandung hat man sie mit Fanghaken versehen. Die Flugzeuge Ki 76 können vier Bomben zu je 50 kg tragen. Allerdings scheint es niemals gelungen zu sein, mit einer der Ki 76 ein U-Boot zu versenken.

Die zweite, dem Fieseler Storch ähnliche Maschine der japanischen Luftwaffe ist die Te-Go.

Das Flugzeug, ein Artillerie-Beobachter, wird nach Plänen des Professor Tetsuo Miki von der Universität Osaka, nach dem Auftrag der Landstreitkräfte konstruiert.

Das japanische Heer läßt gleichzeitig im Kabaya-Werk einen Prototyp namens Ka-Go bauen, um die Entwicklung des Te-Go zu beschleunigen. Die Maschine Ka-Go soll zu Versuchszwecken für die Serienproduktion der Te-Go dienen. Der Rumpf der Te-Go besteht aus Holz und Metall, die Tragflächen sind mit Stoff bespannt. Der Motor ist der gleiche wie in der Ka-Go und dem Fieseler Storch: Argus 240

PS. Die Tragflächen sind vorn mit automatischen Vorflügeln versehen und lassen sich nach hinten zusammenfalten.

Nur eine einzige Versuchsmaschine vom Typ Ka-Go hat man 1942 fertiggestellt. Als sie bei einem Probeflug abstürzt, wird das gesamte Te-Go-Projekt eingestellt.

Die schwedischen Luftstreitkräfte – Flygvapnet – haben dagegen schon im Sommer 1938 erste Probeflüge mit Störchen – auf schwedisch Storkar – gemacht. Und im Frühjahr 1940 erhalten die Zentralen Flugwerkstätten der Königlich Schwedischen Luftstreitkräfte in Malmslätt erneut sechs Fi 156 Storkar. Ausgestattet sind sie mit in Schweden hergestellten 8-mm-M/22-37R-Maschinengewehren, installiert auf einer Fensterlafette am hinteren Ende der Kabine, und ein zusätzlicher Treibstofftank erhöht ihre Reichweite. Die schwedische Bezeichnung für dieses Modell lautet S 14 A. Diese Flugzeuge werden der Aufklärungsgruppe F 3 in Malmslätt übergeben. Anfang Juni 1941 bestellen die schwedischen Luftstreitkräfte weitere zwölf Maschinen, so daß sich ihr Gesamtauftrag auf insgesamt zwanzig Maschinen erhöht. Die Schweden haben jedoch Pech: Da gerade die deutschen Vorbereitungen zum Angriff auf die Sowjetunion auf Hochtouren laufen, kann ihre Bestellung erst nach langen Verhandlungen erfüllt werden. Im Juni 1943 erhalten sie endlich im Rahmen der sogenannten »Kompensation Walzenlager« – im Austausch gegen die unentbehrlichen Lieferungen für die deutsche Rüstungsindustrie – die gewünschten Maschinen, jedoch in Kleinstücklieferungen, und zwar von einem Typ, mit dem Schweden überhaupt nichts anfangen kann: die Fieseler Fi 156-C-3 Trop. Die speziell für die Erfordernisse des inzwischen nicht mehr existierenden nordafrikanischen Kriegsschauplatzes gebauten Störche müssen von ihrer tropischen Ausstattung auf eine für die kalte Region geeignete umfunktioniert werden. Mit einem verbesserten, stärkeren Argus-As-10-P-1-Motor von 270 PS, einer Drei-Personen-Kabine und einem vergrößerten Rückfenster bekommen sie nach dem Umbau die Bezeichnung S 14B und die Register-Nummern von 3809 bis 3820. Die Maschinen werden auch der Spaningsgrupp (Aufklärungsgruppe) F3 in Malmslätt zugeteilt.

Die Storkar, mit Schneekufen und extra großen Zusatztanks ausgestattet, werden meistens zu Patrouillenflügen entlang der Grenzen des von Deutschen besetzten Norwegens benutzt. Grasgrün bemalt, mit großen Rote-Kreuz-Zeichen auf dem Rumpf und den Tragflächen, sind sie der gute Engel und Retter in der Not für die Norweger, die in Schweden Schutz suchen.

Gerade im strengen Winter von 1943/44, zu der Zeit als die Gestapo-Razzien immer häufiger werden, ziehen im Norden Norwegens über unbewachte Bergregionen und im Gebiet um Fjäll regelrechte Flüchtlingstrecks über menschenleere, verschneite und unwegsame Landstriche. Die Aufklärungsgruppe F3 wird jetzt an den zugefrorenen Luessajärvi-See, unweit Kiruna, an die Eisenbahnstrecke nach Narvik verlegt, um die verirrten Flüchtlinge vor dem Erfrierungstod zu retten. Die Storkar holen etwa 120 Norweger aus der Schneewüste inmitten zerklüfteter Berge, oft unter schwierigsten Flugverhältnissen.

*   *   *

Italien ist einer der ersten Staaten, die mit einem Storch geehrt werden: Sein Luftwaffenchef, Marschall Italo Balbo, bekommt schon im Dezember 1938 von Göring eine Fieseler Fi 156 als Geschenk. Die genaue Lieferquote der Fieseler Störche, die im Laufe des Krieges an die italienischen Luftstreitkräfte gingen, ist unbekannt. Manche von ihnen versahen als Verbindungsflugzeuge ihren Dienst bei der 8. Italienischen Armee an der Ostfront.

Obwohl die Regia Aeronautica eine ganze Reihe Fieseler Fi 156 besitzt, wird der Storch in Italien nicht gebaut. Jedoch stellt der I.M.A.M. Meridionali-Konzern – inspiriert von Fi 156 – einen Eindecker her. Dieses Flugzeug, die Ro 63, ist das Ergebnis einer Ausschreibung aus dem Jahre 1939 für eine Kolonial-Verbindungs-Maschine mit einem 250-PS Hirth-HM 508-D Achtzylinder luftgekühlten V-Motor. Eine Vorserie von sechs Stück Ro 63 wird Mitte 1941 gebaut und die erste Maschine davon im Dezember 1941 am libyschen Luftstützpunkt Zyara, der 69° Gruppo Osservazione Autonoma (OA) übergeben. Weitere Flugzeuge der Vorserie verteilt man zwischen der 67° Gruppo OA und der 129° Squadriglia OA. Jedoch kommt die Großserien-Produktion von Ro 63 durch Mangel an 250-PS-Hirth-Motoren nicht zustande. Man versucht zwar, die ersten hundert Ro 63 ersatzweise mit einem Isotta-Fraschini-Beta-Motor auszustatten, aber schon die ersten Proben zeigen kein zufriedenstellendes Ergebnis, so daß die weiteren Pläne für die Produktion der Ro 63 aufgegeben werden. Die Ro 63 hat ein Startgewicht von 1060 kg, sie benötigt für den Start eine Strecke von 60 Metern und etwa 55 Meter zur Landung. Die maximale Geschwindigkeit liegt bei 203 km/h, Reichweite: 900 km, Spannweite: 13,50 m, Länge: 9,60 m, Höhe: 2,35 m.

Im Januar 1943 wendet sich das italienische Luftfahrtministerium an das RLM mit dem Auftrag, die letzte Bestellung vom Herbst 1942 auf insgesamt fünfzehn Maschinen des Typs

Fi 156 Storch zu erhöhen. Man weiß jedoch nicht, ob die zusätzlich gewünschten Flugzeuge tatsächlich vor der Kapitulation Italiens an die Regia Aeronautica ausgeliefert wurden.

* * *

Das slowakische Verteidigungsministerium bestellt im Laufe des Krieges insgesamt 17 Maschinen des Typs Fi 156. Die Transaktion wird durch eine in Pressburg amtierende Mission der Luftwaffe in die Wege geleitet. Im November 1942 werden drei Maschinen in die Slowakei geliefert, dann erst ein Jahr später, im August 1943, zwei weitere. So bekommt die Slowakei lediglich zwölf Störche. Im November 1942 schließt auch die rumänische Regierung mit der Fieseler Flugzeugbau GmbH einen Vertrag für einen Fi Ca-3 Storch – eine »A« (Ausland) Version des C-3-Typs – ab, samt Ersatzmotor und -teilen. Das Flugzeug ist für den Privatgebrauch von Marschall Antonescu vorgesehen. Die Bestellung der fünf Fi 156 Ca-3 des Staatsverwalters der rumänischen Provinz Transnistria vom Februar 1943 wird durch das RLM zwar abgelehnt, jedoch stimmt man im gleichen Monat der Auslieferung von 100 Argus-As-10-C-3-Motoren für die im Dienst der Königlichen Luftstreitkraft fliegenden Störche zu.

Im Juni 1943 bekommt die rumänische Admiralität einen langersehnten Storch, dank der persönlichen Intervention des Hauptmann Carl Panteli, des Leiters der rumänischen Einkaufsmission in Berlin. Und das RLM billigt endlich die Lieferung von 45 Maschinen Fi 156 für Rumäniens Luftwaffe. Sämtliche Flugzeuge sind aber nicht fabrikneu, vielmehr handelt es sich um überholte Zellen mit neuen Motoren. Alle 45 Störche werden bei den Kurier-Ge-

schwadern 111, 113, 114 und 115 in Dienst gestellt.

Im Februar 1943 bekommt die Fieseler Flugzeugbau GmbH vom RLM den Auftrag, für die ungarischen Luftstreitkräfte zehn Fi 156-Maschinen in Sanitätsausführung zu bauen. Das sind im ganzen fünf Flugzeuge weniger als Ungarn bestellte. Diese Maschinen, es handelt sich um den Typ Fieseler Fi 156 D-1, werden je zwei Stück pro Monat von März bis Juli 1943 geliefert. Ebenfalls im März 1943 erhalten die ungarischen Luftstreitkräfte vier von fünf schon früher in Auftrag gegebenen Maschinen.

Im Sommer 1943 genehmigt das RLM den Verkauf von zwanzig Fi 156-C an die spanischen Luftstreitkräfte. Die Auslieferung soll je fünf Maschinen pro Monat umfassen und im Zeitraum von August bis November 1943 abgeschlossen sein. Ende August 1943 treffen in Madrid zehn Maschinen ein, die nächsten sechs allerdings erst im Januar 1944. Über die Lieferung der restlichen vier Flugzeuge gibt es keine Unterlagen.

Die Königliche Bulgarische Luftwaffe erhält im Juni/Juli 1943 zwölf Fieseler Fi 156-Allzweck-Störche und einen Monat später vier Sanitäts-Fi 156. Der letzte Fi 156-Storch wird Bulgarien im Januar 1944 übergeben.

Eine der wenigen Maschinen der Zivil-Version des Fieseler Fi 156 Storch wird bei Kriegsausbruch in die neutrale Schweiz nach St. Gallen geliefert. Dieses im Auftrag der Ostschweizer AERO-Gesellschaft gebaute Luxusmodell setzt man als Lufttaxi und für Vergnügungsflüge in den Alpen ein. Es bekommt am 23. September 1939 die Bezeichnung HB-ARU und verrichtet bis Juni 1943 seinen Taxi-Dienst, bis es durch die schweizerischen Luftstreitkräfte als A-96 eingezogen wird. Zwei Jahre später, am 14. Juli

1945, gibt man diese Maschine der Ostschweizer AERO-Gesellschaft zurück, wo sie unter der alten Bezeichnung HB-ARU bis 1950 weiterhin fliegt, dann wird sie aus dem Register gestrichen.

Im Frühjahr 1943 kommen die Schweizer unerwartet zu zwei weiteren Störchen.

Am 19. März 1943 nachmittags starten zum Flug nach Italien von einem Fliegerhorst in Süddeutschland zwei Kuriermaschinen Fieseler Fi 156-C, mit den Kennzeichen CN + EL und TI + VR. Einige Zeit später landen die beiden Störche durch einen Navigationsirrtum in Samaden, Schweiz, wie die Flugzeugführer zu Protokoll geben. Dem Schweizer Nachrichtendienst fallen dabei äußerst wichtige Geheimdienstakten in die Hände. An Bord einer der Maschinen werden nämlich komplette Unterlagen eines Jagdgeschwaders gefunden, das nach Sizilien verlegt werden sollte: Informationen über die deutsche Jagdflugwaffe, die bis dahin unbekannt waren. Die beiden Störche werden interniert und später von der schweizerischen Fliegertruppe übernommen. Die Fi 156-C (CN + EL) bekommt die Kenn-Nr. A-97, die Fi 156-C (TI + VR) die Kenn-Nr. A-98. Sie ist heute im Transportmuseum im Verkehrshaus in Luzern zu sehen.

Bereits 1942 nimmt das Reichsluftfahrtministerium immer mehr die Kapazität der französischen Flugzeugwerke in Anspruch. Die Morane-Saulnier-Fabrik in Puteaux nahe bei Paris beginnt schon im April 1942 mit dem Bau von 121 Störchen. Trotz des Drucks auf die Fieseler Werke wegen der Lizenz-Herstellung des Messerschmitt-Jägers Bf 109 steigt die Produktionsziffer der Störche in Kassel immer noch an und erreicht 1942 durchschnittlich 40 Stück pro Monat.

Im Herbst 1943 schließlich wird die Herstellung der Fi 156 in Bettenhausen eingestellt, um die Fertigung der Focke-Wulf FW 190 voranzutreiben. Die letzten beiden gebauten Störche verlassen im Oktober 1943 dieses Werk. Fortan wird die Herstellung der Fi 156 von dem Morane-Saulnier-Werk in Puteaux übernommen und erzielt 1943 trotz vorherrschender Materialknappheit und einer von den Franzosen angezettelten Sabotage eine Stückzahl von 403 Fieseler Fi 156 Störchen.

Nach der Produktionseinstellung in Bettenhausen schafft man einen Teil der überflüssigen Maschinen und Einrichtungen auch in das tschechische Flugzeugwerk des Ing. J. Mraz in Chocen bei Prag. Die erste Lieferung Fi 156 aus diesem Werk findet im Dezember 1943 statt. Zwei Varianten, die Fi 156 C-7 – ein verbessertes Fi 156 D-2-Sanitätsflugzeug – mit einem Argus-As-10-P-Motor, sollen ab 1944 die früheren Modelle der Störche ersetzen. Die Mehrzahl aller im Protektorat hergestellten Maschinen kommt von der Mraz-Fabrik, nur einige aus dem Leichtbau-Flugzeugwerk in Budzyn. Die Produktion des Storchs für die Luftwaffe läuft in Puteaux bis Mitte August 1944, und es werden 260 in Frankreich gebaute Flugzeuge in Dienst gestellt. Die Fabrik in Chocen fertigt im gleichen Zeitraum 137 Maschinen vom Typ Fi 156. Die beiden Flugzeugwerke im Protektorat in Chocen und Budzyn liefern noch Anfang 1945 elf Fieseler Störche an die deutsche Luftwaffe.

317

Ostfront, Winter 1942/43: Das Mehrzweckflugzeug Fi 156 C-3, CE+GU wird aus 20-Liter-Kanistern betankt. Ein Einheimischer hilft dabei.

Nord-Afrika, Winter 1942/43: Die Stabs-Verbindungsmaschine Fi 156 C-3/Trop, SF+RL.

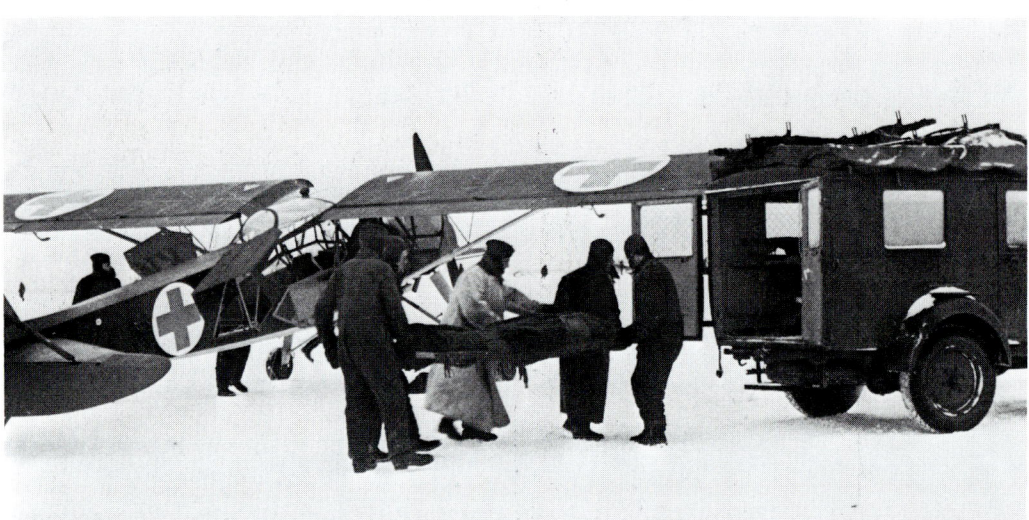

Ostfront, Winter 1942/43: Die Sani-Fi 156 D-1, KN+ZW, hat gerade frisch Verwundete von der Front ins Lazarett gebracht.

318

Norwegen, Winter 1942/43:
Das Stabs-Verbindungsflugzeug Fi 156 C-1, 1R+LK mit
Zusatztank, holt einen Verletzten ab.

Ostfront, Winter 1942/43: Ein
Flugzeugführer kehrt eigen-
händig den Schnee von den
Tragflächen seiner Maschi-
ne. Das Mehrzweckflugzeug
Fi 156 C-5 ist mit weißem
Wintertarnanstrich bemalt.
Aus dem B-Stand ragt das
MG 15.

319

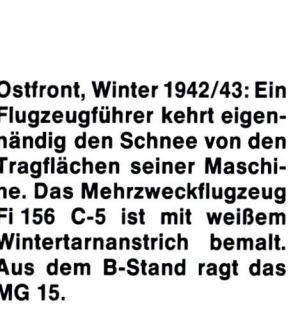

Ostfront, Winter 1942/43: In einer Vorstadt von Kiew gelandetes Stabs-Verbindungsflugzeug vom Typ Fi 156 C-3, VK+GS, mit Zusatztank und Wintertarnbemalung.

Norwegen, Winter 1942/43: Eine am Rande des Flugplatzes abgestellte Fi 156 C-3. Die Maschine ist verankert und mit einer Haubenplane gesichert.

Ostfront, Winter 1942/43: Eine Sani-Fi 156 D-1 bringt einen Verwundeten von der Front zum Hauptverbandsplatz.

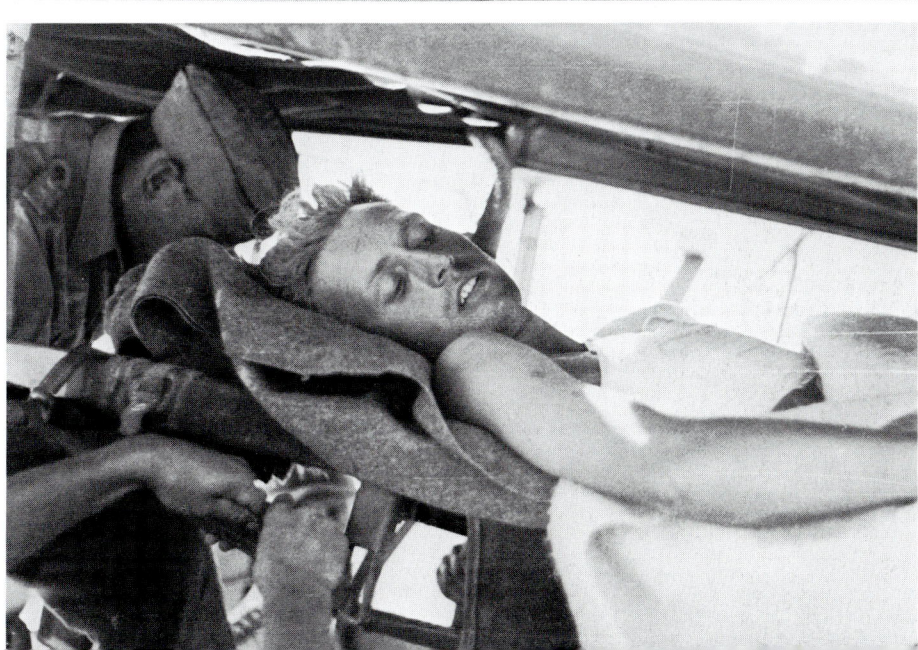

Ostfront, Winter 1942/43:
Die Sani-Fi 156 C-3,
SN+KK über schneebe-
decktem Hinterland.

Nord-Afrika, Winter
1942/43: Ein Verletzter
wird in den Kabinenraum
einer Sani-Fi 156 C-5/
Trop gebracht.

321

Ostfront, Nord-Abschnitt, Winter 1942/43: Die Kurier-Maschine Fi 156 C-3, SB+UG des 1. JG 54 »Grünherz«, auf dem Flugplatz von Siwerskaja.

Ostfront, Winter 1942/43: Eine Kuriermaschine vom Typ Fi 156 C-3, 6K+NM, mit Schneekufen und Wintertarnbemalung am Startplatz.

Ostfront, Winter 1942/43: Kabine einer Fi 156 C-3 mit Wintertarnung. Vorn rechts eine V-Strebe, die den Flügel gegen die Rumpfunterkante abstützt, unterhalb des Flügels der Kraftstoffstandmesser, links die Landeklappen (Wölbungs-Spalt-Klappen)

Libyen, Zyara, Dezember 1941: Eine Ro 63 der Regia Aeronautica, deren Bau durch den Fieseler Storch inspiriert wurde.

Japan, Kabaya Werk, Januar 1942: Die einzige Versuchsmaschine vom Typ Ka-Go, deren Konstruktion durch die Fi 156 angeregt wurde.

Tokio, Oktober 1944: Ein Ki-76 Aufklärer (der umkonstruierte Fi Storch mit 310-PS-Sternmotor).

323

Schweden, Kiruna, Dezember 1944: Eine Fi 156 (ex C-3/Trop) ›Fjallstorkarna‹ der Aufklärungsgruppe F 3 als Rettungsflugzeug, Typ S 14 B.

Winter 1942/43 auf dem Flugplatz der A/B 23 Fliegerschule in Kaufbeuren, Bayern: Eine Fi 156 (C-Serie) wird betankt.

Schweden, Herbst 1941: Ein Fi 156 Storch der schwedischen Luftstreitkräfte. Die Maschine mit der Typenbezeichnung S 14 A tut ihren Dienst bei der Aufklärungsgruppe F 3 in Malmslätt.

324

Schweden, Kiruna, Dezember 1944: S 14 B, ›Fjallstorkarna‹ der Aufklärungsgruppe F 3 bei der Rettungsaktion. Ein in den Bergen verirrter norwegischer Flüchtling, der mit schweren Erfrierungen gefunden und in Sicherheit gebracht wurde.

Ostfront, Winter 1942: Mitten in einem eisbedeckten Feld startet die Sani-Fi 156 D-1, KR-QZ, in Wintertarnbemalung.

Ostfront, Winter 1942/43: Zwei Sani-Störche mit verschiedener Tarnbemalung; links, Fi 156 C-3, GB+XU, mit einem 70-65-Sichtschutz, rechts Fi 156 C-3, KR+QZ, mit weißem Tarnanstrich.

Süd-Italien, Frühjahr 1943: Das Stabs-Verbindungsflugzeug Fi 156 C-5/Trop wird auf einem Feldlandeplatz getarnt. Die mit einem Argus-10-P-Motor ausgerüstete Maschine trägt unter dem Motor einen Trichter auf dem Schmierstoffkühler. Der Trichter ist ein behelfsmäßiger Selbstbau. Er soll bei Tropeneinsätzen die Luftzufuhr für den Schmierstoffkühler verstärken.

Ostfront, Frühjahr 1943: Zwei Sani-Fi 156 (D-Serie) mit dem Rote-Kreuz-Zeichen statt Balkenkreuz.

Nord-Afrika, Tunis, Frühjahr 1943: Die Sani-Fi 156 D-1, KN+ON, auf dem Landeplatz bei einem Feldlazarett des DAK.

Nord-Afrika, Tunis, Frühjahr 1943: Die Sani-Fi 156 D-1, KN+ON. Die Maschine hat vergrößerte Türen und eine erweiterte Kabine für zwei Tragbahren.

Sizilien, Frühjahr 1943: Ein Stabs-Verbindungsflugzeug Fi 156 C-3 auf einem Behelfs-Feldflugplatz. Die Motorhaube ist mit einer Plane geschützt. Im Hintergrund der schneebedeckte Ätna-Gipfel.

327

Italien, Frühjahr 1944: Eine Stabs-Verbindungsmaschine Fi 156 C-3, KE+KJ, wird auf dem improvisierten Landeplatz innerhalb einer Ortschaft – am Rande der Abruzzen – verankert.

Italien, Frühjahr 1944: Die Stabs-Verbindungsmaschine Fi 156 C-3, KE+JK. Motor und Leitwerkerprobung. Der hintere Teil des Rumpfes ist unten durch ein Seil am Boden verankert. Am B-Stand ist das MG 15 abmontiert, nur die MG-Lagerkugel ist geblieben.

Italien, Frühjahr 1944: Die Stabs-Verbindungsmaschine Fi 156 C-3, KE+KJ, vor dem »Kurzstart«.

Ostfront, Frühjahr 1943: Beim Verladen zweier Verwundeter in eine Sani-Fi 156 D-1.

Schweiz, Sommer 1944: Der Fi 156 C-3 Storch der eidgenössischen Fliegertruppe, Kennzeichen A-96. Diese Maschine ist heute im Deutschen Museum, München, zu besichtigen. (ex. HB-ARU, Bj. 1939, Werknr. 4299)

Ostfront, Frühjahr 1943: In eine Sani-Fi 156 D-1 wird die zweite, obere Tragbahre mit einem Verwundeten geschoben.

329

Ostfront, Frühjahr 1943: Eine Fi 156 über der Rollbahn, irgendwo im mittleren Frontabschnitt. Im Vordergrund ein zerschossener T-34.

Ostfront, 1943: Zwei Verwundete vor der Sani-Fi 156 C-3, DN+WT.

10

Am 10. April 1945 besetzt die 9. US-Armee unter General-Lt. Simpson Essen und Hannover. Nach schweren Kämpfen mit der 12. deutschen Armee des General Wenck an einem Brückenkopf, am Ostufer der Elbe, erobert die 9. US-Armee bereits am 18. April 1945 Magdeburg und stößt mit ihrer 5. US-Panzer-Division weiter in östlicher Richtung vor.

In diesen Tagen starten Lieutenant Duane Francis und Artillerie-Beobachter Lieutenant William S. Martin mit einem leichten unbewaffneten Aufklärer vom Typ Piper Club ›Miss Me‹ zu einem Erkundungsflug über dem Abschnitt der 5. US-Panzer-Division. Schon nach einigen Minuten Flugzeit über dem Feindgebiet zeichnen sich in der Ferne dunkle Umrisse der Berliner Vorstadt Spandau ab, und Francis entschließt sich, zu der Wiese wieder zurückzukehren, von der sie in der Nähe der vordersten Panzer-Kolonnen gestartet sind, als er plötzlich, ganz dicht über den Bäumen und kaum von ihnen zu unterscheiden, einen vorbeihuschenden Fieseler Storch entdeckt, der größer als die Piper Club und gut 50 Stundenkilometer schneller ist.

Die Piper hat jedoch den Vorteil, über der deutschen Maschine zu fliegen. Der Beobachter Martin öffnet die Seitentüren, während Francis hinabstößt und über dem Storch eine enge Kurve dreht. Die beiden Amerikaner zükken ihre 45er Colts und feuern auf den deutschen Piloten.

Durch den Angriff sichtlich verwirrt, reißt der Flugzeugführer die Fieseler herum, rutscht über die rechte Tragfläche ab und beginnt wild zu kreisen. Die Amerikaner beugen sich aus ihrer Maschine und schießen, bis die Trommeln ihrer Colts leer sind. Zu Francis' Erstaunen erwidert der Deutsche nicht das Feuer und unternimmt, selbst während sie ihre Waffen neu laden, keinen Versuch zu entkommen, sondern kreist bedächtig weiter.

Francis nähert sich jetzt dem feindlichen Flugzeug bis auf ein paar Meter, und die beiden Amerikaner jagen eine Kugel nach der andern in die Windschutzscheibe des Storchs. Dann beginnt er plötzlich wild zu trudeln, die rechte Tragfläche schlägt auf den Boden, bricht ab, und die Maschine bleibt mitten auf einer Wiese liegen. Francis landet auf einem benachbarten Feld und läuft zu dem Wrack. Der deutsche Pilot und sein Beobachter, bereits herausgeklettert, wollen flüchten, doch der am Fuß verletzte Beobachter stürzt, während sich der Pilot hinter einem großen Berg Zuckerrüben versteckt. Als Martin einen Warnschuß abgibt, kommt er mit erhobenen Händen hervor.

Die beiden Amerikaner können sich gewiß

rühmen, die einzigen Flieger zu sein, die jemals einen Fieseler Storch mit dem Colt abgeschossen haben.

Zu diesem Zeitpunkt – etwa 1300 Kilometer westlich – fliegen noch ein paar Fieseler Störche ihre abenteuerlichen Einsätze entlang der Atlantikküste.

Im Sommer 1944 müssen die deutschen Armeen unter dem Druck der alliierten Invasionsstreitkräfte Frankreich räumen. Am 18. August beginnt der Rückzug der Heeresgruppe C (1. und 19. Armee) von der spanischen Grenze und der Atlantikküste in Richtung auf die obere Marne, die Saône und die schweizerische Grenze. Die deutschen Seestreitkräfte geben zwar zahlreiche Stützpunkte entlang der französischen Atlantikküste auf, doch nicht alle flüchten nach Osten. Etwa 120 000 deutsche Soldaten bleiben dort und igeln sich in den »Atlantikfestungen« ein: in Dünkirchen, Lorient, Saint-Nazaire, La Rochelle, Gironde-Nord und -Süd. Sie halten recht beträchtliche Gebiete besetzt. Im Grunde sind sie Gefangene, denn aus ihren Kesseln können sie nicht heraus. Aber sie sind bewaffnet, tatendurstig und diszipliniert, so daß sie verhältnismäßig starke Kräfte binden und intakte Häfen blockieren, die die Alliierten so bitter nötig brauchen, um ihre zum Rhein vorstürmenden Heere zu versorgen.

Im Kampf um diese letzte Bastion im Atlantik werden die Störche als Artillerie-Beobachter eingesetzt. Eins ist dabei etwas ungewöhnlich: Sie verrichten ihren Dienst unter der Tricolore.

Es sind die in Puteaux gebauten Fieseler Fi 156-C MS 500. Sie gehören der frisch zusammengestellten Forces Françaises de l'Atlantique unter Général de Larminat. Diese Streitmacht verfügt auch über eine Luftflotte, etwa 100 zusammengewürfelte Maschinen, darunter eine Handvoll ehemals deutscher Junkers Ju 88 und mehrere Criquet-Heuschrecken-Maschinen – wie in der französischen Luftwaffe der Storch genannt wird. Die Fieseler-Criquets werden der Groupe GR 3/33 »Périgeux« des Marineluftgeschwaders zugeteilt, die auf dem Flugplatz von Aulnat gegenüber der starken deutschen Festung La Rochelle liegt. Nachdem vor der Gironde-Mündung die schweren Einheiten der französischen Kriegsmarine »Lorraine« und »Duquesne« auftauchen und am 15. April 1945 mit ihren Geschützen den Angriff auf die Festung Gironde-Süd unterstützen, leiten die Fieseler-Criquets das Feuer der Schiffsartillerie auf die Befestigungen des deutschen Atlantikwalls in diesem Frontabschnitt.

*   *   *

Am 27. April 1945 gibt das nach Oberbayern in die sogenannte »Alpenfestung« verlegte Oberkommando der Luftwaffe den Befehl, alle verfügbaren Fieseler Störche in diesem Gebiet zusammenzuziehen, um sie als Kurierstaffel des OKL mit Absprungplätzen um Innsbruck, Aigen und Zeltweg einsetzen zu können. Hier werden die Störche die Verbindung zwischen den einzelnen Truppenteilen, die nach den Plänen der obersten Führung in der »Alpenfestung« hartnäckig Widerstand leisten sollen, aufrecht erhalten. So überleben wenigstens zwei Fi 156-Staffeln einigermaßen vollständig die Kapitulation am 8. Mai 1945: Die beiden Einheiten ergeben sich in Kosteletz und Reichenberg.

Einen der letzten Fieseler-Storch-Flüge, der in die Annalen der deutschen Luftfahrt eingegangen ist, macht eine Frau: Hanna Reitsch, eine mutige Testpilotin, die sogar die V 1 flog.

Ende Februar fliegt sie – in Begleitung von Staatssekretär Naumann – zum zweitenmal nach Breslau, das inzwischen völlig eingeschlossen ist. Sie macht Zwischenlandung in Schweidnitz, damals noch in deutscher Hand, um sich über den neuesten Stand der Lage zu erkundigen. In letzter Minute vor dem Start erreicht sie ein telefonischer Befehl Hitlers. der ihr den Flug nach Breslau verbietet. Da sie eine zivile Angestellte der Forschungsanstalt in Darmstadt und keinem militärischen Befehl direkt unterstellt ist, auch wenn er von höchster Stelle kommt, entschließt sich Hanna Reitsch zum Start. In niedrigster Höhe, nur wenige Meter über dem Boden, über Hecken und Bäume, um die Maschine der Sicht russischer Panzer zu entziehen. Heil in Breslau angekommen, landet sie in der eingeschlossenen Stadt. Auch der Rückflug aus der Festung Breslau gelingt ihr unbeschadet. Am 25. April 1945 erreicht sie in Kitzbühl eine Nachricht des Generaloberst Ritter von Greim mit der Bitte, sofort zur Durchführung eines Sonderauftrages nach München zu kommen. Unterwegs erfährt sie, daß Greim in die Reichskanzlei zu Adolf Hitler befohlen worden ist. Nach abenteuerlichem Flug erreichen sie beide den bei Berlin liegenden Flugplatz Gatow. Hanna Reitschs faszinierenden Bericht von ihrem Flug in die Reichshauptstadt am Abend des 26. April 1945 bringt die Nachrichtendienst-Rundschau (Intelligence Review) der Britischen Rhein-Armee am 19. 11. 1945:

»Da ich keine Fronterfahrung in Feindflügen hatte, wollte Greim die Maschine selbst steuern. Hinter seinem Sitz stehend, machte ich, noch bevor wir starteten, den Versuch, ob für mich Gashebel und Steuerknüppel über seine linke Schulter hinweg erreichbar wären, um sie im Notfall bedienen zu können. Die Maschine hob leicht vom Boden ab.

Wir flogen in niedrigster Höhe. Unter uns lag der Wannsee silbern in der untergehenden Sonne, ein friedliches Bild der Natur! Jetzt hatten wir Grunewald erreicht. Wir hielten uns dicht über den Baumwipfeln, um den feindlichen Jägern zu entgehen, die überall am Himmel auftauchten.

Aber dann brach es hervor, vom Grund, aus den Schatten und aus den Kronen der Bäume, ein höllisches Feuer, das nur uns zu gelten schien. Ich hatte mich nicht getäuscht. Unter uns wimmelte es von russischen Panzern und Soldaten.

Deutlich sah ich die Gesichter der Russen, die mit allem, was sie besaßen, mit ihren Gewehren, Maschinenpistolen und Panzerwaffen auf uns schossen. Rechts, links, über und unter uns saßen kleine Verderben bringende Explosionswolken, bis es auf einmal furchtbar krachte. Ich sah eine gelblich weiße Flamme neben dem Motor aufleuchten und hörte gleichzeitig Greim rufen, daß er getroffen sei. Ein Panzersprenggeschoß hatte seinen rechten Fuß durchschlagen. In fast mechanischer Reaktion ergriff ich über seine Schulter hinweg Gashebel und Steuerknüppel und versuchte die Maschine in Abwehrbewegungen zu halten. Der Verwundete hatte inzwischen das Bewußtsein verloren und war in sich zusammengesackt. Immer noch war die Luft erfüllt von unzähligen Detonationen, so mächtig, daß der eigene Motor kaum zu hören war.

Einschläge trafen die Maschine. Mit Schrecken sah ich, daß aus beiden Flächentanks Benzin rann. Jede Sekunde mußte die Explosion erfolgen, und ich konnte nicht begreifen, daß es nicht dazu kam. Der ›Storch‹ blieb weiter manövrierfähig, und ich blieb unverletzt. Dabei quälten sich meine Gedanken um den Verwundeten, der ab und zu für kurze Augenblicke aus der Ohnmacht erwachte und dann versuchte, mit ungeheurer Energie das Steuer wieder selbst zu übernehmen. Aber immer wieder entglitt es seiner Hand.

Wir näherten uns jetzt dem Funkturm. Qualm, Rauch, Staub und ein intensiver Geruch von Schwefel wurden noch dichter und beißender, aber das Schießen ließ langsam nach. Offensichtlich flogen wir jetzt über deutsch besetzte Stadtteile. Ich flog den Funkturm an, doch hatte ich von hier aus kaum Sicht.

Jetzt kamen mir meine Trainingsflüge über Berlin zu Hilfe. Ich brauchte nicht umherzusehen, was in dieser Situation hätte gefährlich werden können, es genügte, daß ich den Kompaßkurs zum Flakbunker wußte. Links davon lag die Ost-West-Achse mit der Siegessäule. Dicht vor dem Brandenburger Tor setzte ich die Maschine auf; im Tank befand sich kaum noch Benzin.

Die Gegend war wie ausgestorben. Ausgerissene Bäume, abgeschlagene Äste und Betonbrocken lagen herum. Das Grauen, das von ihnen ausging, war furchtbar. Hier schien es nichts Lebendes mehr zu geben. Mit großer Mühe half ich dem wieder zum Bewußtsein gekommenen Generaloberst aus der Maschine, die von oben erkannt und beschossen werden konnte. Er setzte sich an den Straßenrand.

Nun mußten wir warten, warten, ob vielleicht ein Fahrzeug die Straße kreuzen würde. Ob es dann ein deutsches oder ein feindliches sein würde, war gänzlich ungewiß. Tödlich langsam schlich die Zeit dahin. In der Nähe krachten kurze harte Einschläge. Sonst nichts als die unheimliche Öde. Aber dann – ich weiß nicht, wie lange wir gewartet hatten – kam endlich ein deutscher Kraftwagen, den wir anhielten und

der uns aufnahm.«

Zu dieser Stunde befindet sich auch Flugkapitän Hans Baur, Hitlers Pilot, zwischen dem Brandenburger Tor und der Siegessäule: »Auf der Ost-West-Achse sollte eine Landebahn für Flugzeuge ausgebaut werden. An der Siegessäule erwartete mich Oberst Ehlers. Man begann sofort mit den Arbeiten. Die Unebenheiten wurden mit Sand ausgefüllt... Ich sprach noch mit Ehlers, als ich über mir das Brummen eines Storches hörte – das Gas wurde weggenommen, der Fieseler landete unmittelbar vor dem Brandenburger Tor. Als ich an der Landestelle ankam, fand ich nur zwei Soldaten vor. Sie erklärten mir, daß aus dem Flugzeug ein verwundeter höherer Offizier und eine Frau ausgestiegen wären. Beide hätten sofort das nächste Kraftfahrzeug genommen und wären zur Reichskanzlei gefahren. Selbstverständlich machte ich mich sofort nach dorthin auf, wo ich erfuhr, daß Hanna Reitsch den Generaloberst Greim eingeflogen hatte.«

In den ersten Morgenstunden des 29. April, einen Tag vor Hitlers Tod, erhalten der zum Generalfeldmarschall beförderte Greim und Hanna Reitsch den Befehl, aus Berlin auszufliegen. Ein leichtes Schulflugzeug, Arado 96, die einzige in der Reichshauptstadt verfügbare, flugtaugliche Maschine, steht in einer Garage an der Achse, die noch in einer Länge von 400 Metern feindfrei ist.

Mühsam wird mit dem verwundeten, zum Nachfolger Görings bestimmten Feldmarschall Greim, dem letzten Oberbefehlshaber der deutschen Luftwaffe, unter ständigem Feindfeuer die Maschine erreicht. Feldwebel B. setzt sich an den Knüppel und startet mit den zwei Passagieren das tollkühne Unternehmen. Obwohl sie immer wieder beschossen werden, landet er die Arado 96 gegen 03.00 Uhr morgens auf dem noch in deutscher Hand befindlichen Flugplatz Rechlin.

* * *

Noch in der Nacht zum 1. Mai 1945 gehen in der seit dem 15. Februar eingeschlossenen, sich verzweifelt wehrenden »Festung Breslau« zwei mutige Fieseler-Storch-Flugzeugführer inmitten brennender Straßenzüge dieser belagerten Oder-Metropole herunter. Die beiden haben den Befehl, mit ihren Maschinen die Lastensegler-Besatzungen, die vor einigen Tagen den Nachschub brachten, aus dem Kessel zu holen. Einige Tage zuvor verschwand Gauleiter Hanke, der die Verteidigung von Breslau bis zum letzten Mann und bis zur letzten Frau befohlen hat, klammheimlich aus der dem Untergang geweihten Stadt, auch mit einem Fieseler Storch. Es gelang ihm die ganze Zeit über, diese Maschine vor dem Zugriff der anderen zu bewahren.

Selbst nach der endgültigen Kapitulation, am 8. Mai 1945, hört das abenteuerliche Leben des Fieseler Storch im Dienste der deutschen Wehrmacht nicht auf. In seinem Hauptquartier in Josefstadt in den Sudeten, erfährt der Feldmarschall Ferdinand Schörner von der Kapitulation. Bei seinem letzten Besuch im Führerhauptquartier in Berlin, kurz vor der Einschlie-

ßung der Hauptstadt, wird Schörner zum Oberbefehlshaber der sogenannten ›Alpenfestung‹, das eher auf dem Papier existierende letzte nationale ›Bollwerk‹ in Oberbayern, ernannt. In diesen Alpen-Schlupfwinkel ziehen nach und nach alle möglichen Größen der politischen und militärischen Führung des III. Reiches. Und Schörner – sich seiner Mission bewußt – entschließt sich, zu einem durchaus mutigen Schritt: Am 9. Mai 1945 besteigt er mit seinem Flugzeugführer, Leutnant Plock, den bereitstehenden Fieseler Storch. Der Heckensprungflug in Richtung Alpen führt über weite Gebiete der Tschechei, in denen gerade der Aufstand tobt. Zwar ist der Feldmarschall mit einem schlichten, dunklen Zivilanzug bekleidet, aber bei einer Not- oder Zwangslandung beständen für ihn kaum Chancen, heil durchzukommen. Das Flugziel ist das kleine Nest Mittersill in Tirol, wo sich angeblich Generaloberst Guderian mit seinem Stab und Teile des OKH aufhalten sollen. Jedoch als Schörner dort landet, ist Guderian schon in amerikanischer Gefangenschaft.

Einige Tage später wird Schörner von den Ortsbewohnern denunziert. Die Amerikaner übergeben ihn den Russen, und erst im Jahre 1955 kehrt Generalfeldmarschall Schörner aus der Gefangenschaft zurück.

Nord-Afrika, Frühjahr 1943: Die Mehrzweckmaschine Fi 156 C-3/Trop setzt zur Landung am Rande eines Flugfeldes zwischen den Sanddünen an.

Frankreich, Antony/Seine, Juli 1943: Eine Fi 156 C-1 Mehrzweckmaschine mit Zusatztank setzt an, daneben die notgelandete »Fliegende Festung« Boeing B 17 G, Serial 23190 des 322st. Bombartment Squadron, 91st. Bomber-Group, der 8. USAAF.

Tunesien, Winter 1943: Die Sani-Fi 156 D-1, KN+LB. Im B-Stand, statt der Linsenlafette mit dem MG 15, ein Entlüfter.

336

Frankreich, 1943: Auf dem Luftstütz-
punkt der Fw 200 Condor bei Marignac
(Bordeaux) setzt eine Fi 156 C-3 zur
Landung an.

Südfrankreich, Sommer 1943: Die
Stabs-Verbindungsmaschine Fi 156
C-1 einer Küstenfliegergruppe. Um die
Wirkung des Luftstromes auf den unter
der Motorhaube hängenden Windhoff-
Ölkühler der Schmierstoffanlage zu
verstärken, ist auf ihm ein im Selbst-
bau hergestellter Trichter aufgesetzt.

Sommer 1943, Ostfront: Die Kabine eines Stabs-Verbindungsflugzeuges Fi 156 C-3 mit B-Stand. Auf der vorderen
Flügelkante die sich über die gesamte Spannweite ziehenden Vorflügel aus Leichtmetall.

337

Sizilien, Sommer 1943: Eine Feld kanzlei im Schatten der Flügel de Fi 156 C-5, FO+BK, auf dem von de Engländern eroberten Flugplatz be Comiso. Oben links, die krallenarti gen Ausgleichgewichte des Querru ders, rechts, der sich über die ganz Spannweite erstreckende Vorflügel Aus dem Flugzeugführersitz hänge die Bauchgurte heraus. Das Fehle der Haube ermöglicht den Einblick i den Triebwerkraum. Gleich am er sten Rumpfspant befinden sich di Kugelköpfe für den Anschluß de Triebwerkgerüstes und das Brand schott. Das Triebwerk ist durch zwe Motorträger an vier Punkten mit de Rumpfgerüst abnehmbar ver bunden.

D'Issy les Moulineaux bei Paris, 10. Dezember 1944: Ein Bodenwart der französischen Armée de l'Air bei de Überprüfung des Motors einer MS 500 (ex Fi 156 C) ›Criquet‹.

338

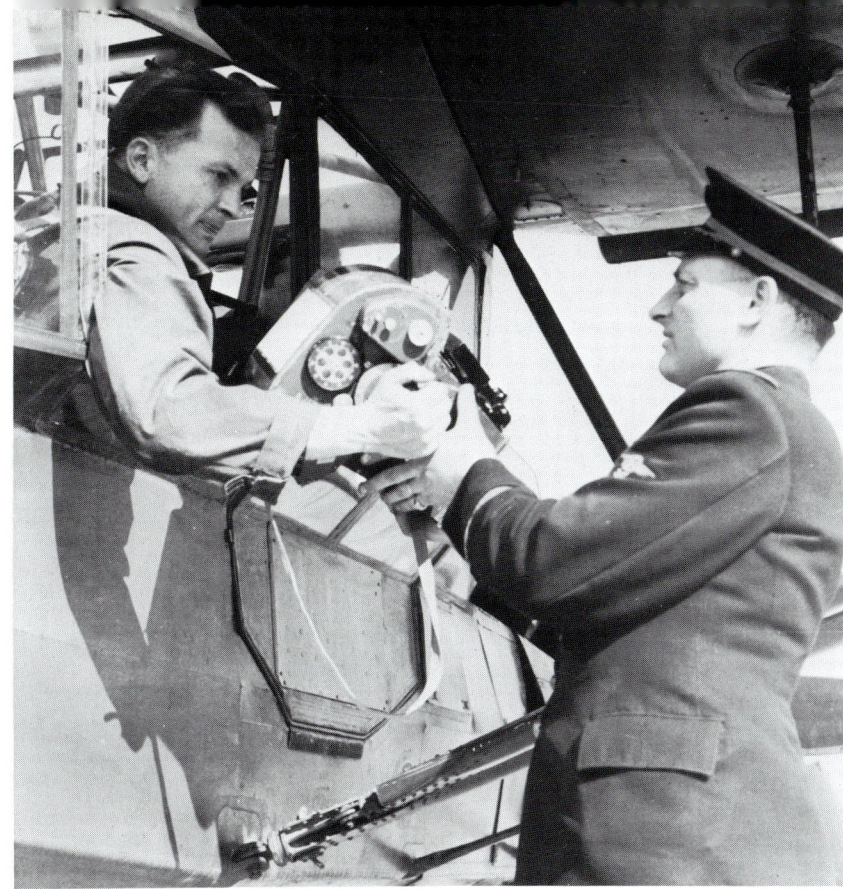

Cognac, April 1945: Groupe de Reconnaissance 3/33 ›Perigord‹ der Forces Française de l'Atlantique. Der Beobachter einer MS 500 (ex Fi 156 C) ›Criquet‹ nimmt den Fotoapparat für die Luftaufklärung, Typ Altiphote, für den Einsatz gegen die deutsche Atlantik-Festung Royan an Bord.

April 1945: Die MS 500 (ex Fi 156 C) ›Criquet‹ der Groupe de Reconnaissance 3/33 ›Perigord‹ während eines Aufklärungsfluges über der Gironde-Mündung.

339

April 1945: Die MS 500 (ex Fi 156 C) ›Criquet‹ der Groupe de Reconnaissance 3/33 ›Perigord‹ im Anflug auf ihr Einsatzziel – Atlantik-Festung Royan.

Frankreich, Herbst 1943: Das Ein- und Aussteigen war nicht so einfach. Eine Stabs-Verbindungsmaschine vom Typ Fi 156 C-3.

Ungarn, Herbst 1944: In einer Sani-Fi 156 D-1 verstaut man gerade einen verwundeten Grenadier.

Ostfront, Herbst 1943: Reger Storch-Verkehr auf dem Feld-Flugplatz einer Aufklärungsgruppe.

Ostfront, Frühjahr 1944: In den Kabinenraum einer Sani-Fi 156 D-1 wird eine Tragbahre mit einem Verwundeten geschoben. Im B-Stand statt der Linsenlafette ein Entlüfter.

Ostfront, Herbst 1944: Die Sani-Fi 156 D-1, DM+BM, aus einer anderen Maschine aufgenommen. Links, in der Bildmitte, das Staurohr des Fahrtmessers der Fi 156.

341

Frankreich, Normandie, 22. 6. 1944: Der britische Premierminister Sir Winston Churchill in einer Fi 156 C-3. Der Pilot: Air Vice-Marshal Sir Harry Broadhurst.

Frankreich, Normandie, 22. 6. 1944: Sir Winston Churchill im B-Sitz einer Fi 156 C-3, vor dem Inspektionsflug der alliierten Invasionstruppen zwischen Cherbourg und Caen.

Paris, Herbst 1944: General Dwight D. Eisenhower, Oberbefehlshaber der alliierten Streitkräfte in Europa, vor seinem Reiseflugzeug Fieseler Fi 156 Storch (C-Serie), die ihm die französische Armée de l'Air geschenkt hat. Von links nach rechts: Die beiden französischen Generäle René Bouseat und General Martial Valin, General Eisenhower, Colonel R. T. Ervin.

Berlin-Tiergarten, 5. Mai 1945: Ein zusammengeschossener Fi 156 Storch in der Nähe der Ost-Westachse. Es sind die Reste der Maschine, mit der am 26. April 1945 Hanna Reitsch und Ritter von Greim hier gelandet sind.

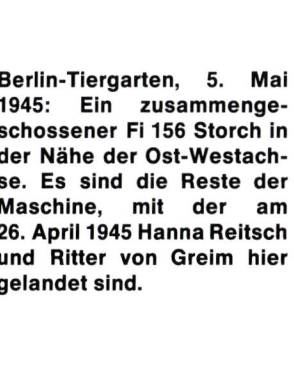

11

Bei Kriegsende fallen den britischen Streitkräften im ganzen 145 Fieseler Fi 156 unbeschädigt in die Hände, davon 62 Maschinen in Deutschland, 52 in Norwegen und 31 in Dänemark. Die Engländer behalten 63 Störche, Frankreich bekommt 64 Maschinen als Kriegsreparation, Norwegen 17, und Holland muß sich mit einem einzigen Storch begnügen.

Der Zusammenbruch des Dritten Reiches bedeutet keineswegs ein Ende der Karriere des Fieseler Fi 156 Storch: In Frankreich läuft bei Morane-Saulnier in Puteaux die Produktion des Fi 156 Storch mit den von den Deutschen zurückgelassenen Bauteilen weiter. Die Maschinen werden vorwiegend von der französischen Armée de l'Air mit der Typenbezeichnung Morane-Saulnier MS 500 übernommen und erhalten offiziell den Namen »Criquet« (Heuschrecke).

Nachdem die Bestände der Argus-10-Triebwerke ausgeschöpft sind, werden verstärkte Motorträger auf das Rumpfgerüst der Störche montiert und ein Renault-6-Triebwerk eingebaut. Dieser Typ bekommt die Bezeichnung Morane-Saulnier MS 501. Außerdem stattet man mehrere Dutzend der in den Puteaux-Werken hergestellten MS 500 oder MS 502 (mit 230 PS Salmson 9aBb) bei Reims Aviation S. A. mit den noch stärkeren 304-PS-Jacobs-R-755-A2-Sternmotoren aus. Diese Maschinen erhalten verstellbare Luftschrauben aus Ganzmetall und tragen die Bezeichnung Morane-Saulnier MS 505.

Einige Fieseler Fi 156 Störche der deutschen Luftwaffe und Morane-Saulnier MS 500 Criquet der französischen Nachkriegsproduktion werden in den Jahren 1945/46 in England durch Royal Air Force Piloten in der Versuchsanstalt Aircraft and Armament Experimental Establishment, Boscombe Down, Hampshire, über mehrere Monate hindurch genau untersucht.

Hier ein Original-Erprobungs-Bericht der Fieseler Fi 156, No. 130 (die 130. Maschine der Nachkriegsproduktion von Morane-Saulnier in Puteaux mit einem Argus-As-10-R, Triebwerk-Nr. 4475004). Die RAF-Code-Nr. ist VG 919:

»Zwei Piloten probieren insgesamt 25 Starts und Landungen, dabei werden verschiedene Lande- und Startmanöver durchgeführt. Das Wesentliche, was jedes Mal verändert wird: die Stellung der Klappen und die Steiggeschwindigkeit beim Start, die Motorleistung und die Anfluggeschwindigkeit beim Landen. Für diese Tests benutzt man ein Flugfeld mal mit trockener, mal mit nasser Grasnarbe.

Während des Testes werden die Piloten vertraut gemacht mit:

a) einem extrem kurzen Start des Flugzeugs mit dem Höhenruder nach unten, damit wird eine Rollstrecke von nur 50 Fuß erreicht.

b) dem steilen Anflug, mit fast senkrechter Punktlandung dank der ausgezeichneten Stoßdämpfer des Fahrgestells. Bei diesem Test werden die Start- und Landungsversuche fotografiert.

Nachdem die Untersuchungsserie in Boscombe Down abgeschlossen ist, werden andere Störche auf Herz und Nieren in Farnborough getestet. Hier in der bekannten Erprobungsanstalt, wo beinahe alle Typen der deutschen Luftwaffe angesammelt sind, hat man auch drei Fieseler Fi 156-C auf der Liste des Air Ministry: Die Maschinen AM 99, AM 100, AM 101.

Bei der Royal Aircraft Establishment's Aerodynamics Flight in Farnborough steht man den Versuchen der Konkurrenz in Boscombe Down wohl recht skeptisch gegenüber und beginnt im Oktober 1945 selbst mit Testflügen:

»Die Versuche werden unternommen, um den Unterschied der Landestrecken zwischen den Ergebnissen der Boscombe Down und den Schätzungen der RAE festzustellen. Die gemessenen Landestrecken von Boscombe Down sind beträchtlich kürzer als die, von der RAE vermuteten, und man nimmt an, daß dieser Unterschied durch einen Sackflug nahe der kritischen Geschwindigkeit erreicht wurde und daß der Bremseffekt wesentlich besser ist, als der, den man in Farnborough erwartet hat.

Ein Vergleich zwischen den festgestellten Landestrecken aus einer Höhe von 50 Fuß bis zum Auslauf und der zuvor geschätzten Landestrecke zeigt, daß in der Praxis eine viel kürzere erreicht werden kann. Weitere Tests zeigen, daß noch sichere Anflüge gemacht werden können mit einer Fluggeschwindigkeit, die nur 10 % über der sogenannten Überziehgeschwindigkeit (Stalling speed) liegt, wodurch ein Sackflug in einem Winkel von 14° entsteht. Mit etwas Übung kann man ohne Gefahr die steile Sacklandung voll ausnutzen, das Fahrgestell ermöglicht es. Betätigt man beim Aufsetzen die Bremsen, ergibt das Rutschen der Räder einen Reibungseffekt von etwa 0.49 auf trockener Grasfläche und 0.44 auf einer Beton-Landebahn.«

Eine dieser Testmaschinen, die Fieseler Fi 156-C, Werk-Nr. 475061, (AM 101), muß nach den Testserien in Farnborough der Royal Navy wiederum zu weiteren Proben zur Verfügung stehen. Diesmal wird die AM 101 vom Flugplatz der Marine-Versuchsanstalt (R.N.A.S.) Ford Hampshire, ab 28. Mai 1946 unter der Code-Bezeichnung VP 546, mit Lieutenant-Commander Eric »Winkle« Brown zahlreiche Start- und Landeversuche auf dem Deck des Flugzeugträgers H.M.S. »Triumph« durchführen. Alle diese Testflüge bestätigen die außergewöhnlichen Eigenschaften der Fi 156.

Den ersten der drei Air-Ministry-Störche – die AM 99 – hat das Schicksal von Farnborough bis nach Süd-Afrika verschlagen. Er ist heute noch auf dem Militärflugplatz von Dunnotar, Transvaal, zu sehen.

Die Criquet-Fieseler MS 500 und MS 502 fliegen auch zahlreiche Einsätze im französischen Indochina-Krieg als Beobachtungs-, Verbindungs- oder Sanitätsflugzeug. Nach dem Rückzug der Franzosen aus Hanoi tauchen einige Criquet in Kambodscha auf, wo sie ihre Dienste bei den Königlichen Khmer Luftstreitkräften bis ans Ende der sechziger Jahre tun. Während des Algerien-Krieges setzt die französische Armée de l'Air mehrere Criquet MS 500 ein, von denen einige als Aufklärungsflugzeuge verwendet werden, andere wiederum sind Sanitätsmaschinen, wie z. B. die MS 500 (Nr. 34) des Lazaretts in Gafsa.

In der neutralen Schweiz finden im Zweiten Weltkrieg einige Störche ihre neue Heimstätte.

Es sind Flugzeuge, mit denen deutsche Piloten dort notgelandet sind. Diese unverwüstlichen und vielseitigen Maschinen erfahren hier eine neue Verwendung: als Gletscher-Flugzeuge im Bergnot-Rettungsdienst.

Auch Schweden bekommt auf ähnliche Art und Weise in den Jahren 1940–1945 Zuwachs, so daß noch 1950 ganze 21 Störche unter der Bezeichnung S 14 im Dienst der Schwedischen Luftstreitkräfte stehen. Als einige Zeit später die Militärs den Fieseler Fi 156 ausmustern, kaufen schwedische Aero-Clubs 16 Maschinen, müssen jedoch feststellen, daß sie in der Unterhaltung zu teuer sind. Die Störche werden nach und nach der Osterman Aero, einer Firma in Stockholm, zum Verkauf angeboten, die ihrerseits die Maschinen aufpoliert und an Fieseler-Enthusiasten in der Bundesrepublik Deutschland und Österreich weiterverkauft. Das tschechische Flugzeugwerk des Ing. J. Mraz in Chocen, nunmehr in Staatliche »Automobilove Zavody« (Autowerke) umbenannt, stellt bis in die fünfziger Jahre hinein die Fi 156 unter dem Namen K-65 Cap (Storch) her. Diese Flugzeuge haben einen so guten Ruf, daß sie unbeachtet der Konkurrenz von Morane-Saulnier in West-Europa Absatz finden. Die in Chocen im ehemaligen Mraz-Werk hergestellten K-65 Cap (Storch) werden in mehrere Länder in Ost und West exportiert. So besitzt z. B. die Swissair einen Storch K 65 Cap für Luftaufnahmen und als Charter-Maschine für Skiläufer. Im Jahre 1950 wird sie an die Schokoladenfabrik Lindt AG verkauft, wo sie (HB-LKA) sechs Jahre ihren Dienst tut. 1956 geht sie nach Wunstorf, Bundesrepublik Deutschland (D-EKUS).

Einige Fieseler Fi 156-C, die den Krieg in Polen überlebten, sind zum Teil in Sanitätsflugzeuge für den zivilen Notdienst umgebaut worden und weiterhin im Einsatz tätig, wie die SP-AMK des Warschauer Flug-Notarztdienstes, die anderen finden ihr Gnadenbrot als Schleppflugzeuge bei Segelfliegerschulen. In den Ostblockländern wird sie vorwiegend zur Unterstützung der Forstwirtschaft bei der Schädlingsbekämpfung eingesetzt.

Heutzutage existiert noch eine über die ganze Welt zerstreute Handvoll Fi 156-Maschinen, mit denen Rundflüge gemacht werden, die als Segelflug-Schleppmaschinen oder als Blickfang bei Luftschauen dienen.

Paris, 18. Juni 1945: Eine MS 500 (ex Fi 156 C) ›Criquet‹ der französischen Armée de l'Air wird für den Start zur Siegesparade betankt.

346

Paris, 18. Juni 1945: Siegesparade, über den Champs Elysées eine MS 500 (ex Fi 156 C) ›Criquet‹

Puteaux, Morane-Saulnier Werke, Februar 1946: In der Tischlerei entsteht das Leitwerk der Morane MS 500 (ex Fi 156 C) ›Criquet‹.

347

Rumpfgerüst der Morane MS 500.

Letzte Arbeiten am Rumpf einer Morane MS 500.

Brest, 8. Mai 1948: Eine Morane-Saulnier MS 502 der französischen Kriegsmarine.

Tonkin, Januar 1951: Der Oberbefehlshaber der französischen Streitkräfte in Indochina, Général De Lattre de Tassigny, kurz vor dem Start zu einem Inspektionsflug mit seiner MS 500 (ex Fi 156 C) ›Criquet-A‹.

Boscombe Down, Hampshire, England, Oktober 1945: Der Fieseler Fi 156 Storch (Morane-Saulnier MS 500-Criquet 2, Nr. 130) mit Argus-10-R-Motor, jetzt RAF Kennzeichen VG 919, bei den Testflügen im Aircraft and Arnament Experimental Establishment des RAE.

Januar 1951: Général De Lattre auf dem Inspektionsflug über dem Tonkin-Delta (die Maschine mit dem Buchstaben A), links seine Begleitmaschine, eine MS 500.

Tonkin, Januar 1951: Wartungsdienst einer MS 500 (ex Fi 156 C) ›Criquet‹ der französischen Armée de l'Air.

Tonkin, Januar 1951: Eine MS 500 (ex Fi 156 C) ›Criquet‹ der französischen Armée de l'Air wird für den Einsatz gegen Viet-Minh-Partisanen vorbereitet.

349

Phuto, 2. März 1952: Eine der MS 500 (ex Fi 156 C) ›Criquet‹ der französischen Armée de l'Air, die an den Kämpfen gegen Viet-Minh-Partisanen teilnimmt.

Algier, Mai 1957: Ein Geschwader MS 500 (ex Fi 156 C) ›Criquet‹ der französischen Armée de l'Air ist startbereit für den Einsatz gegen FLN-Streitkräfte.

Algier, Mai 1957: Wartung einer MS 500 (ex Fi 156 C) ›Criquet‹ der Französischen Armée de l'Air.

350

Flugplatz Beynes-Thiverval, in der Nähe von Versailles, 7. September 1945: Eine Morane-Saulnier MS 502 als Schleppmaschine für Segelflugzeuge.

Passy-Mont Blanc, 6. September 1946: Die Morane-Saulnier MS 502 (Salmson 9ABb-230 PS) steht für einen Rundflug über die Alpen startbereit.

VOLEZ SUR LE }
FLY OVER THE } MONT
FLIEGT ÜBER DEN } BLANC

12

DATEN + FAKTEN

Baumusterübersicht Fi 156 Storch

Fi 156 V 1 D-IKVN, Prototyp mit Argus As 10 C und Metall-Verstellpropeller (2 Stellungen, am Boden einstellbar). Später Winterversuche mit Ski. 1936.

Fi 156 V 2 D-IDVS, Argus As 10 C, Holzpropeller ohne Verstellung. 1936.

Fi 156 V 3 D-IGLI, Aufbau wie V 2, verbesserte Funkausrüstung, drei Antennenmaste auf Flügeloberseite. 1936.

Fi 156 V 4 D-IFMR, Aufbau wie V 3, Funkausrüstung mit zusätzlicher Schleppantenne, Zusatztank abwerfbar, Ski für Wintererprobung. 1936/37.

Fi 156 V 5 D-IYZQ, Produktionsprototyp für Fi 156 A, As 10 C, Zentral-Antennenmast, Normalfahrwerk. 1937.

Fi 156 A-0 Nullserie 1937/38, Aufbau und Ausrüstung wie V 3, As 10 C.

Fi 156 A-1 Serie 1938, Aufbau und Ausrüstung wie V 5, As 10 C.

Fi 156 B vorgesehen für zivile Verwendung, automatische Vorflügel.

Fi 156 C-0 Nullserie 1939, Aufbau und Ausrüstung wie A-1, aber mit B-Stand, ein MG 15, Motor As 10 C.

Fi 156 C-1 Serie 1939/40. Aufbau und Ausrüstung wie C-0, hauptsächlich als Stabs-Verbindungsflugzeug eingesetzt.

Fi 156 C-2 Serie 1940, Kurzstrecken-Aufklärer und Rettungsflugzeug, meist mit zwei Mann Besatzung, As 10 C.

Fi 156 C-3 Serie 1940/41, Mehrzweckflugzeug, zum Teil mit As 10 P.

Fi 156 C-3/Trop Serie 1941/42, geringe Stückzahl, Tropenausrüstung, Sandfilter für As 10 P.

Fi 156 C-5 Serie 1941-1945, Mehrzweckflugzeug mit As 10 P, Zusatztank wie V 4.

Fi 156 C-5/Trop Serie 1941/42, geringe Stückzahl, Tropenausrüstung wie bei C-3/Trop.

Fi 156 D-0 Serie 1941, Rettungsflugzeug mit größerem Nutzraum und größerer Tür. Argus As 10 C.

Fi 156 D-1 Serie 1942 bis 1945, Ausrüstung wie D-0, aber mit As 10 P.

Fi 156 E-0 Nullserie 1941/42, Ausrüstung wie C-1, aber mit Raupenfahrwerk.

Fi 156 F-0 Sommer 1942, Ausrüstung wie C-3. Polizeiflugzeug zur Partisanenbekämpfung und für Geheimdienstaufgaben. Mit zwei MG-Ständen in den Seitenfenstern. Argus As 10 P.

Fi 256 A Prototypen 1943, Argus As 10 P, Leergewicht 1200 kg, Startgewicht 1680 kg, Flugweite 730 km, Besatzung 1 plus 3–4 Mann.

Produktionszahlen der Fi 156 bis zum Ende des II. Weltkrieges

1936–1938	15 Maschinen
1939	46 Maschinen
1940	170 Maschinen
1941	431 Maschinen
1942	607 Maschinen
1943	874 Maschinen
1944	410 Maschinen
1945	11 Maschinen
insgesamt	2564 Maschinen

Baumusterbeschreibung

Fi 156 V 1 D-IKVN.

Das Flugzeug Fi 156 Fieseler Storch ist ein einmotoriges zwei- bis dreisitziges Kabinen-Landflugzeug (Schulterdecker) in Gemischtbauweise mit beiklappbaren Tragflügeln.

Durch Verwendung eines hohen, besonders kräftigen Fahrwerks, eines geeigneten Flügelprofils, von Landeklappen und festen Vorflügeln sind kurzer Start, Langsamflug, steiler Gleitflug und kurzer Landeauslauf erreicht; daher gute Verwendungsmöglichkeit auf beschränkten und nicht vorbereiteten Plätzen in schwierigem Gelände. Die Fi 156 eignet sich insbesondere für Verbindungs-, Erkundungs- und Expeditionsflüge, für Suchaktionen und ähnliche Aufgaben.

Der stoffbespannte Rumpf ist als geschweißtes Stahlrohr-Fachwerk mit angeschweißter Seitenflosse gebaut.

Das geteilte Hauptfahrgestell besteht aus zwei Dreibeinen, von denen jedes ein an dem seitlichen Fahrwerkbock angeschlossenes VDM-Schraubenfederbein mit Öldämpfung und zwei an einem unter dem Rumpf befindlichen Bock angelenkte Schenkelstreben hat. Die Räder des Hauptfahrgestells (Reifengröße 500 × 180 mm, Reifendruck 1,6 atü) sind mit Öldruckbremsen ausgerüstet. Das Heckfahrgestell ist als federnder, nach vorne durch eine gegabelte Lenkerstrebe abgestützter Radsporn ausgebildet, dessen federnder Teil mit einer ständigen Staubschutzabdeckung versehen ist; die Flugzeuge können aber noch mit Schleifsporn ausgerüstet sein. Das Heckfederbein ist ein VDM-Schraubenfederbein mit Öldämpfung. Bei Tropeneinsatz ist dieses durch eine zusätzliche ständige Staubschutzabdeckung geschützt.

Die durch Steuerknüppel betätigte Höhensteuerung ist als gemischte Profildraht- und Stoßstangensteuerung ausgebildet.

Die mit Profildrähten zum Seitenruder führende Seitensteuerung wird mit einem Fußhebel mit parallel gelenkten Einheitspedalen betätigt.

Das Tragwerk ist zweiteilig. Jeder Flügel ist durch eine V-Strebe gegen die Rumpfunterkante angestützt, der Hinterholmanschluß nach hinten beiklappbar und mit einem sich über die ganze Spannweite erstreckenden festen Vorflügel ausgerüstet.

Die zweiholmigen Flügelhälften sind in Holzbauweise mit Stoffbespannung und Sperrholzverstärkung ausgeführt. In den Tragflächen sind die Kraftstoffbehälter eingebaut. Die Brennstoffkapazität beträgt 150 Liter, später jedoch 200 Liter.

Als Triebwerk dient ein Argus-As-10-C-Motor ohne elektrischen Durchdrehanlasser mit einer Leistung von 240 PS. Fünf-Minuten-Höchstleistung bei 2000 U/min. und 200 PS Dauerleistung bei 1800 U/min.

Es wird eine feste Holzschraube, Bauart Heine

oder Schwarz, mit einem Durchmesser von 2600 mm, ausgerüstet mit Rupp-Nabe, verwendet. Der Drehbeginn der Luftschraube ist in Flugrichtung gesehen mit dem Uhrzeiger laufend.

Die Flugzeuge aller Baureihen lassen sich für den Winterbetrieb umrüsten. Die Ausstattung für den Wintereinsatz umfaßt:

1. Kaltstartanlage (Mischanlage, Einspritzbehälter, Azetylenanlage und Abdeckung für den Ölkühler).
2. Winternotausrüstung (Schneeschuhe, Rucksack und Befestigungsriemen).
3. Schneekufen.

Flugüberwachungs-, Navigations- und Triebwerküberwachungsgeräte

Für die Überwachung des Fluges und Navigation sind eingebaut:

ein Fahrtmesser oben links am Gerätebrett. Das zugehörige Staurohr ist vor dem linken Flügel angeordnet. Das Staurohr wird von dem auf der rechten Rumpfseite hinter der Kabine eingebauten Stromsammler beheizt (24 Volt);

ein Höhenmesser am Gerätebrett unter dem Fahrtmesser;

ein Wendezeiger oben in der Gerätebrettmitte;

ein Variometer oben rechts am Gerätebrett über dem Drehzahlmesser;

ein Kugelkompaß oben im Dachgerüst an der Windschutzscheibe;

eine Borduhr in der Gerätebrettmitte links neben dem Drehzahlmesser;

ein Kartentisch an der Rückwand des Führersitzes.

Zur Überwachung des Triebwerkes werden mitgeführt:

ein Drehzahlmesser rechts am Gerätebrett unter dem Variometer;

ein Schmierstoff-Temperaturmesser links unten am Gerätebrett;

zwei Kraftstoffstandmesser rechts und links vom Rumpf unter den Flügeln hängend;

ein Doppeldruckmesser für Kraftstoff und Schmierstoff rechts unten am Gerätebrett.

Geräte für Flugsicherheit und Verständigung

Für die Flugsicherheit und Verständigung mit der Erde ist die Fi 156 mit folgenden Geräten ausgerüstet:

ein Minimax-Feuerlöscher links unten vor dem Führersitz (mit drei Feuerlöschdüsen vor dem Brandschott);

drei Bauchgurte an den drei Sitzen;

ein Sanitätspack, das links vom FT-Raum an dem rechten Rumpfoberholm von außen zugänglich ist;

eine Leuchtpistole an der linken Bordwand zwischen dem Führer- und Beobachtersitz;

ein abwerfbarer Leuchtpatronenkasten an der Einstiegtür und ein Kasten für Meldebuchsen an der Kabinenrückwand.

Flugeigenschaften der Fi 156 C-1
Die Ruderwirkungen sind im gesamten Geschwindigkeitsbereich ausreichend. Die Höhenruderwirkung ist so bemessen, daß bei Leerlauf eine Flugzeug-Längsneigung von 14° erreicht werden kann (Sackflug). Bei der Höhenflossenstellung des Reiseflugs können daher mit und ohne Landeklappen Drei-Punkt-Landungen mit Sicherheit ausgeführt werden. Mit Hilfe der verstellbaren Höhenflosse kann das Flugzeug so ausgetrimmt werden, daß der

Rechlin, Erprobungsstelle des RLM, Herbst 1941: Teststart der Sani Fi 156 D-O, GG+XT, mit verändertem Hauptfahrgestell. Anstelle der VDM-Schraubenfederbeine mit Öldämpfung sind vier Laufräder mit Niederdruckreifen anmontiert.

Fi 156, HD+AL mit zurückgeklappten Flügeln (Seitenansicht): Die Flügelwurzeln sind mit einem Tarnnetz (statt wie vorschriftsmäßig mit einer Plane) abgesichert.

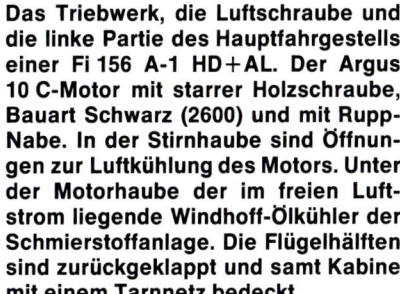

Das Triebwerk, die Luftschraube und die linke Partie des Hauptfahrgestells einer Fi 156 A-1 HD+AL. Der Argus 10 C-Motor mit starrer Holzschraube, Bauart Schwarz (2600) und mit Rupp-Nabe. In der Stirnhaube sind Öffnungen zur Luftkühlung des Motors. Unter der Motorhaube der im freien Luftstrom liegende Windhoff-Ölkühler der Schmierstoffanlage. Die Flügelhälften sind zurückgeklappt und samt Kabine mit einem Tarnnetz bedeckt.

Ostfront, Mittelabschnitt, Mai 1942: Ein▶ Flugzeugführer hat in seiner Fi 156 wirklich enorme Sichtmöglichkeiten

355

Gleichgewichtszustand des Flugzeuges bei jeder Schwerpunktlage der waagerechte Geradeausflug ist. Der Start ist mit und ohne Landeklappen einfach ausführbar und bedingungsgemäß kurz.

Die Landung ist denkbar einfach, da der Flugzeugführer wegen der Unüberziehbarkeit des Flugzeuges in beliebiger Höhe das Höhensteuer voll anziehen und in dieser Lage bis zur erfolgten Landung verharren kann.

Rumpfwerk

Am Rumpfvorderteil ist der abnehmbare Motorträger befestigt. Im Rumpfmittelteil befindet sich der Kabinenraum für den Flugzeugführer und die beiden hintereinander sitzenden Beobachter. Am Rumpfende ist das Leitwerk angeordnet.

Rumpfgerüst

Der Rumpf ist als geschweißtes Stahlrohr-Fachwerk ausgeführt. Seine äußere Form erhält der Rumpf durch ein Formgebungsgerüst aus Hilfsspanten und Kiefernleisten.

Der Rumpf ist mit Stoff bespannt. An der Unterseite des Rumpfes ist die Bespannung zum Verschnüren eingerichtet und kann zur Überwachung und Wartung der Steuerungsteile im Rumpf jederzeit geöffnet werden. Auf der rechten Rumpfseite sind die Einstiegtür und die Klappe zum FT-Raum angeordnet. Die Tür ist besonders groß gehalten, um ein bequemes Ein- und Aussteigen zu ermöglichen. Durch ausschließliche Verwendung von Plexiglas bei Aufbau der Kabine sind gute Sichtverhältnisse, insbesondere nach vorne und unten, erzielt worden. Für den Beobachter ist auf der rechten und linken Seite je ein großes Schiebefenster zum Fotografieren eingebaut. Außerdem ist durch je ein Klappfenster auf jeder Kabinenseite die Sichtmöglichkeit des Flugzeugführers bei schlechtem Wetter wesentlich verbessert. Ferner sind an den Vorderfenstern zwei elektrisch angetriebene Scheibenwischer und ein Sonnenschutz angebracht.

Triebwerkgerüst

Das Triebwerkgerüst wird durch zwei biegungssteife Duraluminträger und zwei gelenkig angeschlossene Streben gebildet. Die Rumpfanschlüsse sind als Kugelpfannen ausgeführt, wodurch ein schneller An- und Abbau des Triebwerkgerüstes gewährleistet ist.

Als Abschluß des Motorvorbaues ist am Rumpfanschlußspant ein Brandschott eingebaut. Es besteht aus zwei Duraluminplatten mit einer Zwischenlage aus Asbestgewebe.

Fahrwerk

Das Fahrwerk ist besonders auf Landungen in ungünstigem Gelände zugeschnitten und hat eine große Arbeitsaufnahmefähigkeit. Es ist für eine sichere Sinkgeschwindigkeit von 4,7 m/s gebaut und hat einen Gesamtfederweg am Rade gemessen von ca. 670 mm (Reifeneindrückung einbezogen).

Die Achse ist geteilt. Jede Achshälfte ist durch eine Spiralfederstrebe mit Öldämpfung abgefedert. Die Federstreben sind an einem mit dem Rumpf fest verbundenen Pyramidenbock angeschlossen. Die Schenkelstreben sind mit dem einen Ende unterhalb des Rumpfes an einem verdeckt liegenden Bock und mit dem anderen Ende an einem am unteren Teil der Federstrebe angeschweißten Beschlag angelenkt. Am unteren Ende der Federstrebe ist die Radachse angeschweißt. An beiden Schenkelstreben sind Fußrasten angebracht.

Die Betätigung der Öldruckbremse erfolgt durch Fußdruck.

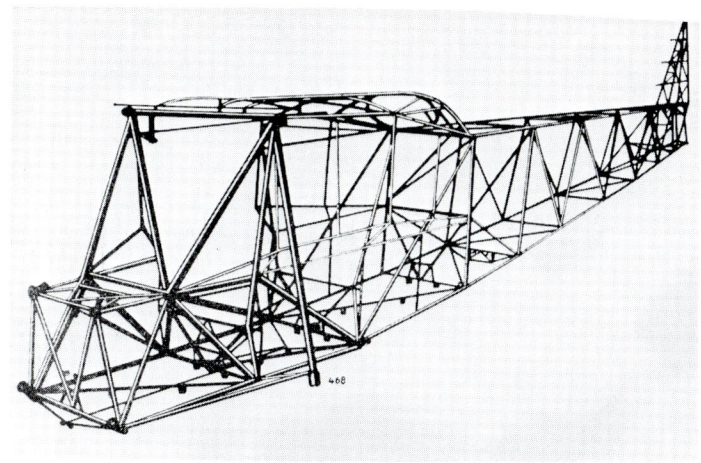

Fi 156 Storch: Rumpfgerüst

Fi 156 Storch: Heckfahrgestell

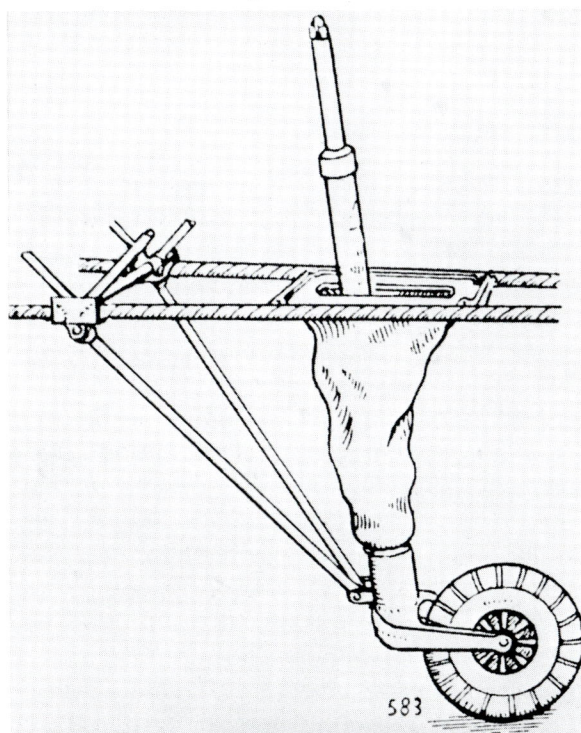

Der Sporn ist als federnder Schleifsporn ausgebildet. Die leicht auswechselbare Spornsohle ist gegen zu schnelles Abnutzen durch einen Perzitüberzug geschützt, ab Werk-Nr. 661 ist die Sohle aus Stahlguß hergestellt.

Der aus dem Rumpf herausragende Teil der Strebe ist mit einem Lederschutz verkleidet, der die Gleitführung an der Rumpfunterseite gegen Verschmutzen schützt.

Höhenleitwerk

Die Höhenflosse ist ungeteilt und zweiholmig gebaut, jedoch erstreckt sich der Vorderholm nur über je eine Hälfte der Flosse. Die Rippen sind in Fachwerkbauweise aus Kiefernholz gefertigt. Ober- und Unterseite der Höhenflosse sind mit Sperrholz beplankt. Das Höhenruder ist zweiteilig ausgeführt. Die Rippen sind in Fachwerkbauweise aus Kiefernholz gefertigt und durch den Holm und den Randbogen miteinander verbunden. Das Höhenruder ist an der Nase mit Sperrholz beplankt und die ganze Ruderfläche mit Stoff bespannt.

Die stoffbespannte Seitenflosse ist ein starr mit dem Rumpfgerüst verschweißtes Stahlrohrfachwerk. Das Geripppe des teils mit Sperrholz beplankten, im übrigen ganz mit Stoff bespannten und mit Hornausgleich versehenen Seitenruders ist aus Holz aufgebaut. Die Querruder sind an dem Flügelhinterholm, von Rippe 12 bis zum Flügelende sich erstreckend, angelenkt. Sie sind aus Kiefern- und Sperrholz hergestellt.

Die Rudernase des Querruders ist als Torsionsröhre ausgebildet. An der Ruderhinterkante sind zwei Trimmkanten angesetzt. Die mit Ausgleichruder versehenen Querruder sind in Holzbauweise ausgeführt und mit Stoff bespannt. Jedes Querruder hat zwei Ausgleichgewichte. Der Aufbau der Landeklappen (Wöl-

◄ **Nord-Afrika, Herbst 1941: Ein VDM Schraubenfederbein mit Öldämpfung (sandgeschützt verkleidet) und Schenkelstreben eines Fi 156 C-5/Trop Mehrzweck-Flugzeuges. Der Bodenwart legt gerade den Bremsblock unter das Fahrwerk.**

357

bungs-Spalt-Klappen) entspricht dem der Querruder, jedoch fehlen Ausgleichruder und Ausgleichgewichte. Die durch Steuerknüppel betätigte Höhensteuerung ist als gemischte Profildraht- und Stoßstangensteuerung ausgebildet.

Die Verstellung der Höhenflosse zur Höhenunterbringung erfolgt durch ein links neben dem Führersitz angeordnetes Handrad mit Ketten- und Seilzugübertragung auf die Flossenverstellspindel.

Von dem Fußhebel, der ebenfalls zwischen den beiden Steuerungsträgern gelagert ist, führen je zwei Doppeldrähte (Profildrähte) über die Hebel 1 und 2 zum Seitenruderhebel.

Die Querruder werden vom Steuerknüppel mit Stoßstangenübertragung betätigt. Für die Betätigung der Landeklappen ist am Rumpfgerüst links neben dem Führersitz eine Handkurbel angeordnet, von der ein Kettenzug zu einer Spindel führt.

Die Spindel treibt die Landeklappen über Stoßstangen an. Von dem Knickhebel des Landeklappengestänges führt eine Stoßstange zu den Querrudern, die die Anstellung der Querruder zugleich mit den Landeklappen bewirkt, ohne die Querrudersteuermöglichkeit zu beeinträchtigen.

Tragwerk

Der Flügel ist zweiteilig. Jede Flügelhälfte ist durch eine V-Strebe abgestützt. Um eine bessere Transportmöglichkeit und gleichzeitig die Unterbringung auf einem beschränkten Raum zu erreichen, ist der Flügel um den Hinterholmanschluß und den Angriffspunkt der V-Strebe am Rumpf nach hinten klappbar angeordnet worden.

Die zweiholmigen Flügelhälften sind in Holzbauweise mit Stoffbespannung und Sperrholz-

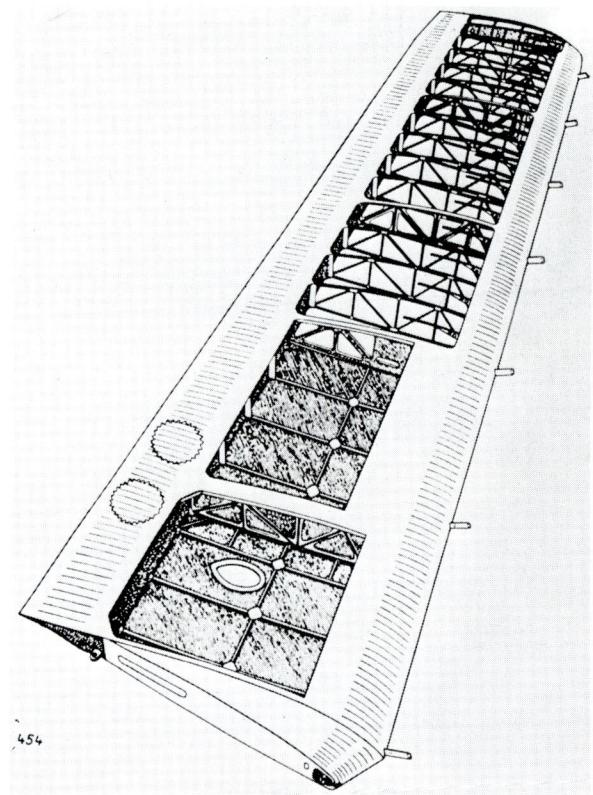

Fi 156 Storch: Tragflügel

verstärkung (an Vorder- und Hinterkante, am Randbogen und zwischen Rippe 1 und 8) ausgeführt. In den Tragflächen sind die Kraftstoffbehälter eingebaut.

Der Randbogen ist aus Lindenholz und besteht aus vier Lamellen. Der Flügel ist mit Stoff bespannt, jedoch sind die Flügelnase, das Flügelhinterteil, das Flügelende im Bereich des Randbogens, sowie die Unterseite zwischen Rippe 1 und 4 mit Sperrholz beplankt. Die Oberseite zwischen Rippe 1 und 4 ist als Tankdeckel ausgebildet.

Zur Erhöhung der Verdrehsteifigkeit sind die Flügelhälften zwischen den Hauptrippen mit einer doppelten Innendrahtverspannung ausgekreuzt. Die Holmanschlußbeschläge sowie die Anschlußbeschläge für die V-Strebe sind aus Stahl hergestellt.

Unter dem Rumpf, zwischen dem Hauptfahrgestell der Fi 156 U: Eine französische Wasserbombe (135 kg) hängt am ETC/VIII (mit Pantoffpratzen). Die Schärfung der Wasserbombe erfolgt selbsttätig, sobald sie 6 m Tiefe erreicht hat.

Unter dem Rumpf der Fi 156 U: Ein ETC 50/VIII zur Halterung der französischen Wasserbombe (135 kg). Hinten: Das linke Rad des Hauptfahrgestells. Oben links: Die Verschnürung der Stoffbespannung der Rumpfunterseite.

Landeklappen

Sie sind 3fach gelagert und aus Kiefern- und Sperrholz hergestellt. Die zweiteilig gebauten Rippen sind mit dem einstegig ausgebildeten Holm verleimt. Zur besseren Überwachung der Steuerung im Flügel sind auf der Unterseite Kontrollklappen eingebaut.

Alle Klappenöffnungen sind durch Sperrholzringe verstärkt und mit Handlochdeckeln verschlossen.

Motorraum

Das durch eine mehrteilige Haube abgeschlossene Triebwerk ist durch zwei Motorträger an

Rechlin, Erprobungsstelle, Sommer 1940: Ein Flugzeugwart (in der Kabine) und ein Motorschlosser bei der Inspektion des Triebwerkes der Fi 156 U, CQ+QS. Der rechte Teil der Haube ist abgenommen und ermöglicht einen Blick in den Triebwerkraum. Der innerhalb der Haube liegende Abgassammler, durch den die Abgase unter dem Rumpf nach

außen abgeleitet werden. Dem Abgassammler wird zur Kühlung ein Frischluftstrom durch die schmale, auf der rechten, vorderen Haubenseite angebrachte Haubenöffnung, zugeführt. Unter der Motorhaube der zylindrische Windhoff-Ölkühler. Links und rechts davon die Mündungen der Auspuffrohre. Links, auf dem Fahrgestell eine der Fußrasten. Oben, untere Kante der starren Holzschraube, Bauart Heine, Durchmesser 2600 mm, mit Rupp-Nabe ausgerüstet.

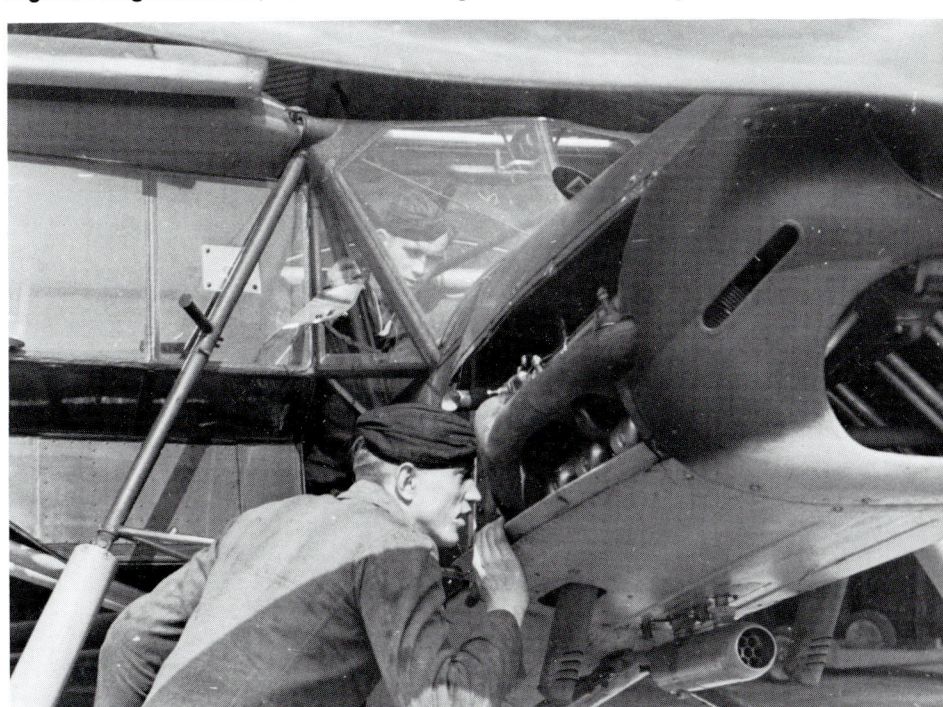

359

vier Punkten mit dem Rumpfgerüst abnehmbar verbunden.

Das Triebwerkgerüst einschl. Motor ist mit einer Haube aus Duralblech verkleidet, mit Ausnahme des unteren Stirnbleches, welches aus Elektron hergestellt ist.

Gas- und Gemischreglerhebel sind zusammen an der linken Seite des Führerraums angebracht. Beim Vor- bzw. Zurückstellen des Gashebels wird von der zum Motor führenden Stoßstange ein Schleppschalter mitgenommen, der den Zündzeitpunkt verstellt. Der Motor wird durch Handkurbel mit Rückschlagsicherung oder durch Druckluft angelassen. Zur Erleichterung des Anlassens ist eine Sum-Einspritzpumpe eingebaut. Für das Anlassen bei niedrigen Außenlufttemperaturen wird eine Misch- und Azetylenanlage verwendet.

Die Zündung wird durch zwei Bosch-Magnetzünder bewirkt. Sie sind am Lagergehäuse angeflanscht und haben eine gemeinsame Antriebswelle, die vom vorderen Kurbelwellenende aus über eine Vorlegewelle schwingungsfrei angetrieben wird.

In den beiden Flügelhälften sind zwischen Rippe 1 und 4 je ein 74 Ltr. fassender Kraftstoffbehälter und bei neuen Flügeln außerdem zwischen Rippe 4 und 8 je ein 100 Ltr. fassender Kraftstoffbehälter eingebaut, von denen aber bei kleinem Schmierstoffbehälter (Inhalt 11 Ltr. Schmierstoff und 4 Ltr. Luft) nur ein Behälter angeschlossen werden darf.

Für beide Behälter ist eine gemeinsame Entlüftungsleitung vorhanden. Die von den Behältern kommenden Kraftstoffleitungen sind neben den hinteren Flügeldrahtgelenken vorbeigeführt und an eine hinter dem Brandschott angebrachte Ventilbatterie angeschlossen. Von hier führen zwei Leitungen zu der vor dem Brandschott gelegenen Brandhahnarmatur und von dieser zwei weitere Leitungen zu den beiden Anschlüssen der Kraftstoffpumpe, die den Kraftstoff den beiden Vergasern zuführt.

An der Unterseite der Behälter ist je ein Kraftstoffstandmesser eingebaut, die aus den Flügeln herausragen und ein bequemes Ablesen des Kraftstoffstandes vom Führersitz aus ermöglichen. Der Motor wird durch den Flugwind gekühlt. Die durch Öffnungen in der Stirnhaube eingetretene Kühlluft wird durch Schächte und Leitbleche zwischen den Zylindern hindurchgeleitet und tritt durch einen zwischen Brandschott und Motorhaube befindlichen Spalt ins Freie.

Die Ableitung der Abgase erfolgt auf jeder Motorseite durch einen innerhalb der Haube liegenden Abgassammler. Die Abgase werden unter dem Rumpf nach draußen abgeführt. Den Abgassammlern wird zur Kühlung ein Frischluftstrom durch je eine an der rechten und linken Haubenseite angebrachte Haubenöffnung zugeleitet.

Die Beleuchtungsanlage besteht aus den drei Positionslichtern, dem Scheinwerfer an der linken Flügelvorderkante, einer Handlampe im Rumpf rechts und einer Instrumentenbrettlampe mit Verdunkler.

Als Stromquelle sind ein mit dem Motor gekuppelter Stromerzeuger und außerdem ein Stromsammler im Rumpf hinter der Kabine eingebaut. Für die FT-Anlage ist das Gerät Fu G VII vorgesehen.

Auf Einbau einer Bewaffnung wurde ursprünglich verzichtet, jedoch wird eine Maschinenpistole, Modell 28/III Schmeisser, lose mitgeführt.

Deutschland, Erprobungsstelle Rechlin, Sommer 1940: Das Verbindungsflugzeug Fi 156 (C-Serie), CQ+QS als U-Boot-Zerstörer, mit Seenotausrüstung, Bordfunkanlage FuG 17, B-Stand mit MG 15 und drei SC 50 Kopfring-Wasserbomben. Der Storch soll die U-Boote nach Art eines Stukas angreifen; »Gas drosseln auf Leerlauf, weich in den Sturz (bis zu 60 Grad) kippen. Zielverfahren Ju 87«, heißt es in der Bedienungsvorschrift.

Die Kabine der Fi 156 U. Oben rechts: Zünderschaltkasten 2 SK 244A. Die Zünderanlage erhält ihren Strom von 150 Volt (Waagerechtflug), oder 240 Volt (Sturzflug) aus den Zünderbatterien. Der Zünderschaltkasten dient gleichzeitig als Hauptschalter für den Auslösestromkreis. Der Auslösestrom wird dem Bordnetz entnommen. Oben Mitte: Der gepolsterte Stirnschutz für den Flugzeugführer bei Bedienung des Visiers während des Sturzfluges, und darunter der Nahkompaß mit Beleuchtung. Über dem Instrumentenbrett befindet sich das Revi C/12/D Reflexvisier mit Kimme, Korn und gepolstertem Stirnschutz (dieses Zielgerät ist identisch mit dem des Sturzkampfflugzeuges Ju 87). Auf dem I-Brett in der ersten Reihe, von links nach rechts: Fahrtmesser, Wendezeiger, Variometerknopf; zweite Reihe: Höhenmesser, Borduhr, Drehzahlmesser; dritte Reihe: Elektrischer Temperaturanzeiger für den Schmierstoff, Doppeldruckmesser für Kraft- und Schmierstoff, am Knüppelgriff der Bombenknopf. Rechts neben dem Sitz der Notwurfgriff und der Selbstschalter.

Beladung der ETC 50/VIII (mit Stielanschluß) der rechten Tragfläche der Fi 156 U mit einer SC-50-kg-Bombe. Die SC 50 wird von 3 Mann angehängt. Der Beladewart legt die Ladevorrichtung in die Nut des Zünders.

Typenbeschreibung

<u>Fi 156 V 2</u> Zwei- bis dreisitziges Reiseflugzeug. Baujahr 1936 mit der Bezeichnung D-IDVS. Abgestrebter, dreiteiliger, klappbarer Schulterdeckerflügel. Schlitzvorflügel über 83% der Spannweite und Wölbungsklappen zwischen den Querrudern.

Flügelaufbau: Mittelteil ein Stahlrohrfachwerk in Rumpfgerüst übergehend; zweiholmige Außenflügel aus Holz; Stoffbespannung an Vorderkante und Flügelenden mit Sperrholzverstärkung.

Rumpf: Kabinenrumpf mit rechteckigem Querschnitt und gewölbter Oberseite. Aufgebaut als verschweißtes Stahlrohrfachwerk mit Formgebungsgerüst aus Holz. Stoffbespannung.

Leitwerk: Querruder auch als Wölbungsklappen dienend. Vom Flugzeugführer zur Höhentrimmung verstellbare, ungeteilte Höhenflosse, Höhenruder geteilt. Seitenflosse starr mit Rumpfgerüst verbunden, Seitenruder ungeteilt. Beide Ruder mit Entlastungsecken versehen.

Fahrwerk: Je eine Federstrebe mit Ölstoßdämpfung des Radträgers am Flügelmittelstück angelenkt und zu den Rumpfunterkanten abgestützt. Hydraulische Radbremsen.

Triebwerk: Ein luftgekühlter Achtzylinder-Motor Argus As 10 C mit 240 PS Volleistung. Zwei Kraftstoffbehälter im Flügel. Holzluftschraube ohne Verstellung.

Maße:

Länge	9,7 m
Spannweite	14,3 m
Flügelfläche	26,0 m²
Flügelstreckung	7,8
Rüstgewicht	0,91 t
Last	0,35 t

Fluggewicht	1,26 t
Flächenbelastung	48,5 kg/qm
Leistungsgewicht	5,3 kg/PS
Flächenleistung	9,2 PS/qm

Leistungen mit 1050 kg Fluggewicht bei zwei Personen

Höchstgeschwindigkeit	185 km/h
Minimalgeschwindigkeit	49 km/h
Landegeschwindigkeit bei Sacklandung mit 3 m/s Gegenwind	38 km/h
Steiggeschwindigkeit von NN aus	4,8 m/s
Steigzeit auf 1 km	3,9 min.
Dienstgipfelhöhe	6,1 km

<u>Fi 156 V 4</u> D-IFMR, Aufbau wie V 3, Funkausrüstung mit zusätzlicher Schleppantenne, Zusatztank abwerfbar, Ski für Wintererprobung. Baujahr 1936/37.
Die Fi 156 V 4 und V 5 fliegen Anfang 1937, die V 4, ausgerüstet mit Schneekufen statt Normalfahrwerk, dient der Wintererprobung. Die Null-Serie liegt 1937 vor, Flugzeuge, die im Aufbau und ihrer Ausrüstung weitgehend den Erprobungsmustern Fi 156 V 3 und V 5 entsprechen. Die nachfolgende Serie Fi 156 A-1 ist relativ klein und kommt 1938 zur Auslieferung an die Luftwaffe, die in der Zwischenzeit die Truppenerprobung mit der Fi 156 A-0 abgeschlossen hat.

<u>Fi 156 C-0</u> Nullserie 1939. Aufbau und Ausrüstung wie A-1, aber mit B-Stand, 1 MG 15. Argus-Motor As 10 C. Eine Version mit verbesserter Funkanlage und einem MG 15 in der Linsenlafette des nach oben erweiterten Kabinendachs. Es werden insgesamt 10 Maschinen dieses Typs gebaut.

<u>Fi 156 B</u> Vorgesehen für zivile Verwendung,

Ein Blick in die Kabine der Fi 156 C-3. Vorne, an der mit Plexiglas ausgestatteten Einstiegtür der abwerfbare Leuchtpatronenkasten. In der Mitte, auf der halbrunden Tafel die Flugüberwachungs- und Navigationsinstrumente, sowie die Triebwerk-Überwachungsgeräte. In der oberen Reihe sind Fahrtmesser (links) und Wendeanzeiger, in der unteren Reihe: Höhenmesser (links) und Borduhr. Über der Gerätetafel auf dem mittleren Fensterrahmen der runde Nahkompaß. Auf dem Sitz des Flugzeugführers ein »Pimpf« am Steuerknüppel.

Der Fi-156-Flugzeugführer. Vor ihm ein Rückspiegel (nicht serienmäßig), daneben die Kette zur Übertragung der Höhenflossenverstellung. Unten, die Sichtklappe, hinter dem Fenster ein Teil des Vorflügels.

In einer Fliegerschule der Luftwaffe: Ein Gefreiter hinter dem Steuerknüppel, an der Innenseite der geöffneten Einstiegtür der abwerfbare Leuchtpatronenkasten für die Signalmunition. Rechts oben über dem Flugzeugführer die Landeklappen-Anzeige.

363

automatische Vorflügel. Der feste leichte Metall-Flügelschlitz der Fi 156 A wird durch bewegliche Vorflügel an der Nasenleiste ersetzt, was die Höchstgeschwindigkeit anhebt. 1938 mit Schneekufen ausgerüstet und im Zugspitzmassiv erfolgreich erprobt, geht jedoch nicht in Serie.

Fi 156 C-1 Serie 1939/40, Aufbau und Ausrüstung wie C-0, hauptsächlich als Stabs-Verbindungsflugzeug eingesetzt. 1939 insgesamt 46 Maschinen ausgeliefert.

Im Rumpfvorderteil eine für drei Personen eingerichtete Kabine. Ohne MG-Bewaffnung. Baureihe C-1 mit Argus-As-10-C-Flugmotor ohne elektrischen Durchdrehanlasser. Es wird eine MP mitgeführt, die rechts oben hinter der Kabine gehaltert und sowohl von der Kabine als auch von außen durch Reißverschluß zugänglich ist.

Wahlweise ist als FT-Anlage eine Ausrüstung mit FuG VII oder FuG 17 möglich.

Fi 156 C-2 Serie 1940, Kurzstrecken-Aufklärer und Rettungsflugzeug. Wie C-1, jedoch zweisitzig und zum Einbau der Linsenlafette für MG 15 vorgesehen. Später vergrößerter Kabinenraum zur Aufnahme einer Tragbahre. Triebwerk: ein Argus As 10 C ohne elektrischen Durchdrehanlasser. Zur Flugüberwachung und Navigation ein Statoskop-Variometer zusätzlich.

Als Bewaffnung dient ein nach hinten schießendes MG 15, das am hinteren Teil des Kabinendaches in einem Drehkranz (kleine Linsenlafette) gelagert ist, außerdem eine MP, 28/III Schmeisser. Nach Ausbau des MGs und entsprechender Umrüstung können Baureihen C-2, C-3 und C-3 Trop ebenfalls 3 MP mitführen. Als FT-Anlage ein FuG 17.

Fi 156 C-3 Serie 1940/41. Zweisitziges Mehrzweckflugzeug als Grundlage für die Baureihe C-3 Trop, wie C-2, jedoch mit Argus As 10 P mit elektrischem Durchdrehanlasser AL/DEF 24 L 2, 9-7002 F. Flugüberwachungs-, Navigationsgeräte und Bewaffnung wie C-2. Keine FT-Anlage, Einbau eines FuG 16 als Rüstsatz möglich.

Fi 156 C-3 Trop, C-5 Trop Serie 1941/42. Flugzeuge der Baureihen C-3 Trop und C-5 Trop sind durch Hinzunahme der zusätzlichen Tropenausrüstung (Notlandeausrüstung T und zusätzliche Abdeckplanen), dem Einbau von zwei Sonnenschutzgardinen für das Kabinendach, Ausbau der Bewaffnung und Einbau eines Beobachtersitzes ohne MG-Hocker tropenverwendungsfähig.

Durch Mitnahme einer entsprechenden Ausrüstung oder durch Umrüstung sind im Rahmen der besonderen Eigenschaften viele ähnliche Verwendungsmöglichkeiten gegeben. Das Flugzeug ist in die Beanspruchungsgruppe H 3 eingeordnet.

Der stoffbespannte Rumpf ist als geschweißtes Stahlrohrfachwerk mit angeschweißter Seitenflosse gebaut. Im Rumpfvorderteil befindet sich die für zwei (Baureihe C-2, C-3 und C-5 Trop), bzw. drei (Baureihe C-1) Personen eingerichtete Kabine.

Bei Tropeneinsatz sind die vorderen und hinteren Fahrwerkstreben am Rumpf, die Federbeinanschlüsse an den Fahrwerkböcken und an den Laufrädern, die Höhenflossen-Verstellspindel, die Flügelstrebenanschlüsse mit ständigen Staubschutzabdeckungen versehen.

Bei Tropeneinsatz der Baureihe C-3 Trop und C-5 Trop wird der Beobachtersitz mit MG-Hocker gegen einen Sitz ohne MG-Hocker ausgetauscht. Das Dachgerüst der Kabine ist bei C-2 bis C-5 Trop mit einem Flansch für den Einbau der Linsenlafette für MG 15 versehen. Bei Tropeneinsatz ist die Linsenlafette ausgebaut,

Der Gefechtsstand des Stabs-Verbindungsflugzeuges Fi 156 C-2, entgegen der Flugrichtung gesehen. Der (Beobachter) B-Stand ist ausgerüstet mit einem MG 15 in kleiner Linsenlafette LL-K. Das MG 15 (Rheinmetall, Kaliber 7,92 mm) befindet sich in einer MG-Lagerkugel und ist mit der Visiereinrichtung 65 (V 65), Doppeltrommeln (Dt 15) und einem Hülsensack 15, n. A. ausgestattet. Im B-Stand sind zusammen 4 Doppeltrommeln Dt 15 gelagert. In der Doppeltrommel: 75 Geschosse. Das MG 15 der Luftwaffe ist 1933 von Rheinmetall aus dem Infanterie-MG 30 entwickelt worden und hat eine Feuergeschwindigkeit von etwa 1000 Schuß pro Minute. Das MG 15 wurde in beinahe alle Flugzeugtypen der deutschen Luftwaffe eingesetzt.

Der Motor einer Fi 156 156 A-1 wird mit Druckluft angelassen. Der Druckluftflaschenwagen Fl 65960 ist außenbords an der linken Motorseite mit einer Klauenkupplung angeschlossen. Rechts, oben über dem Kabinendach, die fest verspannte W-Antenne der FuG VII Bordfunkanlage.

Der rechte, vordere Teil der Fi 156 (C-Serie). Der Spalt am Ende der Motorhaube gehört zur Kühleranlage. Die durch Öffnungen in der Stirnhaube eingetretene Kühlluft wird durch Schächte und Leitbleche zwischen dem Zylinder hindurchgeleitet und tritt durch den zwischen Brandschott und Motorhaube befindlichen Spalt ins Freie. Aus dem Flügel ragt nach unten der Kraftstoffstandmesser für die sich in beiden Flügelhälften befindlichen Kraftstoffbehälter und ist für den Flugzeugführer jederzeit sichtbar. Links, die Halterung und Gelenke der Landeklappe.

und es werden zwei Sonnenschutzgardinen am Kabinendach angebracht. Die Baureihen C-1, C-2 und C-5 Trop sind mit einem Argus-As-10-C-Flugmotor ohne elektrischen Durchdrehanlasser, die Baureihen C-3 und C-3 Trop mit einem Argus-As-10-P-Motor mit elektrischem Durchdrehanlasser AL/DEF 24 L2, 9-7002 F, ausgerüstet, beide Motoren von 240 PS, 5 Minuten-Höchstleistung bei 2000 U/min und 200 PS Dauerleistung bei 1800 U/min.

Der 11 bzw. 18 Ltr. Öl und 4 Ltr. Luft fassende Schmierstoffbehälter ist auf den beiden Motorträgern befestigt. Nach Austritt aus dem Motor wird das Öl, bevor es in den Schmierstoffbehälter zurückgelangt, in einem unter der Motorhaube im freien Luftstrom liegenden Windhoff-Ölkühler mit einer Kühlfläche von 0,3 m² bei C-1 und C-2 und von 0,8 m² C-3 und C-5 Trop gekühlt.

Die Baureihe C-3 Trop ist mit einem nach hinten schießenden MG 15 ausgerüstet, das am hinteren Teil des Kabinendachs in einem Drehkranz (kleine Linsenlafette) gelagert ist. Außerdem eine MP. Später anstelle des MG 15 drei MP.

Die Baureihe C-5 Trop unterscheidet sich von der C-3 Trop dadurch, daß keine Bewaffnung vorhanden ist, jedoch bleibt die Linsenlafette erhalten. Bei Tropeneinsatz wird bei der C-3 Trop die Bewaffnung ausgebaut. Als Waffen sind entweder ein Drilling oder ein Karabiner und eine Schrotflinte bei der Notlandeausrüstung T vorhanden.

Die Baureihen C-3 Trop und C-5 Trop sind ohne FT-Anlage, der Einbau eines FuG 16 als Rüstsatz ist möglich. Nur in geringer Stückzahl gebaut.

Die Tropenausrüstung besteht aus:
1. Notlandeausrüstung T, verpackt in zwei Rucksäcken, mit Karabiner und Schrotflinte oder einem Drilling. (Für den Transport sind die zwei Rucksäcke außerdem noch in einer Segeltuchhülle verpackt.)
2. Trinkwasserflaschen in Griffweite des Führers gehaltert.
3. Besonderer Rückenlehne für den Beobachtersitz.
4. Zusätzlichem Sonnenschutz für Führer- und Beobachtersitz. (Für den Transport zum Tropeneinsatz in Segeltuchtasche verpackt.)
5. Ständigen Abdeckungen für:
Fahrwerkstrebe links und rechts
Fahrwerkstrebe am Rumpf vorn
Flügelstreben am Rumpf links und rechts
Federbeinanschluß am Rumpf links und rechts
Federbeinanschluß am Fahrwerk links und rechts
Höhenflossenverstellspindel
Spornstrebe im Rumpf hinten
(Sämtliche Abdeckungen sind für den Transport zum Tropeneinsatz im Bordsack für Tropeneinsatz verpackt).
6. Planen für:
Motor, Kabine und oberen Flügelanschluß
Kabinenseitenwand links und rechts
Flügelwurzel links und rechts
Laufrad links und rechts
Luftschraubennabe
Staubdruckdüse
(Sämtliche Planen sind für den Transport im Bordsack für Tropeneinsatz verpackt).

Ausgebaut ist die Bewaffnung MG 15 und 1 MP bzw. 3 MP einschließlich der Magazine.

Fi 156 C-5 Serie 1941 bis 1945, Mehrzweckflugzeug mit Argus As 10 P, Zusatztank wie C-4.

1941 verläßt die weiter verbesserte Version Fi 156 C-5 das Fließband, ein Typ, bei dem nachträgliche Modifikationen bis zur C-3 zur

Der vordere Teil der Fi 156 Kabine. Ein Leutnant der Luftwaffe hinter dem Steuerknüppel, die linke Hand am Gashebel. Daneben die Kette zur Übertragung der Höhenflossenverstellung. Im linken Fensterteil die Sichtklappe, draußen die quer angebrachte Fußraste.

Ein Stabs-Verbindungsflugzeug vom Typ Fi 156 C-3 des 4. (H) 21. Am rechten vorderen Kabinenfenster ist die Sichtklappe geöffnet.

Ein Fi 156 C-3 Stabs-Verbindungsflugzeug. Auf der Motorhaube der Greif – das Zeichen des 4. (H)/21.

Frankreich, Herbst 1941: Ein Fi 156 C-2 Stabs-Verbindungsflugzeug vor dem Start. Im Vordergrund der Wagen eines Luftgau-Kommandanten.

Standardausrüstung gehören.

Zusätzlich ist der Anbau einer Reihenbildkamera für Fotoaufklärung, der Einbau eines Lautsprechers »Ausrüstung 901 AF« für Propagandaeinsätze, oder eine Abwurfausrüstung für drei 50-kg-Bomben (eine unter dem Rumpf, zwei unter den Flügeln) durch Nachrüstung bei der Truppe möglich. Durch Anbau eines Zusatzbehälters kann die Reichweite von normal 385 km auf 1010 km erhöht werden. 1940 betragen die Produktionszahlen 170 Fi 156 C und steigen 1941 auf 431 Maschinen, in erster Linie der Versionen C-3 und C-5.

Fi 156 U Baujahr 1940. U-Boot-Zerstörer. Nachdem das OKM in Frankreich über 3000 Wasserbomben (135 kg) sicherstellt, wird die Fi 156 U, eine Modifikation der C-3, zum Einsatz mit Wasserbomben umgebaut. Das Verbindungsflugzeug Fi 156 wird unter der Bezeichnung Fi 156 U als U-Boot-Zerstörer eingesetzt und ist zu diesem Zweck neben Seenotausrüstung und seinem Zubehör, Zusatz-Tank, FuG 17 und MG 15 mit einer Abwurfanlage versehen.

Die drei ETC tragen die Abwurflasten. Entweder wird jedes ETC mit einer Bombe oder Wasserbombe von 50 kg beladen, oder eine französische Wasserbombe von 135 kg Gewicht wird an das ETC unter den Rumpf gehängt. Für diese Wasserbomben ist das ETC mit Pantoffpratzen versehen, statt mit der normalen Spannvorrichtung.

Die Auslösung erfolgt durch Niederdrücken des Bombenknopfes im Knüppelgriff. Der ASK-R ist wegen seines Schrittschaltwerkes eingebaut. Er ist in der Stellung »Ein«, »Reihenwurf« und »Entsichert« durch ein Deckblech blockiert. Die Schauzeichen in der Reihenfolge »Links« »Rechts« »Mitte« von oben nach unten geben an, welche Bombe als nächste fallen wird. Seine Einrichtung für drei Bomben bringt es mit sich, daß nach der Bombe unter dem Rumpf (Mitte) einmal der Bombenknopf leer gedrückt werden muß, um das Schrittschaltwerk auf die Bombe unter dem linken bzw. rechten Flügel zu schalten.

Die Zielvorrichtungen sind das Revi C 12/D für Sturzangriff und Zielstriche für den Angriff im Horizontalflug.

Das Flugzeug Fi 156 U mit eingebauter Abwurfwaffe greift das Ziel im Horizontalflug oder im Sturzflug bis zu 60° an. Bei steileren Stürzen ist das Flugzeug gefährdet, da die mittlere Bombe in den Luftschraubenkreis fällt.

Zielverfahren wie bei Ju 87-Sturzkampfflugzeug. Erfahrungsgemäß lassen sich bei 45° sehr günstige Trefferergebnisse erzielen, insbesondere beim Sturz mit Rückenwind.

Für die Abwurfhöhen ist der Splitterbereich der Bomben und die Entsicherungszeit der verschiedenen Zünder zu beachten.

Fi 156 D-0 Im Herbst 1941 läuft die Serie Fi 156 D-0 an, Maschinen mit As 10 C und verbessertem Kabinenraum für Rettungseinsätze. Der Stauraum für die Tragbahre erhält serienmäßig große Türen, um besser zugänglich zu werden.

Fi 156 D-1 Serie 1942 bis 1945, Ausrüstung wie D-0, aber mit Argus As 10 P. Die Serie D-1 folgt 1942 und läuft parallel zur C-5; beide Versionen bleiben bis 1945 im Serienbau.

Fi 156 E-0 Nullserie 1941/42, Ausrüstung wie C-1, aber mit Raupenfahrwerk. Anstelle der Niederdruckreifen kommen endlose Laufbänder mit größerer Auflagefläche. Zwei tandemartig angeordnete Führungsrollen halten das kabelverstärkte Gummi-Rollband nach Art einer Panzerkette.

Fi 156 F-0 auch bekannt unter der Bezeichnung Fi 156 P. Polizeiflugzeug zur Bekämpfung

Der Triebwerkraum eines Mehrzweckflugzeuges vom Typ Fi 156 C-3 mit dem Argus 10 P-Motor. Sichtbar ist der Abgassammler mit dem Auspuffrohr. Auf dem oberen Haubenteil der »fliegende Lumpi«.

Der Kurier eines Stabes in einer Fi 156 (C-Serie) bekommt eine Meldung.

Ostfront, Frühjahr 1943: Links ein Mehrzweckflugzeug Fi 156 E-0 mit einem neuartigen, geländegängigen Fahrwerk: zwei tandemartig angeordnete endlose Laufbänder mit größerer Auflagefläche. Die Führungsrollen halten das kabelverstärkte Gummi-Rollband ähnlich einer Panzerkette und ermöglichen das Starten und Landen in sandigem oder morastigem Gelände.

369

von kleineren Partisanengruppen und für Geheimdienstaufgaben. Ausgerüstet auf der Basis der C-3 mit einer Abwurfwaffe für 48 Schlachtfliegerbomben SD 2.

Diese Polizei-Version wird erstmals im Spätherbst 1942 hinter der Ostfront eingesetzt. Das MG 15 in kleiner Linsenlafette (B-Stand) wird ersetzt durch zwei MG 15 in beiden Seitenfenstern mit Schußrichtung nach unten. Für diese Umrüstung muß der Sitz des Funkers ausgebaut werden. Die Schlachtfliegerbomben SD 2 mit ihrer starken Splitterwirkung werden in je 24 Stück auf den Rosten beiderseits des Flugzeugführers untergebracht.

Die Fi 156 P mit eingebauter Abwurfwaffe greift das Ziel im horizontalen Tiefflug in 100–150 m Höhe oder höher an. Soll das Ziel im leichten Bahnneigungsflug angegriffen werden, so geht der Flugzeugführer kurz vor dem Ziel in horizontalen Tiefflug über. Vor dem Angriff schaltet er den Selbstschalter für die Abwurfwaffe ein. Die Bomben werden kurz (10–20 m) vor dem Ziel durch Drücken des Bombenknopfes am Knüppelgriff bzw. durch Druck auf den Bombenknopf für den Beobachter im hinteren Sitz ausgelöst.

Funkausrüstung: FuG 21 A und Lautsprecheranlage »Ausrüstung 901 AF«. Beide Geräte werden vom Flugzeugführer bedient. Verringerter Kraftstoffinhalt in nur einem Tragflächentank.

Fi 256 A Prototypen 1943, Argus As 10 P, Leergewicht 1200 kg, Startgewicht 1680 kg, Reichw. 730 km. Besatzung 1 plus 3–4 Mann. 1941 als ziviles viersitziges Nachfolgemodell der Fi 156 B entwickeltes Flugzeug mit wesentlichen Verbesserungen der aerodynamischen Form, automatischen Nasenleisten-Klappen an den Tragflächen, größerer Kabine und Zuladefähigkeit. In den Jahren 1943/44 werden im Morane-Saulnier-Werk in Puteaux nur zwei Prototypen gebaut. Die Fi 256 zeigt, daß bei einer leichten Verschlechterung der Kurzstart- und Langsamflugeigenschaften eine Steigerung der Reichweite und Höchstgeschwindigkeit möglich ist. Trotzdem geht sie nicht in Serie.

Triebwerk
Argus-As-10-3-Flugmotor

Bauart:	Luftgekühlter Achtzylinder-Viertakt-Motor
Zylinder:	Laufbuchsen aus hartvergütetem Stahl im Gesenk geschmiedet. Zylinderköpfe aus Al-Legierung gegossen.
Ventile:	Zwei Ventile je Zylinder. Steuerung durch Nockenwelle im Gehäuse über Stoßstangen und rollengelagerte Kipphebel.
Kurbeltrieb:	Kolben aus Al-Legierung gegossen; schwimmende Kolbenbolzen. Pleuel mit H-Querschnitt aus Chromnikkelstahl; Pleuellager aus Stahl mit Bleibronzefutter. Vierfach gekröpfte Kurbelwelle mit angeschraubten Gegengewichten, in sechs Bleibronzelagern laufend.
Kurbelgehäuse:	Fünfteilig aus Elektronguß, doppelte Lagerwände.
Gemischbildung:	Zwei Sum-Vergaser mit Gemischregelung, rückenflugtauglich. Gemischvorwärmung durch Abgase. Jumo-Kraftstoff-Doppelpumpe.

MOTOR As 10 C-3

Bild 1: 1) Zündmagnet, 5) Saugleitung, 6) Ausgleichrohr mit Krümmer, 8) rechter Vergaser

Bild 2: 5) Saugleitung, 6) Ausgleichrohr mit Krümmer, 79) Andrehvorrichtung, 80) Gemischregler, 81) Luftschläuche für Gemischregler, 82) Druckluftverteiler, 83) Schmierstoffpumpen-Anschlußgehäuse, 84) linker Vergaser

Bild 3: 6) Ausgleichrohr mit Krümmer, 8) rechter Vergaser, 13) Zylinderkopf, 20) Kurbelgehäuse, 24) Zylinderlaufbuchse, 29) Kolben, 30) Kolbenbolzen, 31) Gabelpleuel im Zylinder, 32) Mittelpleuel im Zylinder, 33) Kurbelwelle, 34) Lagerbügel, 39) Stössel, 40) Stoßstange, 42) Kipphebel links, 43) Auslaßventil, 44) Einlaßventil, 46) Druckschraube für Ventileinstellung, 47) Kipphebelfedern, 50) Schmierstoffabsaugrohr

Bild 4: 1) Zündmagnet, 13) Zylinderkopf, 33) Kurbelwelle, 34) Lagerbügel, 48) Druckluftleitungen, 49) untere Wand, 52) Schmierstoffilter, 53) Schmierstoffpumpe

Bild 5: 6) Ausgleichrohr mit Krümmer, 13) Zylinderkopf, 23) Flansch für Zündmagnetbefestigung, 48) Druckluftleitungen, 67) linkes Entstörgeschirr, 68) hinterer Deckel, 74) Antriebsschraubenrad, 75) Kraftstoffpumpe, 84) linker Vergaser

3

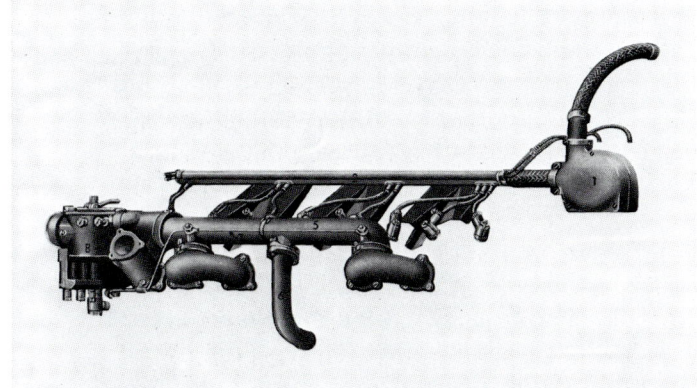

1

4

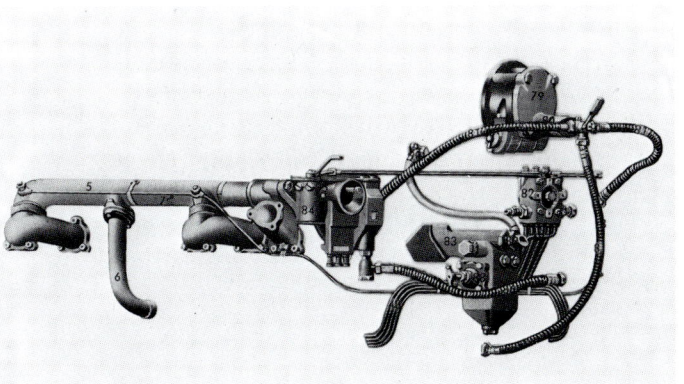

2

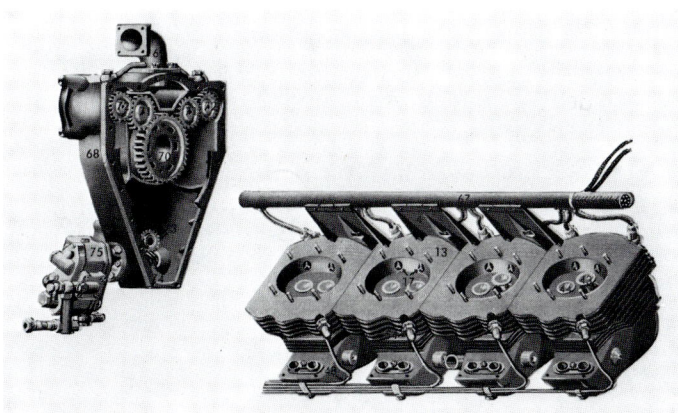

5

Zündung:	Zwei Bosch-Magnetzünder mit elektrischer Zündpunktverstellung und Schnappkupplung. Zwei Zündkerzen je Zylinder.
Schmierung:	Trockensumpf-Druckumlaufschmierung. Eine Druckpumpe, zwei Absaugpumpen.
Anlasser:	Handandrehvorrichtung und Druckluftverteiler.

Abmessungen:
Bohrung:	120 mm
Hub:	140 mm
Zylinderhubraum:	1,6 l
Gesamthubraum:	12,7 l
Verdichtungsgrad:	5,9
Länge über alles:	1,11 m
Breite über alles:	0,88 m
Höhe über alles:	0,72 m

Leistungen:
Dauerleistung:	200 PS
Drehzahl dabei:	1880 U/min
Kurzleistung 30′	220 PS
Drehzahl dabei:	1940 U/min
Kurzleistung 5′	240 PS
Drehzahl dabei:	2000 U/min

Gewichte:
Leergewicht:	213 kg
Einbaugewicht:	235 kg
Leistungsgewicht:	0,80 kg/PS
Hubraumleistung:	19,0 PS/ltr

Verbrauch:
Kraftstoff bei Höchstleistung	235 g/PSh
Schmierstoff bei Dauerleistung	8 g/PSh

Fieseler Fi 156 Storch – Flugbetrieb

Start

Vor dem Start durch Bewegen des Knüppels feststellen, ob Ruder frei sind. Stellung des Brandhahnhebels und Behälterschalters prüfen, Schmierstoffmindesttemperatur vor dem Start 35° C. Höhenflosse normal auf +1°, bei voll geladenem Flugzeug auf +1,5° stellen, d. h. leicht kopflastig trimmen. Bei normalen Platzverhältnissen Landeklappen auf 15° (Startstellung und günstigste Steigflugstellung) einstellen. Bei schlechten Platzverhältnissen (unebenes, weiches oder beengtes Gelände) Landeklappen auf 40° stellen.

Die kürzeste Rollstrecke wird durch anfängliches starkes Drücken, anschließendes Zurücknehmen und Abheben erreicht. Nach dem Abheben Landeklappen während der Zunahme der Geschwindigkeit langsam von 40° auf etwa 15° (4½ Umdrehungen der Kurbel) zurücknehmen. Vollständiges Einfahren der Landeklappen erst über 85 km/h.

Auf weichem Feld oder im hohen Gras sind die Rollstrecken länger. Startbahn abschreiten! Vor Gegenwindhindernissen entstehen meist kräftige Abwinde. Ist das Gelingen des Starts über ein Hindernis zweifelhaft, so kann, wenn das Gelände seitlich offen ist, mit Seitenwind bis 8 m/s (30 km/h) gestartet werden. Hierbei darauf achten, daß das Flugzeug nicht zu früh, dann aber plötzlich (ohne Landeklappen) abgehoben wird.

Langsamflug

1. Übergang vom Reiseflug in den Langsamflug. Zum Übergehen in den Langsamflug zunächst Motor voll drosseln. Nach Erreichen einer Geschwindigkeit unter etwa

100 km/h (V-Anzeige = 95 km/h) Landeklappen voll herauskurbeln und soviel Gas geben, bis die für die gewünschte Langsamfluggeschwindigkeit notwendige Drehzahl erreicht ist.

2. Fluglage im Langsamflug. Die Fluglage ist steiler als im Reiseflug. Die für den Reiseflug passende Höhenflossentrimmung kann beibehalten werden. Die erforderliche Höhensteuerhandkraft ist gering.

3. Kurven im Langsamflug. In Kurven Drehzahl etwas erhöhen. Kurven in Bodennähe können flach und mit wenig Querruder ausgeführt werden. Auch hierbei ist die Drehzahl zu erhöhen.

4. Zulässige sichere Geringstgeschwindigkeit. Die zulässige sichere Geringstgeschwindigkeit für Fronteinsätze ist voll beladen 70 km/h bei ungefähr 1300 U/min.

5. Langsamflug in Bodennähe. Beim Langsamflug dicht über ansteigendem Gelände ist die Drehzahl zu steigern, beim Hangabwärtsfliegen entsprechend zu drosseln. Beachten, daß das Flugzeug beim Langsamflug den besonders in Bodennähe vorhandenen Böen und Abwinden ausgesetzt ist.

6. Übergang vom Langsamflug in den Reiseflug. Soll aus dem Langsamflug mit ausgefahrenen Landeklappen in den Reiseflug mit eingefahrenen Landeklappen übergegangen werden, so ist die Drehzahl zu steigern. Die Landeklappen sind entsprechend der Geschwindigkeitszunahme langsam einzufahren.

Landung

Der Wahl des Landefeldes auch beim »Storch« große Aufmerksamkeit schenken. Lieber etwas abseits und dafür auf genügend großem Raum sicher landen. Die Windverhältnisse und die Beladung spielen wie beim Start eine ausschlaggebende Rolle. Ebenso wichtig ist die Bodenbeschaffenheit; kennt man diese nicht, so ist es zweckmäßig, daß der Begleiter nach Möglichkeit auf den dritten Sitz umsteigt, um die Überschlaggefahr zu verhindern.

1. Normale Landung. Landeklappen voll ausfahren und ohne Gas mit einer Geschwindigkeit von etwa 85 km/h anschweben und normal abfangen. Falls im Gelände nur eine kleine Landefläche zur Verfügung steht, ist es manchmal zweckmäßig, die Landung etwas zu kurz anzusetzen und sich dann mit Gas dicht über dem Boden bis zum Aufsetzpunkt heranzuziehen. Diese Landungsart ist auch die kürzeste.

2. Landung bei starkem Wind. Bei Wind über 8 m/s (30 km/h) Landeklappen nur auf 15° ausfahren und nach dem Aufsetzen sofort einfahren. Genau gegen den Wind landen. Langsam rollen!

3. Sacklandung. Diese ist im Hinblick auf die hohe Beanspruchung des Flugzeuges grundsätzlich verboten.

Technische Daten

Fi 156 C-1

(ab Werk-Nr. 637)

Abmessungen

Spannweite ungeklappt	14,25 m
Spannweite geklappt	4,75 m
Höhe über alles in Spornlage	3,05 m
Länge über alles	9,90 m
Flügeltiefe mit angeklappt gedachtem Vorflügel	1,83 m
Flügelfläche einschl. Rumpfanteil	26,00 m²
Flächenbelastung (1320 kg)	51,00 kg/m²
Leistungsbelastung (1320 kg)	5,50 kg/PS

Gewichte
Zulassungsdaten

Leergewicht	935 kg
Höchstzulässige Gesamtlast	665 kg
Höchstzulässiges Fluggewicht	1600 kg

Regelfluggewicht

Bei diesem Fluggewicht kann Kraftstoff nur bis zu einer Höchstmenge von 220 Ltr. aufgefüllt und nur ein Fluggast mitgenommen werden; weitere Zuladung ist bei entsprechender Herabsetzung der Kraftstoffmenge möglich.

Zusätzliche Ausrüstung	45 kg
Kraftstoff (220 Ltr.)	165 kg
Schmierstoff (18 Ltr.)	15 kg
Flugzeugführer	80 kg
Fluggast	80 kg
Gesamtlast	385 kg
Leergewicht	935 kg
Fluggewicht	1320 kg

Ausnutzung des höchstzulässigen Fluggewichts

Bei nur unwesentlichen Einschränkungen der Flugleistung ist eine Mehrbeladung über das Regelfluggewicht von 1320 kg hinaus bis zum höchstzulässigen Fluggewicht von 1600 kg gestattet. Die dadurch möglichen Sondereinbauten sichern dem »Storch« eine vielseitige Verwendungsmöglichkeit.

Fluggewicht bei militärischer Beladung	rund 1515 kg

Sondereinbauten für wahlweisen Einbau

Bei Ausnützung des höchstzulässigen Fluggewichts von 1600 kg sind Sondereinbauten bis zum Gesamtgewicht von 265 kg möglich.

Höchstzulässiges Fluggewicht	1600 kg

Es ist zu beachten, daß bei einem Gesamtgewicht für Sondereinbauten von 265 kg nur der Flugzeugführer berücksichtigt ist. Bei Mitnahme von weiteren Fluggästen verändert sich das Freigewicht für Sondereinbauten um je 80 kg je Fluggast.

Außer der Normalausführung mit verschiedenen Einbaumöglichkeiten wird ein besonderes Sanitätsflugzeug für zwei Heerestragbahren mit von der Regelausführung abweichender Rumpfausrüstung und Rumpfeinrichtung hergestellt. Hierfür gelten folgende Gewichte:

	Mitnahme von 1 Verw. u. 1 Sanit.	2 Verw.
Leergewicht (Sanitätsausführung)	985 kg	985 kg
Zusätzliche Ausrüstung	37 kg	50 kg
Fluggewicht als Sanitätsflugzeug rd.	1540 kg	1555 kg

Leistungsdaten

Steigleistungen	G-1320 kg	G-1600 kg
Steiggeschwindigkeit in Bodennähe	4,2 m/s	5,5 m/s
Größter Steigwinkel	11 Grad	7,5 Grad
dgl. bei 3,5 m/s Gegenwind	13,5 Grad	9,0 Grad
Steigzeit auf 1 km Höhe	4,8 min	5,4 min
Steigzeit auf 2 km Höhe	11,0 min	13,0 min
Steigzeit auf 3 km Höhe	18,6 min	24,0 min
Steigzeit auf 4 km Höhe	31,0 min	–
Dienstgipfelhöhe	4,8 km	3,5 km
Äußerste Gipfelhöhe	5,5 km	4,5 km

Reichweite, gültig für Windstille, Flughöhe zwischen 0 und 2 km, bei Verbrauch der ausfliegbaren Kraftstoffmenge (220 bzw. 348 Ltr. bei Reisegeschwindigkeit, Motordrehzahl = 1800 U/min.

	G-1320 kg	G-1600 kg
Reichweite bei Windstille *ohne* jede Reserve	510 km	740 km
Flugdauer hierbei	3 h 24 min	5 h 20 min

Landung in Meereshöhe bei voll ausgefahrenen Landeklappen und Windstille:

	G-1320 kg	G-1600 kg
Landestrecke von 15 m Höhe bis Stand	117 m	125 m
Rollstrecke gebremst	27 m	35 m
bei 3,5 m/s Gegenwind: Landestrecke von 15 m Höhe bis Stand	87 m	95 m
Rollstrecke gebremst	17 m	25 m

Gewährleistungstoleranzen:

	G-1320 kg	G-1600 kg
Höchstgeschwindigkeit im Viereckflug	6 km/h	6 km/h
Minimalgeschwindigkeit, erflogen mit DVL-Sonde	3 km/h	3 km/h
Steiggeschwindigkeit	0,8 m/s	0,8 m/s
Steigzeiten	18 %	18 %
Gipfelhöhe	0,8 km	0,8 km
Abflugrollstrecke	10 m	10 m
Auslaufstrecke bei Landung	7 m	7 m
Gewichtstoleranz	20 kg	20 kg

Luftschraube: feste Zweiblatt-Holzluftschraube

	G-1320 kg	G-1600 kg
Durchmesser	2,60 m	2,60 m
Steigung	1,43 m	1,43 m

Sicherheitswerte:

	G-1320 kg	G-1600 kg
Beanspruchungsgruppe	H 3	H 3
Zulässiges höchstes Fluggewicht	1320 kg	1600 kg
Zulässige Höchstgeschwindigkeit	265 km/h	265 km/h
dgl. bei vollem Landeklappenausschlag	120 km/h	120 km/h
Zulässige größte Sinkgeschwindigkeit bei Landung	4,7 m/s	3,4 m/s

Flugleistungen	G-1320 kg	G-1600 kg

»Bodennähe« bedeutet Luftdichte = $\frac{1}{8}$ kg s^2/m^4

Höchstgeschwindigkeit	G-1320 kg	G-1600 kg
in Bodennähe	173 km/h	158 km/h

*Reisegeschwindig-
keit*
bei 90% der Höchst-
drehzahl   150 km/h   138 km/h

Minimalgeschwindigkeit in Bodennähe im sta-
tionären Horizontalgeradeausflug,

gemessen mittels DVL-Sonde:	51 km/h	57 km/h
bei eingefahrenen Landeklappen	62,5 km/h	70 km/h
Minimal- geschwindigkeit im Endanflug bei 3,5 m/s Gegenwind mit ausgefahrenen Landeklappen	38,5 km/h	45 km/h

Abflug in Meereshöhe
(Luftdichte $= {}^1\!/_8$ kg s^2/m^4)

Rollstrecke bei Wind- stille auf gepflegtem Grasfeld	85 m	130 m
Abflugstrecke von Stand b. 15 m Höhe	195 m	285 m
Abflugleistungen bei 3,5 m/s Gegenwind: Rollstrecke	68 m	100 m
Abflugstrecke von Stand bis 15 m Höhe	165 m	235 m

Die Rollstrecken gelten für voll ausgefahrene
Landeklappen.